KB183882

① 에메랄드그린색 이끼 7종과 이끼를 닮은 생물 2종(그림 1-1)

③ 고목의 부후형에 따른 이끼 성장의 차이를 비교하는 포트 실험 때, 잘게 썬 배우체에서 재생된 이끼 (그림 1-4)

② 이끼 잎에 공생하는 질소고정세균(그림 1-2)

④ 이동하면서 미생물 등을 잡아먹는 변형균의 변형체 4원색

⑤ 포자가 촘촘한 변형균의 자실체
　왼쪽 위: 부들점균*Arcyria denudata*, 오른쪽 위: 범두갈래점균*Diderma tigrinum*
　왼쪽 아래: 초롱점균*Physarella oblonga*, 오른쪽 아래: 검은자주솔점균*Stemonitis fusca*

⑥ 흙과 부후재의 변형균 발생 실험. 처진산호점균 *Ceratiomyxa fruticulosa var. descendens*(흰색 점)은 백색 부후재에서만 발생했다.

⑦ 소나무 고목에 발생한 변형균 관검은털점균과 그곳에 온 주홍머리대장(위) (그림 2-7)

🐾 3장 버섯

⑧ 낙엽에 모자이크 형태로 퍼지는 균류 군집. 각 영역이 균류 '개체'이다(그림 3-2).

⑨ 균사체가 먹이를 발견하고 정착할 때까지의 경과. 최종적으로 작은 접종원 나무토막에서 큰 먹이 나무토막으로 완전히 이동한다(그림 3-5).

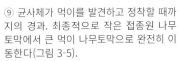

⑩ 식물 뿌리에 직접 기생해 영양을 얻는 식물(그림 4-5)
  왼쪽 위: 미트라스테몬과*Mitrastemonaceae*
  오른쪽 위: 중국야고*Aeginetia sinensis*
  왼쪽 아래: 미노르초종용*Orobanche minor*
  오른쪽 아래: 해동사고*Balanophora tobiracola*

⑪ 으름난초. 뽕나무버섯–뽕나무버섯과*Armillaria-Physalacriaceae*균(그림 4-6)
위: 뽕나무버섯–뽕나무버섯과균인 근상균사다발. 다수의 균사가 다발을 이룬 것으로 표면이 멜라닌으로 변해 검고, 식물 뿌리처럼 보인다.
왼쪽 아래: 뽕나무버섯-뽕나무버섯과균의 균사에서 영양을 얻는 으름난초.
오른쪽 아래: 으름난초 과실 단면. 종자인 갈색 알갱이는 아주 작다.

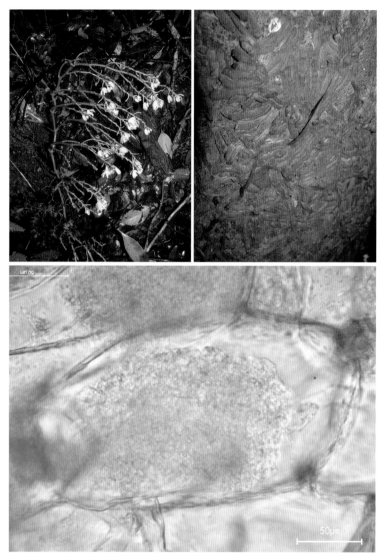

⑫ 목재부후균의 균사에서 영양을 얻는 알티씨마적란*Erythrorchis altissima*(그림 4-9)
왼쪽 위: 꽃
오른쪽 위: 도목 뒤로 뻗은 오렌지색 뿌리
오른쪽 아래: 뿌리 세포 속의 균사 코일

⑬ 다람쥐가 벗긴 나무껍질 아래에서 나온 자낭균 쌍쟁반방석버섯속을 찾아온 다양한 생물(그림 5-6)

⑭ 졸참나무 통나무에 퍼진 자낭균 플라나 쌍쟁반방석버섯 *Biscogniauxia plana*(그림 5-4)

⑮ 졸참나무 통나무에 퍼진 자낭균 마리티마쌍쟁반방석버섯 *Biscogniauxia maritima*과 네무늬밑빠진벌레(그림 5-4)

⑯ 소등에를 포획한 파리매과의 일종. 파리매과는 사냥감을 포획하면 등 뒤에서 주둥이를 찔러 신경독을 주입해서 움직이지 못하게 만든다(그림 5-8).

⑰ 흰개미의 알에 의태하는 목재부후균의 균핵 터마이트 볼. 갈색의 둥근 터마이트 볼을 흰개미들은 알(반투명한 소시지 모양)과 함께 돌본다(그림 5-9).

🔍 6장 아직 만나지 못한 생물들

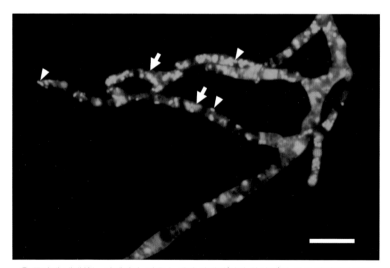

⑱ 균사에 내생하는 박테리아. 작은 녹색의 알갱이(삼각 화살표)가 내생 박테리아이고, 오렌지색 큰 알갱이(화살표)는 균류의 세포핵이다. 박테리아는 식물병원균의 독소 생산 등 다양한 기능을 한다(그림 6-3).

⑲ 백색부후. 셀룰로스, 헤미셀룰로스, 리그닌을 모두 분해할 수 있는 백색부후균으로 분해되어 희게 변했다(그림 7-5).

⑳ 갈색부후. 갈색부후균이 셀룰로스와 헤미셀룰로스만 분해해서 리그닌이 남고, 부식재는 갈색으로 변한다(그림 7-5).

㉑ 졸참나무 고목에 나는 다양한 균류. 의외로 균류의 종류가 많으면 고목의 분해가 늦어진다(그림 7-7).

㉒ 나무좀이 매개하는 청변균에 의해 변재가 변색되었다(그림 8-2).

㉓ 독일가문비나무의 대량 고사(왼쪽)와 그 후 대발생하는 갈색부후균 소나무잔나비버섯Fomitopsis pinicola(오른쪽). 일본에서도 소나무 고목에 자주 발생하는데, 유럽과 일본의 소나무잔나비버섯은 비슷하면서도 별개의 종일 가능성이 있다(그림 8-4).

㉔ 도목 아래에서 볼 수 있는 생물. 지역에 따라 다르지만, 고목이 여러 생물의 거처나 먹이가 되고 있다는 점은 같다(그림 9-1).
　　왼쪽 위: 도롱뇽, 오른쪽 위: 살무사, 아래 두 장: 민달팽이

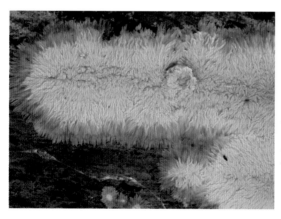

㉕ 북유럽에서 준위협종으로 지정된 균류 원심아교고약버섯 *Phlebia centrifuga*. 지름이 큰 독일가문비나무 고목에 의존한다. 포자가 산 채로 도달할 수 있는 비거리가 짧으며, 자연도가 높은 삼림의 소실로 급감하고 있다(그림 9-5).

㉖ 생물다양성은 생태계 서비스 등의 혜택을 준다.
  위: 지의류 색소를 사용해 지의 염색을 한 적색, 황색, 갈색 실(태국)
  아래: 가게 처마 끝에 매달아놓은 다양한 허브(북대서양 마데이라 제도)

㉗ 도목이 완전히 썩은 상태. 고목은 삼림의 탄소 중 8퍼센트를 저류한다고 하며, 형태가 없어질 때까지 무너지더라도 탄소를 저류하므로 실제로는 삼림 토양 내 방대한 탄소의 절반 이상은 고목에서 유래한다고 추정할 수 있다(그림 10-3).

㉘ 수분이 많은 점토질이나 화산재 재질의 땅속에 묻혀 보존된 목재. 왼쪽부터 밤나무, 하나 건너서 삼나무와 느티나무. 왼쪽에서 두 번째는 현대 목재인 스키아도필로이데스오갈피나무*Eleutherococcus sciadophylloides*이다(그림 10-7).

㉙ 도목 위에 난 독일가문비나무 실생. 자라면 뿌리가 도목을 휘감고, 도목이 분해되면 뿌리가 들뜨게 된다(그림 11-1).

㉚ 도목 위와 지면에 자라는 실생의 차이. 낙엽이 쌓인 지면에는 때죽나무의 실생(떨어져 있는 흰 꽃은 때죽나무), 부후목(왼쪽 위, 낙엽이 쌓이지 않은 부분)에는 매화오리나무의 실생이 자랐다.

㉛ 도목 위에서 왕성하게 성장하는 삼나무와 매화오리나무의 실생. 실생 하나하나에 번호(분홍색 테이프)를 붙여 성장을 기록했다.

㉜ 실생의 균상 타입과 부후재의 조합으로 실생의 생장을 비교하는 포트 실험이다(그림 11-10).
　　왼쪽 위: 삼나무, 오른쪽 위: 편백나무
　　왼쪽 아래: 사스래나무, 오른쪽 아래: 베이트크전나무*Abies veitchii*

고목 원더랜드

Deadwood (Kareki) Wonderland

Copyright ©2023 Yu Fukasawa

All rights reserved.

Original Japanese edition published by Tsukiji Shokan Publishing Co., Ltd.

This Korean Language edition is published by arrangement with Tsukiji Shokan Publishing Co., Ltd. through
FORTUNA Co., Ltd., Tokyo and AMO Agency, Korea

이 책의 한국어판 저작권은 AMO에이전시, FORTUNA에이전시를 통해 저작권자와 독점 계약한 플루토에
있습니다. 저작권법에 의해 한국 내에서 보호를 받는 저작물이므로 무단 전재와 무단 복제를 금합니다.

고목 원더랜드

후카사와 유 지음
정문주 옮김
홍승범(농업미생물은행) 감수

말라 죽은 나무와
그곳에 모여든 생물들의
다채로운 생태계

플루토

지구에서 가장 중요한 생물은 무엇일까? 사람? 동물? 지구에서 중요하지 않은 생물은 없지만 그래도 가장 중요한 하나를 들라면 식물을 들고 싶다. 왜!

식물은 토양 속에 있는 물과 공기 중에 있는 이산화탄소를 이용해 포도당이라는 유기물을 만든다. 이때 식물은 태양에서 온 빛에너지를 포도당에 저축한다. 이 포도당은 지구상 대부분 생물의 영양원이다. 더 정확하게 말하면 지구상의 생물들은 포도당을 먹고 다시 물과 이산화탄소로 분해하면서, 포도당에 저축되어 있던 태양에너지를 이용해 살아간다. 식물이 태양에너지를 저축해 포도당을 만드는 행위를 광합성이라고 하고, 생물이 포도당을 분해하며 저축된 에너지를 사용하는 행위를 호흡이라고 한다.

식물이 광합성을 하지 않으면 다른 생물들이 호흡할 수 없고, 호흡을 못 하면 에너지가 없으니 살아갈 수 없다. 그래서 식물은 다른 생물들이 사용할 에너지를 저축하기 위해 최대한 많은 광합성을 하고자 한다. 빛이 있고 물이 있는 지구의 어디에서라도 식물들은 자란다. 그리고 환경이 좋은 땅에 사는 식물은 더 많은 태양에너지를 얻으려고 경쟁하면서 수직으로 자란다. 미국 캘리포니아주의 레드우드 국립공원에 있는 삼나무는 태양 빛을 마음껏 이용하기 위해 무려 115미터 높이까지 자란다.

　나무가 높게 자라려면 비바람에도 흔들리지 않는 튼튼한 줄기를 가져야 한다. 그래서 나무는 광합성으로 얻은 포도당 분자를 사슬 모양으로 연결해 셀룰로스라는 철근을 만들고, 여기에 시멘트 역할을 하는 리그닌이라는 고분자 물질을 더해 폭풍우에도 꺾이지 않는 든든한 줄기를 만든다.

　하지만 어떤 생물도 영원할 수 없다. 살아서 포도당을 만들어 다른 생물에게 에너지를 제공하던 나무가 죽으면 어떻게 될까?

　《고목 원더랜드》 저자는 자신의 집 마당에 있는, 3년 전에 죽어서 말라 있는 졸참나무 고목으로 이야기를 시작한다. 나무가 죽은 해 가을에는 화경솔밭버섯이라는 야광 버섯이 자랐고, 이어 참부채버섯, 팽나무버섯이 자랐다. 그리고 이를 먹기 위해 다람쥐가 찾아왔다. 외부에서 보는 고목은 평화롭지만, 실상 이 고목은 다양한 동물이 먹이를 다투는 아프리카의 초원처럼 여러 생물이 먹이를 다투는 각축장이다.

　나무와 가장 밀접한 생물은 균류와 곰팡이다. 곰팡이는 나무가 살아 있을 때부터 다양한 거래를 한다. 특히 식물 뿌리에 함께 사는 곰팡이를 균근곰팡이라고 한다. 식물에게 인산, 칼륨 같은 비료 성분과 물을 제공하고, 식물로부터 당분과 탄소를 받는다. 난초의 균근곰팡이는 특별하다. 이 곰팡이는 미네랄 같은 미량원소만 제공하는 것이 아니라 탄소원까지 모두 제공하기에 난초는 곰팡이 없이 살수 없다.

　한편 잎과 줄기에도 곰팡이가 있는데, 이들은 식물이 건강할 때에는 특별한 활동을 하지 않는다. 이를 식물내생균이라고 한다. 그러나 식물이 죽으면 이들 내생균이 급격하게 번식해 잎과 줄기를 먼저 차지하고, 쉽게 분해할 수 있는 영양분을 먹어 치운다. 이들은 나무의 주요 줄기 성분인 난분해성의 셀룰로오스와 리그닌을 분해할 수 없다. 이때 등장하는 곰팡이가 우리가 흔히 버섯이라고 하는, 나무의 주성분인 셀룰로스와 리그닌을 분해할 수 있는 목재부후균이다. 버섯은 다른 생물들이 도저히 분해할 수 없는 난공불락의 단단한 나무 줄기에 곰팡이실(균사)을 뻗어 천천히, 여유롭게 독식한다. 균사를 통해 나무의 양분을 충분히 흡수했다고 생각하면 이제 버섯이라는 꽃을 피워 자식을 퍼뜨린다.

목재부후균에 의해 단단한 나무 줄기가 분해되기 시작하면 고목은 이제 다양한 생물의 놀이터가 된다. 나무에 자란 곰팡이를 먹기 위해 톡토기, 쥐며느리, 노래기, 진드기 등의 곤충이 오고, 선충과 지렁이 심지어는 버섯을 먹는 다람쥐까지 놀러온다. 또한 나무의 분해가 진행되어 습기를 머금게 되면 이끼 같은 하등식물이 자라게 되고, 더 진행되면 대를 이을 나무가 그 분해된 나무 위에 다시 자라면서 후대로 이어진다.

저자의 관찰력은 상상을 초월한다. 목재부후 곰팡이는 상대적으로 분해하기 쉬운 셀룰로스만 분해하고 분해가 어려운 갈색의 리그닌을 남겨서 목재가 갈색을 띠게 하는 갈색부후균, 리그닌까지 모두 분해해 목재가 백색을 띠게 하는 백색부후균이 있다. 나무가 죽은 후에 어떤 형태의 부후균이 처음 나무를 차지하느냐에 따라 이를 먹는 곤충 그리고 나중에 자라는 이끼의 종류에까지 영향을 미친다는 것이다. 즉 나무 종류에 따라, 그리고 우점하는 곰팡이에 따라 이어지는 생물의 출현이 치밀한 각본에 따라 이루어진다.

이 책은 고목에 발생하는 여러 생물의 단순 관찰로 끝나지 않는다. 고목이 인간에게 끼치는 다양한 혜택에 대해서도 깊이 있게 논한다. 한국과 일본 모두는 기후위기를 막기 위해 2050년까지 온실가스 배출량과 흡수량을 일치시켜 탄소 배출을 제로로 만드는 넷제로, 즉 탄소중립을 선언했다.

이 탄소중립에 산림은 매우 중요한 역할을 한다. 그중 고목은 나무가 서서히 분해되면서 탄소 배출을 느리게 한다. 특히 분해가 어려운 리그닌은 많은 양이 다시 토양에 잔류하면서 탄소를 저장하는 기능을 한다. 고목에 대한 탄소중립을 이야기하면서 저자는 탄소저류를 강화하기 위한 효율적인 임업으로 자연스럽게 주제를 확대해간다.

말라 죽은 나무 한 그루에 어쩌면 이렇게 많은 생물이 있고, 과학이 있고, 사연이 있을까? 저자는 죽은 나무 한 그루가 다양한 생물에게 어떤 영향을 미치고, 그래서 지구 생태계에는 어떤 영향을 미치는지를 자신의 경험과 함께 재미나게 이야기해준다.

바쁜 일상에 지쳐 앞만 보고 살아가는 사람들에게 한 그루의 나무가 죽어서까지 얼마나 좋은 일을 하는지 감사한 마음을 가지게 하는 책이다.

농업미생물은행 홍승범

2부 고목이 세상을 구한다

일러두기

1 원서에 나오는 식물과 동물 용어는 감수에 따라 우리나라에서 쓰는 용어로 바꾸었습니다.

2 라틴어로 된 식물과 동물의 학명은 이탤릭체로 표기했으며, 속명은 대문자, 종명은 소문자로 시작합니다.
  학명은 처음 나오는 곳에 한 번만 표기했습니다.

3 일반 용어의 영어는 본문 서체로 표기했습니다.

생물은 핵이 핵막 안에 있는 진핵생물과 핵막에 싸여 있지 않고 세포질에 퍼져 있는 원핵생물이 있다. 1969년 미국의 생물학자 로버트 휘태커가 생물을 크게 동물Animalia, 식물Plantae, 균류Fungi로 나누고, 이 세 그룹에 속하지 않는 진핵 생물은 모두 원생생물Protista이라고 불렀다. 이 원생생물은 아직도 학자들마다 이견이 있지만, 원생동물Protozoa과 색조류Chromista로 나누는 것이 일반적이다. 즉 진핵생물은 동물, 식물, 균류, 원생동물, 색조류로 구성된다.

이 책에 나오는 생물 용어의 의미는 다음과 같다.

1 세균Bacteria: 원핵생물을 통칭한다.

2 균류(또는 균)Fungi: 진핵생물로서 균사를 이용해 생장하고, 포자로 번식하는 종속영양 생물이다. 균류의 생활사를 보면 포자가 발아하여 균사를 만들고, 균사가 성숙하면 포자가 열리는 자실체가 형성된다. 자실체에서 포자가 배출 되면 생활사를 완성한다. 다시 말해 균사, 자실체, 다시 포자로 순환한다. 이 때 포자와 균사는 눈에 띄지 않지만 자실체는 육안으로 식별될 만큼 큰 구조 를 형성하는데, 이를 버섯이라고 한다. 그리고 균류의 나머지 생활사를 곰팡 이라고 한다. 즉 곰팡이와 버섯은 같은 생물이다. 균류가 어려서 균사로 자랄 때는 곰팡이, 어른이 되어 자식을 만들기 위해 눈에 띄는 자실체를 만들었을 때를 버섯이라고 한다. 따라서 균류=곰팡이+버섯이라고 할 수 있다.

3 버섯Mushroom: 균류가 포자를 만들기 위해 형성한 기관인 자실체를 말한다.

4 곰팡이Filamentous fungi: 균류의 생활사 중에서 자실체(버섯)가 아닌 나머지 부 분을 곰팡이라고 한다. 곰팡이는 균사로 대표된다.

5 점균Slime mold: 점균은 곰팡이와 다르게 균사를 만들지 않고, 아메바와 같이 위족을 만들어 이동한다. 따라서 균류가 아니라 원생생물(원생동물)에 속한 다. 다만 포자를 퍼뜨릴 때 만드는 포자낭 또는 자실체가 버섯과 유사해 균 mold이라는 이름을 포함하게 되었다.

프롤로그

미야기현에 있는 우리 집 마당에는 3년 전쯤 말라 죽은 졸참나무 *Quercus serrata*가 서 있다. 전부터 나무의 기세가 약해 나무좀이 낸 구멍과 그 구멍을 낼 때 생긴 나무 부스러기가 다량으로 생긴 한 해도 있었고, 밑동에서 붉은사슴뿔버섯이 돋아난 해도 있었다. 그럼에도 가지 일부에 잎이 달려 있었는데 마침내 말라 죽었다. 그 고목을 그대로 내버려뒀다. 높이가 10미터 정도에 주차 공간 바로 옆에 있어 가지가 떨어지면 위험하지만 말이다. 실제로 바람이 세게 불 때마다 죽은 가지가 이리저리 떨어지기는 해도 아직 차량에는 피해가 없다.

재미있는 현상들이 나타날 테니 잘라낼 수가 없다. 우선 참나무긴나무좀 *Platypus quercivorus*이 옮긴 병원균으로 참나무가 고사하는 병과 약속이라도 한 듯 발생하는 붉은사슴뿔버섯 *Trichoderma cornu-*

damae(참나무시들음병으로 고사한 참나무류 수목의 밑동에 자라는 경우가 많다)을 정원에서 볼 기회는 참으로 희귀하다. 말라 죽기 시작해 나무좀이 극성을 부리던 때는 구멍에서 수액이 대량으로 빠져나와 장수풍뎅이와 사슴벌레가 몰려들었다. 아이(사실은 나)는 좋아서 어쩔 줄 몰라 했다.

졸참나무가 말라 죽은 직후 가을에는 줄기에서 화경솔밭버섯 *Omphalotus guepiniiformis*이 돋아났다. 빛을 내는 독버섯으로 유명한 화경솔밭버섯은 보통 더 높은 산 위의 너도밤나무 고목에 발생한다. 우리 집처럼 해발 130미터 정도의 낮은 곳에 있는 졸참나무에서 자

화경솔밭버섯. 우리 집 정원의 말라 죽은 졸참나무에 생긴 발광 버섯이다(미야기현).

라는 광경은 처음 보았다. 산에서 가져온 너도밤나무 도목에서 자라는 광경을 교토역 근처에서 본 적은 있지만, 아마도 강제 이주였을 것이다. 굳이 너도밤나무 숲에 가지 않고 정원에서도 빛을 내는 버섯을 볼 수 있다니 참 좋았다.

화경솔밭버섯과 함께 자주 발견되는 참부채버섯*Sarcomyxa serotina*도 있었다. 이 두 종은 어쩌면 뭔가 기생 관계 같은 건지도 모른다. 참부채버섯은 화경솔밭버섯과 많이 닮았지만, 맛있는 식용버섯이라는 점이 다르다. 이듬해 봄에는 겨울을 넘기고 시든 참부채버섯을 먹으러 다람쥐가 찾아왔다. 다람쥐는 줄기 위쪽의 안전한 곳에서 참부채버섯을 떼어내 가지 위에서 열심히 먹었다. 그런데 갑자기 움직임을 멈추더니 아직 많이 남은 참부채버섯을 마구 아래로 떨어뜨렸다. 다람쥐가 버섯을 먹는 광경은 서구에서는 잘 알려졌지만, 일본에서는 좀처럼 볼 수 없는 광경이다.

지난해부터는 줄기 아래쪽에 팽이버섯이 대량으로 발생했다. 만약 고사한 직후에 그 졸참나무를 베어 장작으로 삼았다면 이렇게 재미있는 광경을 볼 수 없었을 것이다. 그렇게 생각하니 더더욱 베어낼 수가 없다.

일본 속담에 '고목도 산의 흥취'(하찮은 사물도 없는 것보다는 낫다)라는 말이 있는데, '고목이야말로 산의 흥취'라고 표현해도 좋을 만한 생물의 정취가 고목에는 있다. 쪼그리고 앉아 고목 표면에 얼굴을 대고 관찰하다 보면 신기한 생물들의 움직임에 시간 가는 줄 모른다. 그래서 고목을 그냥 연료로 태워버리기는 아깝다. 모닥불도 좋아하고 장작 난로도 좋아하지만, 지금까지 고목이 나에게 준 수많은 재미를 떠올리면 도무지 장작으로 만들 용기가 나지 않는다. 이 책은 독자 여러분에게도 그러한 딜레마를 선물할 것이다.

1부에서는 내가 지금까지 고목을 관찰하면서 만난 여러 생물을 자세하게 소개한다. 기본적으로 내 체험을 바탕으로 썼기에 한 연구자의 생태로서도 흥미를 느낄 수 있을 것이다. 1장에서는 초등학교 때 자유 연구 숙제를 하면서 시작된 이끼와의 인연에 관해, 2장에서는 박물관 여름방학 강좌 때 경험한 점균(변형균)과의 충격적인 만남에 관해, 3장에서는 대학 시절부터 현재로 이어지는 버섯과의 운명적인 만남에 관해, 4장에서는 공동연구자와 함께 갔던 부생란 연구 여행에 관해, 5장에서는 집 마당에 놓아둔 통나무를 찾아온 곤충과 동물에 관해 소개한다.

고목에는 이렇게 눈에 보이는 생물들만 사는 것이 아니다. 6장에서는 세균과 바이러스의 이야기도 정리했다. 그런데 눈에 보이는 생물이라도 그들 사이의 영양분 교환 등을 직접 관찰할 수는 없는 경우도 많다. 이 책에서는 그런 눈에 보이지 않는 부분을 보여주기 위해 생태학에서 사용하는 환경 DNA 분석이나 안정동위원소 분석 등에 관해서도 해설했다. 책 전체에 여러 차례 등장하는데, 생태학에서 필수적인 기법임을 이해해주면 좋겠다.

고목은 수많은 자연현상과 연결되어 있다. 그 대표적인 예가 지구 환경이 변화하면서 점점 중요해지고 있는 탄소저류貯留다. 고목은 그 무게의 절반가량이 탄소로 이루어져 있어 분해되는 과정에서 이산화탄소가 방출되지만, 모두 분해되어 대기 중으로 방출되는 것은 아니다. 분해되기 어려운 일부 성분은 남아서 토양유기물로 탄소저류에 기여하며, 양분을 흡착해 토양을 비옥하게 만들기도 한다. 이 분해 과정은 거기에 관련된 생물의 작용에 좌우된다. 흙도 인류의 존속에 없어서는 안 되는 자원이다.

2부에서는 전 지구적으로 일어나는 일들이 고목과 어떤 관련이 있는지 정리했다. 우선 7장에서는 균류가 고목을 어떻게 분해하는지를 소개하고, 8장에서는 최근 전 세계에서 빈번히 발생하는 삼림 수목의 대규모 고사와 그로 인해 다량 생겨난 고목이 생태계에 미치는 영향에 관해, 9장에서는 숲에서 고목이 사라지면 어떤 일이 일어나는지, 10장에서는 고목이 있어 우리는 어떤 혜택을 받고 있는지를 설명한다. 그리고 마지막으로 11장에서는 삼림이 지속해서 존재하는 데 있어 차세대 수목 성장에 매우 중요한 도목갱신 현상을 소개한다.

이 책에서는 야외에 있는 고사목을 '고목', 임업으로 생산·가공된 나무를 '목재'로 구별했다. 다만 고사목을 분해하는 균류에 관해서는 분해 대상이 야외의 고목이든 생산된 목재든 상관없이 '목재부후균'이라는 용어를 사용했다. 또 사진이나 글로는 전할 수 없는 생물의 움직임을 보여주기 위해 동영상도 소개했으니 참고해주시길 바란다.

　독자 여러분이 산에서 공원에서 정원에서 고목을 발견했을 때, 그 고목 속에 살고 있는 생물이나 고목에서 시작된 이야기를 떠올려준다면 더할 나위 없이 기쁘겠다.

1부

고목 호텔 손님들

말라 죽은 나무, 고목은
천천히 분해되는 동안 숲속 다양한 생물의
보금자리 역할을 한다. 그 모습은 마치
수많은 객실을 갖춘 호텔 같다.
1부에서는 그동안 내가 만난 고목 호텔
손님들과의 만남을 당시 에피소드와
함께 소개한다.

1장

이끼

에메랄드 시티

🌸 이끼 소년 🌸

초등학교 3학년 여름방학 때였다. 처음 만든 자유 연구 작품은 '리얼 이끼 도감'이었다. 집 근처에서 모은 이끼와 가족끼리 산에 갔을 때 모아온 지의류를 압화(누른다고 눌렀지만 상당히 두꺼웠다)로 만들어 도화지에 붙이고, 이름을 달아 표지까지 넣은 책 형태로 정리했다.

개학 날 의기양양하게 학교에 가져갔는데, 다른 친구들이 들고 온 자유 연구와는 사뭇 달랐다. 다들 약속이나 한 듯 매끈한 모조지에 포스터 타입으로 만들어왔다. 친구들은 어쩜 그렇게 똑같은 방법으로 만들었는지 도통 알 수 없었다. 내가 방학 전에 선생님이 한 말씀을 못 들었거나, 자유 연구 정리 방법이 쓰인 인쇄물을 방학 시작과 동시에 잃어버렸기 때문이 아닌가 싶다. 요즘 우리 집 아이들을 보면 어쩌면 그렇게 예전에 내가 하던 일을 똑같이 반복하는

지 모르겠다.

초등학생 시절, 나는 이끼 소년이었다. 초등학생이 어쩌다가 이끼처럼 소박한 데 관심을 쏟았을까? 아마도 깜찍한 크기와 독특한 맑은 녹색 때문이었을 것이다(그림 1-1, 권두그림 ①). 다음 장에서 소개할 점균도 그렇다. 균류의 일종인 점균은 습한 곳이나 오래된 나

그림 1-1 다양한 이끼 및 유사 생물(고사리·지의류). 첫 줄 왼쪽부터 구슬이끼Bartramia pomiformis, 물이끼속Sphagnum, 공작이끼Hypopterygium flavolimbatum. 둘째 줄 왼쪽부터 패랭이우산이끼Conocephalum conicum, 봉황이끼목Fissidentales, 엄마이끼Scapania curta. 셋째 줄 왼쪽부터 겉창발이끼, 부채괴불이끼Crepidomanes minutum, 투구지의속Lobaria의 일종. 모두 아름다운 에메랄드그린 색이지만, 이 중 둘은 이끼가 아닌 생물(고사리·지의류)이다. 어떤 생물인지 골라보자. 정답은 1장 마지막 페이지에 실었다.

무 등에 붙어 살고, 세균이나 곰팡이의 포자를 먹이로 삼으며 포자 번식을 한다. 곤충 표본을 만들려면 곤충을 죽여야 한다. 그에 비해 식물은 큰 죄책감 없이 표본을 만들 수 있다. 그런데 풀이나 나무는 크기가 각양각색이라 다루기가 어렵다. 그런 점에서 이끼는 필요한 만큼 덩어리를 떼어내 말리기만 하면 쉽게 표본을 만들 수 있다. 녹색 카펫 위에 고만고만한 키의 포자체가 늘어선 모습도 사랑스럽다 (점균도 그렇다).

이끼는 형태도 다양하다. 잎이 거의 없는 종류부터 고사리처럼 제대로 된 잎을 펼치는 종류, 고대 식물을 방불케 하는 종류도 있다. 현미경으로 봐야 하는 미세 형태, 습도에 따라 펼쳤다 오므렸다 하는 포자체의 삭치(이끼류의 포자체가 홀씨를 뿜어내는 데 도움을 주는 치아 모양의 돌기)나 잎 모양은 아무리 봐도 싫증 나지 않는다(41p. 참조).

뭐니 뭐니 해도 그 독특한 초록색과 복슬복슬한 느낌이 좋다. 수분을 머금은 이끼의 녹색은 정말이지 아름답고 청결한 느낌이다. 촘촘한 솔이끼과*Polytrichaceae* 군집을 발견하면 나도 모르게 얼굴을 묻고 싶어진다. 이끼 군집은 실제로도 깨끗해서 옛날 사람들은 흡수성이 높은 물이끼종*Sphagnum sp.*을 상처 부위에 대고 탈지면처럼 사용했다고 한다. 또 쓰러진 나무, 즉 도목을 뒤덮은 맑고 깨끗한 이끼 카펫은 숲에 새로운 세대가 자라나는 데 매우 중요한 역할을 한다. 이 이야기는 마지막 장에서 자세히 소개하겠다.

🌱 도목이나 바위 위에 자라는 이끼 🌱

거리나 학교 운동장 같은 곳에서는 땅 위에 이끼가 나 있는 모습을 흔히 볼 수 있는데, 이는 다소 특수한 상황이다. 가까운 숲에 들어가서 이끼를 찾아보면 의외로 흙 위에 자라는 이끼는 적다. 대부분은 도목이나 바위, 나무껍질의 표면 등 지면보다 조금 높은 곳에 자란다. 숲에서는 떨어지는 활엽수 잎 탓에 지면에서 자라다가는 낙엽 아래에 묻히기 때문이다. 도목이나 바위 위는 낙엽이 쌓이기 어려워서 이끼에게는 더없이 좋은 서식지이다.

반대로 이들 장소는 건조해지기 쉽다. 이끼는 그런 환경에서 살아남기 위해 수분이 모자라면 대사 기능을 떨어뜨려 휴면하고, 수분이 넉넉해지면 흡수해서 다시 살아나는 초능력을 지니고 있다. 말라서 버석거리는 상태라도 물만 적셔주면 순식간에 흡수해 원래의 풋풋함을 되찾아 살아난다. 인간이 표본을 만들거나 표본을 활용해 이끼 종류를 조사할 때도 매우 편리한 이끼의 특징이자 생존 전략이다. 말리기만 하면 표본이 되고 수분을 공급하면 다시 생생해지기 때문이다. 생물학적 분류 작업이 쉽다는 의미는 아니지만, 이런 특성 덕에 초등학생도 쉽게 다룰 수 있다.

그런데 초등학생 시절 나의 관심은 금세 다른 곳으로 옮겨갔다. 중학교에 들어갈 무렵부터는 점균에도 관심을 가지기 시작하면서 이끼는 그다지 집중적으로 모으지 않은 것이다. 그래도 내 마음속에는 늘 이끼에 대한 동경이 있다. 이 책의 다른 장에도 이끼가 자주 등장할 것이다.

🍄 공생미생물의 질소고정 능력 🍄

이끼의 초능력은 건조한 환경에 강하다는 점 말고도 무척 많다. 이끼는 대부분 질소고정세균과 공생하고 있어 자체적으로 공기 중 질소를 조달할 수 있다. 질소고정세균은 대기 중에 존재하는 유리 질소를 식물에 도움이 되는 암모니아, 아미노산으로 바꿔주는(질소 고정작용) 세균이다. 이끼 잎을 현미경으로 보면 아름다운 녹색의 세포가 줄지어 있고, 그 표면 틈새에 구슬말속 *Nostoc* 이나 가죽실말속 *Stigonema* 같은 질소고정세균이 살고 있다.[1,2](그림 1-2, 권두그림②) 질소가 부족한 북방림 생태계에서는 숲으로 유입되는 질소의 상당한 비율을 이끼와 공생하는 세균이 뿜어낸다는 보고도 있다. 스웨덴 북부 침엽수림에서는 이끼와 공생하는, 질소고정세균이 고정하는 질소의 양이 1년에 1헥타르당 1.6킬로그램이라고 추정한다.[3] 이는 숲으로 유입되는 질소의 약 50퍼센트에 해당한다.[4]

질소를 자체 조달할 수 있는 이끼는 수분과 빛만 있으면 자랄 수 있다. 그래서 비가 많이 오고 습도가 높은 강우림이나 계속해서 구름이나 안개가 끼는 곳에 생기며, 습도가 높아서 이끼류나 다른

물체에 붙어 사는 유관속식물이 많은 운무림에서는 살아 있는 나무의 표면까지 두껍게 뒤덮을 때가 많다. 애니메이션 〈모노노케 히메〉에 나오는 시시가미가 사는 숲을 생각하면 된다. 열대기후와 아열대기후 지역 중에서도 해발고도가 높은 지대는 습도가 높아서 나무줄기 높은 곳까지 촘촘하게 이끼가 끼어 있기에 이끼 숲으로 불린다.

일본에도 이끼로 유명한 숲이 몇 군데 있다. 특히 시시가미가 사는 숲의 모델이 되기도 한 야쿠시마의 시라타니 운수협雲水峽이

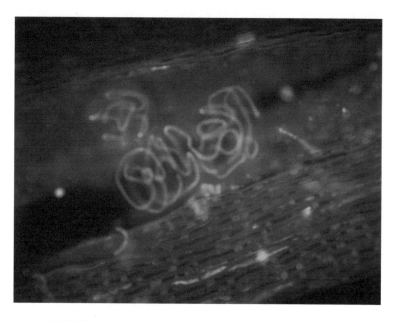

그림 1-2 겉창발이끼의 잎 틈새에서 볼 수 있는 코일 모양의 세균, 구슬말*Nostoc* spp.을 100배 배율로 찍은 사진이다(캐서린 로우스크, 참고문헌 4에서 옮겨 실음).

유명하다. 야쿠시마는 이끼 숲의 북방한계선으로도 알려져 있다. 이끼 숲만큼 나무줄기 높은 곳까지 이끼가 자라지는 않지만, 혼슈의 해발고도가 높은 산 위 침엽수림에서도 멋진 이끼 군집을 볼 수 있다. 기타야쓰가타케산의 시라코마노이케 연못 주변 등도 이끼 군집으로 유명하다.

이렇게 이끼가 많은 숲에 가면 도목이나 바위 위뿐만 아니라 지표면까지 온통 녹색 이끼 카펫으로 뒤덮여 있다. 군데군데 솟아오른 곳이 있으면, 그 모양을 보고 이끼 아래가 도목인지 바위인지를 짐작할 정도다. 자세히 보면 지면과 도목 위에 서식하는 이끼는 종류가 다르다. 이끼 군집은 빛이나 수분 조건은 물론이고 산성도에도 크게 영향을 받기 때문이다. 이러한 조건은 나무가 살아 있을 때와 죽어서 쓰러졌을 때, 더 나아가 도목이 분해될 때 각 시기에 따라 변화한다. 그래서 수목이 고사해 쓰러진 뒤 분해되는 과정에서도 이끼 군집의 변천을 관찰할 수 있다.

일반적으로 도목은 분해가 진행될수록 부드러워지고 다공질로 변하므로 수분이 스며들어 함수율이 높아진다. 도목이 많이 분해되어 부드러운 스펀지 상태로 변했을 때의 함수율은 목재 건조 중량 1그램당 수분 중량이 10그램, 그러니까 중량 비율로는 1,000퍼센트를 훌쩍 넘는다. 수분 중량은 목재를 건조한 뒤 증발한 수분량을 측정한 것이고, 중량 비율은 건조 전 무게를 건조 후 무게로 나눈 비율이다. 그야말로 질펀하게 젖어 있는 것이다. 이 때문에 습한 곳

을 좋아하는 이끼는 도목의 분해가 진행될수록 종 수와 양이 모두 늘어난다.[5]

또 도목 분해 초기에는 균류가 많지만, 점차 세균이 다양해짐에 따라 질소고정세균도 서식하게 되면서 양분의 함량도 늘어난다. 게다가 분해에 관련된 균류의 종류에 따라서는 균류가 분비하는 유기산 탓에 도목 전체가 산성을 띠기도 한다(7장 참조). 서식 환경의 산성도는 세균, 균류 같은 미소 생물에게는 생리 활성의 유지와 관련된 중요한 문제다. 포자로 번식하는 이끼는 싹을 틔울 때 주변 산성도의 영향을 받는다.[6] 세균도 산성도의 영향을 강하게 받으므로 공생하는 질소고정세균에까지 영향을 줄 수 있다.[7]

🌱 곰의 텃세권에서 조사한 이끼 🌱

초등학생 시절로부터 한참 시간이 지나 나는 대학 교수가 되었다. 내 연구실에는 이끼를 좋아한다는 안도 요코라는 학생이 들어왔다. 잘됐다 싶어 사방이 온통 이끼로 뒤덮인 아고산대 침엽수림을 조사하러 가기로 했다. 나가노현과 기후현에 걸쳐 있는 온타케산의 침엽수림에 가보니 수많은 도목이 두터운 이끼 옷을 입고 있었다. 우리는 거기서 도목이 분해됨에 따라 실털깃털이끼*Hypnum tristoviride*와 엄마이끼*Scapania curta*처럼 두께 1센티미터 정도로 얇게 깔리는 이끼 종류가 점차 겉창발이끼*Pleurozium schreberi*나 수풀이끼 *Hylocomium splendens*처럼 두께 4센티미터 이상으로 변해가는 모습을 관찰할 수 있었다.

바닥이끼는 작은 고사리처럼 납작한 잎사귀 층을 펼친 뒤, 줄기를 뻗고 그 위에 다시 잎사귀 층을 펼치기를 매년 반복하는 이끼다. 맨 아래층은 순차적으로 썩지만, 몇 년씩 살아 있으면 아주 두꺼운 카펫 모양을 형성한다. 어떤 곳은 바닥이끼가 도목과 지면을 가리지 않고 바닥을 완전히 뒤덮어 푹신푹신한 이끼 카펫을 만들고 있었다. 이끼 카펫에 얼굴을 묻으면 너무 기분이 좋아서 어쩔 줄 몰랐다. 바닥이끼는 앞서 소개한 질소고정세균을 잎에 공생시키는 것으로도 알려져 있다.

우리가 간 온타케산에서는 마침 제2차 세계대전 후 최악의 화산 재해라 불리는 분화가 발생해 어수선했지만(2014년), 조사지에서 화산재 퇴적 등은 볼 수 없었다. 곰의 기척만은 확실히 느낄 수 있었다. 저녁에 조사지에서 숙소로 돌아갈 채비를 하다 보면 조사 용구를 담아둔 용구함이 구멍 난 채 뒤집혀 있기도 했고, 놓아둔 배낭이 없어지기도 했다. 바로 옆에 두고 작업했으면서도 우리는 곰의 행패를 전혀 눈치채지 못했다(배낭은 다음 날 조사지로부터 조금 떨어진 장소에서 발견했다). 조사지에서 돌아오는 길에 곰이 나무껍질을 할퀴고 앞니로 나무껍질 아래층까지 갉아낸 흔적을 발견하기도 했다. 분명 갈 때는 못 보던 것이었다. 그때만 해도 생각 없이 〈숲속의 곰

돌이〉라는 동요를 큰 소리로 부르고 다녔다. 지금 생각하면 아찔하다. 온타케산에는 몇 번이나 조사차 갔지만, 조사 중 곰을 맞닥뜨린 적은 없으니 제 텃세권 안에서 조사를 허락해준 곰들에게 고맙게 생각한다.

솔직히 무섭기는 했다. 겁을 먹으면서도 여러 차례 찾아가 자세히 조사한 결과 도목의 썩는 유형, 즉 부후형腐朽型이 이끼의 종류에 영향을 준다는 사실을 알 수 있었다. 부후형에 관해서는 7장에서 자세히 설명할 텐데, 고목을 분해하는 균류의 종류에 따라 분해되는 나무의 성분이 달라지므로 이를 통해 나무의 성질 차이를 유형화한 것을 말한다. 부후형을 크게 나누면 고목이 갈색으로 썩으면서 산성화하는 갈색부후와 하얗게 썩는 백색부후가 있다. 갈색부후 하는 나무가 갈색으로 변하는 이유는 분해하기 어려운 리그닌이라는 성분이 남기 때문이다. 그리고 갈색부후하는 나무에는 식물의 생장에 필요한 칼륨이나 마그네슘, 인 등의 양분이 적다.[8]

도목이 갈색부후한 경우는 엄마이끼가 많았고 백색부후한 경우는 겉창발이끼가 많았다. 그 원인을 찾으려고 여러 실험을 고안했다. 이끼는 포자를 통해 번식하므로 우선은 도목에 도달한 이끼 포자의 발아와 성장에 부후형이 영향을 줄 가능성이 있다고 생각했다. 선행 연구를 보고 산성도가 이끼의 포자 발아에 영향을 준다는 사실을 알았다. 부후형에 따라 도목의 산성도가 다르므로 이끼 포자의 발아가 영향을 받을 가능성이 있어 보였다.

✿ 잘게 다진 이끼 ✿

겉창발이끼는 이끼 중에서도 선류蘚類로 분류된다. 봄이 되면 가는 머리카락 같은 자루를 높이 뻗어(그래봐야 이끼인지라 높이를 예상할 수 있을 것이다) 그 끝에 소시지처럼 둥그스름한 녹색 캡슐(삭)을 매단다. 삭 안에는 포자가 가득 차 있다. 선류의 삭은 성숙하면 끝부분의 원뿔형 뚜껑이 톡 떨어져나가는데, 그 입구에서 삭치라는 특이한 구조를 관찰할 수 있다. 삭치는 공기 중 습도에 따라 열렸다 닫히며 포자를 날리며, 건조할 때 열리는 종과 습할 때 열리는 종이 있다고 한다.[1]

한편 엄마이끼는 이끼 중에서도 태류苔類로 분류된다. 초여름이 되면 포자가 든 작은 검은콩 같은 자루를 길쭉한 자루 끝에 달아 높이 뻗는다. 이 콩알이 익어서 촉촉하고 검은 윤기가 돌면 매우 귀엽다(그림 1-3). 참고로 촉촉하다는 표현은 나의 이끼 선생님이자 후쿠이현립대학교의 오이시 요시타카 박사의 표현을 빌린 것이다(《이끼 삼매―복슬복슬·촉촉한 사찰 순례》[9]). 이끼의 신선함을 단적으로 나타낸 아주 좋은 표현이다. 오이시 박사와 나는 대학원 때부터 인연을 이어왔다. 조사할 때 이끼를 동정identification(미지의 생물에 이름을

■ 〈이끼 꽃~삭치의 여닫이 운동~ Moving of peristomes in 4 mosses〉, 유튜브 영상, 1:32, 뮤지엄파크 이바라키현 자연박물관, 2021.11.27.

그림 1-3 포자가 들어 있는 엄마이끼의 삭(홀씨주머니). 오른쪽의 검은콩 같은 것(길이 약 2밀리미터)이 터지면 왼쪽의 프로펠러 같은 형태가 된다(온타케산).

붙이는 행위로 생물학에서 특유의 의미를 가진 잘 정립된 용어)할 때마다 엄청난 신세를 졌다.

촉촉한 삭을 살펴보면 안은 건조한 상태였다. 익으면 터져서 포자가 날아가기 때문에 터지기 전에 몇 개를 채취해 돌아왔다. 그런데 아무리 봐도 엄마이끼의 포자는 발아 조건이 까다로울 것 같았다. 석사 과정의 안도가 2년 안에 해내기 어려울 수도 있었다. 그래서 조금 더 쉬운 다른 실험 방법을 시도해보기로 했다.

이끼의 생애주기를 보면 발아한 포자는 가는 실 모양의 원사체로 잠시 성장한 뒤 싹 비슷한 것을 만들고, 거기에 잎을 붙인 배우체를 뻗는다. 일반적으로 이끼라고 불리는 초록색 부분이 배우체이다. 맨눈으로도 볼 수 있는 크기라 다루기 쉬울 것 같았다. 배우체의 성장이 도목의 부후형으로부터 영향을 받는지 조사할 방법을 생각했다.

이끼는 원예 자재로도 수요가 있어서 이끼 재배 키트가 시판되고 있었다. 인터넷에 검색해보니 잘게 썬 이끼 배우체를 포장해서 판매하고 있었다. '배우체는 잘게 썰어도 재생되나 보다. 오! 실험이 쉬워질 것 같다'는 생각이 뇌리를 스쳤다. 당장 조사지에서 엄마이끼와 겉창발이끼의 배우체를 채취해 잘게 썬 다음, 갈색부후와 백색부후 고목을 분쇄한 것과 함께 작은 화분에 채워넣었더니 잘 자라주었다(그림 1-4, 권두그림 ③).

갈색부후 목재를 넣은 화분과 백색부후 목재를 넣은 화분의 이끼 성장을 비교했더니 야외에서 갈색부후한 도목에 많았던 볼란데리엄마이끼*Scapania bolanderi*는 백색부후 목재보다 갈색부후 목재 위에서 확실히 더 잘 자랐다. 한편 겉창발이끼는 백색부후 목재와 갈색부후 목재에서 성장량에 차이가 없었다.[10]

재미있게도 어느 한쪽 종만으로 재배하면 특히 갈색부후한 나무에서 엄마이끼의 성장량이 겉창발이끼보다 컸으나, 이 두 종을 섞어 재배하면 엄마이끼의 성장량은 겉창발이끼보다 매우 작았다. 겉창발이끼는 타감작용으로 다른 식물의 성장을 저해하는 것으로

한랭사

톱밥+이끼

톱밥+적옥토

그림 1-4 고목의 부후형에 따른 이끼의 성장 차이를 비교하는 화분 실험. 직사광선이 닿지 않도록 한랭사寒冷紗를 씌워 야외에서 재배하면, 잘게 썬 배우체로부터 재생되는 모습을 볼 수 있다.

알려져 있으니[11] 엄마이끼의 성장을 방해했을 가능성이 있다. 다시 말해 엄마이끼는 경쟁력이 약한 종이다. 겉창발이끼가 없는 갈색부후 목재 위에서만 잘 성장할 수 있는 것이다. 타감작용은 식물에서 일정한 화학물질이 생성되어 다른 식물의 생존을 막거나 성장을 저해하는 작용을 말하며, 때로는 촉진하는 작용도 포함된다.

아무래도 갈색부후 목재는 산성, 영양물질이 부족한 빈영양, 미생물에 의한 분해가 잘되지 않는 난분해 삼박자를 고루 갖춘, 생물에게 가혹한 서식 장소이다. 그만큼 여기에는 엄마이끼처럼 다른 종과의 경쟁을 피해 사는 생물이 많은 것 같다. 가령 5장에서 소개할 딱정벌레과 곤충도 그런 경향을 나타낸다.

화분 재배 실험을 통해 부후형에 따른 이끼 두 종의 우점도 차이를 배우체의 성장에 부후형이 미치는 영향으로 설명할 수 있었다. 우점도란 식물 군락 내에서 각각의 종이 어느 정도 우세한가를 나타내는 수치이다. 도목 위에 어떤 종류의 이끼가 돋아나는지는 점균과의 관계(2장), 동물과의 관계(5장), 그리고 도목갱신(11장)에서도 매우 중요하다. 이끼로 뒤덮인 에메랄드빛 세계는 아찔한 고목의 세계로 들어가는 입구였다.

그림 1-1의 답: 부채괴불이끼(고사리), 투구지의속의 일종(지의류)

《 현장 관찰 기록 》

이끼를 동정할 때는 전체적인 형태로 대체적인 분류군을 나눈 뒤 현미경으로 미세한 형태를 확인해 근연종과 구별한다. 잎의 세포 모양과 배치, 잎의 세포 표면에 있는 융털이라는 돌기, 잎이 달린 곳에 난 위모엽이라는 털 모양 구조, 세포 안에 든 유체라는 거품 형태 구조 등 많은 구조를 관찰해야 한다. 클론 번식을 하는 종이라면 식물체의 일부가 본체에서 떨어져 새로운 개체가 될 수 있는 세포인 무성아의 유무와 모양도 중요하다.

제대로 된 도감에는 대개 검색표라는 것이 첨부되어 있다. 이들 형태를 토대로 예, 아니오의 화살표를 따라가면 마지막에는 종 이름에 도달하게 된다. 이 검색표를 제대로 쓰려면 위와 같은 수많은 전문용어를 이해할 필요가 있기에 처음부터 자신감을 가지고 종 이름을 동정하기는 무척 어렵다. 학명도 꽤 자주 변경되므로 도감에 실려 있는 학명이 반드시 옳다고는 할 수 없다. 많은 종이 있는 분류군의 경우 애초에 모든 종이 게재된 도감은 없으니 개별 논문을 찾아야 한다.

이는 점균이나 버섯, 곤충 등 다른 생물도 마찬가지라서 집 마당 등과 같이 아무리 제한된 장소라고 해도 그 안에 있는 모든 생물 목록을 개인이 정리하기에는 너무나도 어렵다. 6장에서 소개할 DNA 메타바코딩은 이를 가능하게 하는 기술이지만, 아직 문제도 많다. 이에 대해서는 6장의 '현장 관찰 기록'에서 다룬다.

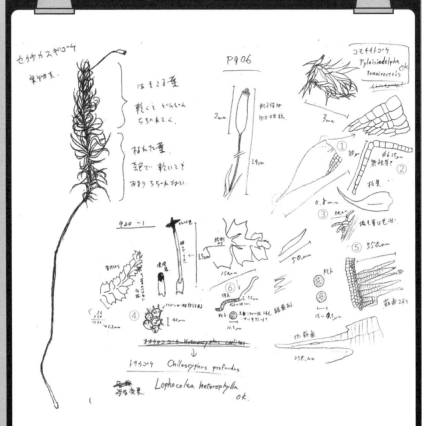

● 이끼 동정용 스케치. 무성아실이끼 같은 선류는 잎 가장자리 세포의 배치(①)나 무
성아(②), 위모엽(③) 등이 동정의 관건이다. 물비늘이끼*Chiloscyphus polyanthos* 같은 태
류는 유체(④)가 특징이다. 그 외에도 선류 삭의 삭치(⑤)와 포자를 날리는 탄사(⑥)
등 재미있는 구조가 많다.

2장

점균

숲의 보석

점균과의 만남

　점균과의 만남도 초등학생 시절로 거슬러 올라간다. 당시 국립 과학박물관에서는 여름방학마다 '사이언스 스퀘어'라는 어린이를 위한 과학 행사를 열었다. 우리 집에서 구독하던 과학박물관 소식지 《국립과학박물관 뉴스》에서 어느 날 이상한 사진을 발견했다. 녹색 이끼 위에 새빨갛고 끈적끈적해 보이는 무언가가 붙어 있는 사진이 지금도 눈에 선하다. 그 옆 사진은 이끼 위에 빨간 성냥개비 같은 것이 늘어서 있었다. 사진만 보고 설명문을 읽지 않은 나는 그 사진 속 끈적끈적한 것을 현미경으로 확대하면 옆 사진의 성냥개비 같은 것이 보일 것이라고 짐작했다. 하지만 그건 잘못된 생각이었다.

　그 끈적끈적한 것은 점균의 변형체였고(맨눈으로도 볼 수 있는 크기의 아메바 상태. 이동하면서 다른 미생물 등을 잡아먹는다), 성냥개비는 자실체(포자를 만들어 퍼뜨리는 상태. 움직이지 않는다)가 된 후의 점균 사진이었다(권두그림 ④, ⑤). 어쨌든 그 사진을 보고 강렬한 인상을 받았던 나는 부모님께 부탁해 그해 여름방학에 과학박물관의 점균 강좌를 들었다. 참가자에게는 점균 사육 세트를 나눠준다는 사실도 생물 기르기를 매우 좋아했던 나에게는 큰 매력이었다.

'그 끈적끈적한 것, 성냥개비인지 뭔지 모르지만 저걸 기를 수 있다고?' 머릿속에 엄청난 의문이 가득한 상태로 과학박물관에 도착한 나는 1번 번호표를 받아 강좌에 참가했다. 강좌 내용은 잘 기억나지 않는다. 하지만 당시 과학박물관의 연구 주간이자 그날 강사를 맡으셨던 하기와라 히로미쓰 선생님께는 그 후로도 내가 직접 찾아낸 점균을 스케치하거나 질문 등을 편지로 써서 보냈다. 선생님은 그때마다 정중한 손 편지를 답장으로 보내주셨다. 나는 선생님의 친절한 가르침 덕분에 점균에 대한 열의를 키울 수 있었다.

그날 받은 점균 사육 세트에는 점균의 일종인 황색망사자루점 균*Physarum polycephalum*의 균핵(말라 있어 휴면 상태인 것)과 균핵의 먹이인 약간의 오트밀이 들어 있었다. 내가 기억하기로 나는 균핵에서 변형체를 재생시키는 데 한 번 실패했고, 하기와라 선생님께 부탁해 다시 받았다. 재도전한 균핵은 무사히 변형체가 되어 오트밀을 먹고 금세 성장했다. 나는 여름방학 동안 변형체가 기어다니는 모습을 관찰하며 행복한 시간을 보냈다. 그리고 그 기록을 여름방학

자유 연구로 제출했다.

하기와라 선생님께서 점균에 관심이 있다면 '일본 점균연구회'에 가입하는 것이 어떠냐고 권유하셨다. 나는 초등학교 말인지 중학교 초쯤에 가입했다. 연구회는 매년 여름 전국 어딘가에서 합숙을 했다. 숲 가까운 숙소에 3박 4일 정도 묵으면서 낮에는 점균을 채집하고, 밤에는 현미경을 들여다보면서 그 점균이 어떤 종인지를 동정했다. 점균 애호가에게는 너무나도 즐거운 모임임이 틀림없었다. 하지만 연구회에 가입하고서도 나는 어른들 사이에 끼어들 용기가 없었다. 고등학교를 졸업할 때까지는 우편물만 받아보고 혼자서 점균을 찾아보는 정도로 만족했다. 그런데 점균이 어떤 장소에 있는지를 제대로 알지 못했다. 그때까지만 해도 박물학자 모리구치 미쓰루가 말하는, 이른바 '점균 안경'(《노래하는 버섯―보이지 않는 공생의 다양한 세계》1))을 쓰고 있지 않아서였다. 그렇다 보니 고등학생 때는 점균을 가까이 접하지 못했다.

모리구치 미쓰루의 저서 《우리가 사체를 줍는 이유―자연을 줍는 사람들의 유쾌한 이야기》2를 고등학교 때 서점에서 발견했을 때의 충격은 지금도 잊을 수가 없다. 당시 나도 사체를 줍고 있었기 때문이다. 의아하게 생각할 수도 있겠지만, 그때 나는 주로 곤충 사체를 줍고 다녔다. 처음에는 직접 잡아서 죽여야만 깔끔한 표본을 만들 수 있다고 생각했다. 그런데 죽은 지 얼마 안 된 사체를 주우면 깔끔한 표본을 만들 수 있다는 사실을 이내 알게 되었다.

길을 걸으면서 주위를 잘 살피면 제법 곤충의 사체를 찾아낼 수 있었다. 개중에는 죽은 직후거나 곧 죽을 것 같은 녀석도 많았다. 익숙해지자 죽은 직후의 사체만 골라낼 수도 있었다. 그러던 차에 모리구치 미쓰루의 책을 만난 것이다. 책에는 생물의 사체를 주우면서 느끼게 된 생물과의 거리감, 생물을 좋아하는 사람이 연구로서 생물을 다루게 되면 생물이 싫어지지 않을까 하는 저자의 대학생 시절 갈등 등이 쓰여 있었다. 고민 많은 고등학생이었던 나는 크게 공감했고 가슴에 벼락이 내리치는 느낌이었다. 어린 나로서는 연구의 연 자도 몰랐지만 말이다.

그분 책의 특징은 뭐니 뭐니 해도 온갖 생물을 표현한 아름다운 선화다. 요즘 책의 그림에는 고운 채색이 되어 있지만, 초기 책의 그림은 모두 흑백 선으로만 표현되어 있었다. 내가 생물의 선화를 그리게 된 것은 모두 모리구치 미쓰루의 영향이다.

🍄 캠퍼스 숲의 점균 🍴

점균에 대한 열의가 다시 불붙은 것은 대학생이 되고 나서부터다. 대학 1학년이던 1997년 겨울에 일본 국립과학박물관에서 '숲의 마술사—점균의 세계'라는 전시회가 열렸다. 보석처럼 반짝반짝 빛나는 자실체의 아름다움, 커다란 아크릴 상자 속을 기어다니는 거대한 변형체의 박력에 마음을 빼앗긴 기억이 난다. 내 방 문에는 아직도 그때 포스터가 붙어 있다.

하지만 대학 1~2학년 때는 산악부에서 등산을 다니는 데 집중하다 보니 점균을 천천히 찾아다닐 시간이 많지 않았다. 다만 산악부 보고서에 '도중에 만난 점균을 데리고 돌아왔다'라고 쓴 기억이 희미하게 남아 있는 걸 보면, 점균에 대한 흥미는 계속 가지고 있다가 우연히 발견하면 채집 정도는 했던 것 같다. 제대로 된 채집 방식은 아니었으니 딱히 내세울 만한 성과는 없었다.

변화가 생긴 시기는 대학 2학년 무렵이었다. 용기를 내 바로 점균연구회의 합숙에 참여한 것이다. 시마네현 산베산에서 3박 4일간 진행된 합숙에서 꿈에까지 점균이 나올 만큼 지극히 행복한 시간을 보냈다. 그때 맛을 들여 이듬해에는 5월 황금연휴에 하치조지마섬에서 열린 채집회에도 참가했다. 백문이 불여일견이라더니, 채집회에 참가하고 나서부터는 나도 숲속에서 점균을 발견할 수 있게 되었다. 점균 안경을 손에 넣은 것이다.

당시 내가 다니던 신슈대학교 농학부는 널리 알려진 나가노현 이나시가 아니라 그 인근의 미나미미노와무라라는 곳에 있었다. 연습림이라 불리는 드넓은 숲속에 자리 잡은 동네였다. 나는 아침 강의가 시작되기 전에 학교에 가서 한바탕 숲속을 돌아다니며 점균을 찾는 것이 정해진 일과였다. 식당에서 점심을 먹은 뒤에는 그대로 식당 옆 숲에 죽치고 앉아 점균을 관찰했다. 알고 보니 점균은 곳곳에 있었다.

숲에서 낮잠을 자기 시작한 것도 그 무렵부터다. 점심을 먹고 배부른 상태로 숲속에서 점균을 찾느라 쭈그리고 앉아 있으면 날씨 좋은 날에는 여지없이 졸음이 쏟아졌다. 그대로 산책로에 앉아 꾸벅꾸벅 졸고 있으면 늘 누군가 한두 명쯤은 내 쪽으로 뚜벅뚜벅 다가왔다. 나 말고도 점심시간에 숲을 산책하려는 기특한 사람들이 있었다. 자는 와중에도 발소리에 귀를 기울여보면 그 사람들은 내가 있는 곳까지 오기 전에 산책로를 벗어나 멀리 돌아서 갔다. 위험한 사람(혹은 시체)이라고 생각했을지도 모른다.

이런 생활을 계속하는 동안 집에는 점균 표본이 쌓여갔다. 혼자 사는 좁은 방에는 공기 속 점균 포자의 밀도가 꽤 높았을 것이다. 당시 내 방 싱크대의 축축한 곳에는 변형체가 자주 발생했다. 참고로 점균의 건조 표본은 담뱃갑 정도의 빈 상자에 넣어 보관하는 방식이 일반적이다. 점균연구회에서 표본 전용 상자를 판매했는데도 나는 그 사실을 몰랐는지 아니면 인색했는지 빈 상자 확보가 늘 숙제였다.

기차역 매점에서 파는 자몽 사탕 상자가 마음에 들었지만, 기차를 그리 자주 타는 것도 아니었고 많이 먹지도 않았다. 그래서 길가에 떨어진 담뱃갑을 줍는 일이 일과가 되었다. 고등학생 때 곤충 사체를 찾아다녔듯이 이번에는 남이 버린 깨끗한 담뱃갑을 찾으러 눈에 불을 켜고 다녔다. 어느 새 점균이 아니라 담뱃갑 줍는 행위에까지 마음이 설렌다는 사실을 깨닫고 당황한 적도 있다.

늘 상자가 부족할 만큼 점균은 계속 발견되었다. 마음씨 좋은 골초 선배가 담뱃갑을 대량으로 모아주기도 했다. 하지만 아쉽게도 신슈대학교 농대에는 점균을 연구하는 연구실이 없었다. 결국 나는 버섯 연구실에 들어가 지금까지 균류를 연구하고 있다. 나와 점균의 관계가 그저 표본만 모아도 기뻤던 단계를 지나, 데이터를 모으고 해석하는 연구의 단계로 진화한 것은 교토대학교 대학원에서 곤충 연구자 스기우라 신지 씨를 만나면서부터다. 그를 만난 뒤로 점균에 모여드는 곤충의 데이터를 다루게 되었고, 박사 학위를 받아 직장을 얻은 뒤에는 직장 근처 산에서 고목 데이터를 모으게 되었으니 말이다.

🍄 점균에 모이는 벌레 🍴

대학원은 교토대학교로 진학했다. 삼림생태학 연구실에 들어갔더니 수목을 비롯해 곤충이나 균류 등 여러 생물을 연구하는 사람들이 있었다. 생물이 아니라 생태계를 대상으로 물질의 이동과 변화를 연구하는 생태계 생태학이라는 전공도 있었다. 그 분야 안에서 곤충과 식물의 관계를 연구하던 스기우라 씨는 관심 분야와 지식이 폭넓은 것은 물론이고 논문을 쓰는 속도도 빨라서 늘 동경의 대상이었다. 박사 과정을 밟고 있던 그는 곤충과 관련된 재미있는 연구 주제가 있으면 재빨리 데이터를 뽑아 속속 논문을 냈다.

그런 스기우라 씨가 내가 점균을 좋아한다는 말을 듣고 관심을 나타냈다. 점균에 모이는 곤충을 함께 연구해보지 않겠냐고 물어온 것이다. '일단 점균을 채집해왔을 때 포자 사이에서 굼실굼실 움직이는 곤충이 있다(그림 2-1). 내버려두면 점균 건조 표본을 다 먹어버릴 테니 귀찮은 존재이기는 하지만 귀엽기도 하다. 그리고 '여러' 점균에 어떤 곤충이 모이는지 알아보면 재미있을 것 같다.' 이렇게 대

그림 2-1 분홍콩점균Lycogala epidendrum의 자실체에 온 갑충. 흰 동그라미 속 자실체 위에 작은 딱정벌레가 있다. 분홍콩점균의 지름은 대략 5밀리미터, 이 크기에 주목하면 좋겠다(미야기현).

답한 다음부터 공동연구가 시작되었다.

공동연구라고는 하지만 연구실에 들어간 지 얼마 안 된 석사 1년 차와 이미 몇 편이나 논문을 쓴 스기우라 씨는 연구 능력이 하늘과 땅 차이였다. 실제로 나는 점균을 동정하는 부분을 조금 도왔을 뿐이다. 게다가 확신이 들지 않는 표본은 점균연구회의 대선배인 가와카미 신이치 선배에게 물어봤으니 내가 직접 한 일은 뭐 하나 대단하지 않았다.

당시 스기우라 씨의 박사 과정 연구 주제의 일환으로 잎 표면이 끈적끈적한 거미철쭉*Rhododendron macrosepalum*이라는 진달래 잎을 이용해 곤충류 데이터를 모으고 있었다. 그래서 거의 매일같이 가미가모의 교토대학교 연구림(가미가모 시험지)을 드나들면서 틈틈이 점균 채집도 병행했다. 엄청난 열의였다.

가미가모 시험지는 약 50헥타르 부지의 60퍼센트 정도가 재생림으로, 예전에는 주요 수종이 소나무였고 편백나무와 활엽수가 혼재했다. 그런데 1960년대 중반부터 발생한 소나무재선충병으로 소나무가 점차 고사해 현재는 거의 전멸한 상태다(《소나무재선충병은 숲의 전염병—삼림 미생물 상호관계론 노트》[3]). 다만 그 결과 숲속에는 알맞게 썩은 소나무 도목이 풍부하게 남아 있었다. 가미가모 시험지에서 소나무재선충병이 정점에 이른 시기는 1991년경이므로 2001년은 고사 후 10년 정도 지난 소나무 도목과 그루터기가 숲속에 많이 있던 때다.

스기우라 씨는 도목 2,650그루(!)와 그루터기 409개를 정기적으로 확인하고, 거기에 발생한 점균의 자실체를 발견 즉시 채취해서 나무 표면 또는 속에 든 곤충, 진드기 등의 절지동물과 점균을 표본으로 만드는 작업을 2001년 6월부터 9월까지 반복했다. 이를 통해 점균 표본은 15종 318개, 절지동물은 1,771개체나 얻었다.

점균 동정은 내 담당이었지만, 정말 미안하게도 내 석사 논문 연구로 정신이 없어 좀처럼 동정 작업을 끝내지 못했다. 겨우겨우 끝낸 시점이 대학에 취직해 생활이 안정된 2013년이었다. 스기우라 씨가 표본을 만든 지 10년 이상이나 지난 시점이었다. 그때는 스기우라 씨도 삼림종합연구소의 연구원으로 여러 프로젝트를 하느라 바쁜 나날을 보내던 시절이다. 절지동물과 점균 데이터가 합쳐져 논문으로 발표된 시기는 그때로부터 6년이나 더 흐른 2019년이다.[4]

논문 내용을 소개하면 이렇다. 점균으로는 흰검댕이점균*Fuligo candida*, 노랑격벽검댕이점균*Fuligo septica f. flava*, 노랑검댕이점균*Fuligo aurea* 등 자루점균과*Physaraceae*와 갈색자주솔점균*Stemonitis axifera* 등 자주솔점균과*Stemonitaceae*의 자실체가 높은 빈도로 발견되었다. 한편 절지동물로는 둥근아기벌레*Aspidiphorus japonicus*와 갈색점균둥근아기벌레*Sphindus castaneipennis* 등 둥근아기벌레과*Sphindidae*(그림 2-2)와 밑빠진버섯벌레아과*Scaphidiinae* 등 반날개과*Staphylinidae* 갑충류(딱정벌레목)가 높은 빈도로 발견되었다. 파리류(파리목)가 우점하는 버섯(균류의 자실체)의 곤충 군집과 다르게 점균 자실체의 곤충 군집은

그림 2-2 점균 자실체에 있던 둥근아기벌레(왼쪽, 몸길이 1.5~1.8밀리미터)와 갈색점균둥
근아기벌레(오른쪽, 몸길이 1.7~2.2밀리미터). 온몸이 포자로 뒤덮여 있다(스기우
라 신지 박사 제공).

갑충류가 우점하는 것이 특징이다.

둥근아기벌레와 갈색점균둥근아기벌레는 성충뿐 아니라 유충
도 점균 자실체에서 발견되었다. 둥근아기벌레과는 점균 자실체 위
에서 성장의 역사가 시작되는 것 같다. 성충의 몸 표면은 무수한 털
로 덮여 있어 점균의 포자가 많이 달라붙는다. 또 성충은 그 상태로
고목 주변을 활발하게 날아다니므로 포자를 퍼뜨리는 데 도움이
될 수 있다(점균의 포자는 기본적으로 바람을 타고 퍼져나간다). 점균의 포
자 표면에 보이는 미세한 털도 털북숭이 곤충의 몸 표면에 붙기 쉽
다. 참고로 성충과 유충 모두 소화관 안에 점균 포자가 꽉 차 있었
는데, 현미경으로 관찰했더니 포자가 소화된 것으로 보아 배설물을

통해 포자를 퍼뜨릴 가능성은 낮은 것 같았다(그림 2-3).

점균과 절지동물의 관계를 좀 더 자세히 살펴보자(그림 2-4). 둥근아기벌레의 성충은 격벽검댕이점균*Fuligo septica*이나 자주솔점균속*Stemonitis*, 가로등점균속*Cribraria*, 덩이점균속*Lindbladia*, 부들점균속*Arcyria*, 산딸기점균속*Tubifera*, 분홍콩점균속*Lycogala*, 산호점균속*Ceratiomyxa* 같은 다른 점균에도 폭넓게 찾아가기 때문에 먹이 선택 범위가 넓은 광식성이라고 할 수 있다. 한편 갈색점균둥근아기벌레는 유충이 검댕이점균속에서만 발견되었고, 성충도 검댕이점균속과 자주솔점균속에서만 발견되었기 때문에 먹이 선택 범위가 더 좁은 협식성이라고 할 수 있다. 광식성, 협식성은 각각 제너럴리스트, 스페셜리스트라고 바꾸어 말할 수 있다.

점균 쪽에서 보면 검댕이점균속이나 자주솔점균속의 자실체는 대체로 열 종 이상의 갑충(딱정벌레)에 이용될 정도로 인기가 많으니 제너럴리스트라고 할 수 있다. 제너럴리스트 종, 스페셜리스트 종이 모두 상대 제너럴리스트 종과 연관되고, 스페셜리스트 종끼리 연관되는 경우가 적은 생물 간 상호작용 구조를 중첩내포성nestedness이라고 한다. 중첩내포성은 꽃을 찾는 곤충 군집의 수분 공생 또는 종자산포 같은 동식물의 관계나 수목과 균근균의 공생관계에서도 나타난다. 관찰된 개체 수가 적은 갑충 종에서는 충분한 샘플링이 이루어지지 않아 중첩내포성만 나타났을지도 모르니 엄밀하게는 사육 실험 등으로 식성을 확인해야 한다.

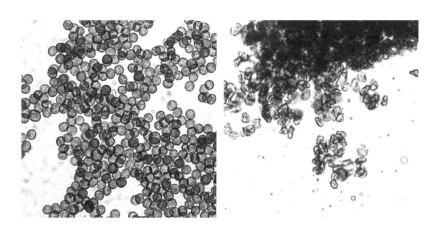

그림 2-3 왼쪽은 격벽검댕이점균의 정상적인 포자이고, 오른쪽은 둥근아기벌레 성충의 소화관 안에서 파괴된 포자이다(스기우라 신지 박사 제공).

곤충	성장 단계	검댕이 점균속 3종	자주솔 점균속 4종	가로등 점균속 1종	덩이 점균속 1종	부들 점균속 2종	산딸기 점균속 1종	분홍콩 점균속 1종	산호 점균속 1종
갈색점균둥근 아기벌레	유충	626	0	0	0	0	0	0	0
	성충	339	117	0	0	0	0	0	0
둥근아기벌레	성충	67	83	18	17	46	30	1	3
나카네애호랑 밑빠진버섯벌레	성충	0	13	62	20	0	0	0	10
스메타나이꼬마 밑빠진버섯벌레	성충	0	19	28	5	9	6	0	19
둥근아기벌레과	성충	10	14	2	2	4	1	13	2
점균둥근아기 벌레혹	성충	0	1	0	39	0	8	0	0
일본꼬마밑빠진 버섯벌레	성충	8	8	5	0	7	0	1	1
그 외 25종		35	14	40	11	4	2	1	0

그림 2-4 점균의 자실체에서 채집된 곤충의 개체 수(스기우라 신지 박사 제공). 8종의 점균 전체를 찾은 둥근아기벌레의 성충은 광식성(제너럴리스트), 유충·성충 모두 일부 속에서만 볼 수 있었던 갈색점균둥근아기벌레는 협식성(스페셜리스트)이다.

이렇게 스기우라 씨를 돕는 방식으로 어릴 때부터 좋아한 점균에 대한 학술적 접근을 가까스로 경험할 수 있었다.

🍄 도심 공원의 점균 🍄

점균을 학술적으로 접근할 두 번째 기회는 박사 학위를 받고 취업한 직후에 얻었다. 당시 박사 학위를 막 딴 나는 이 세상에 생태학의 재미를 널리 알리겠다는 열의로 가득했다. 또 생태학을 학문적으로 추구할 뿐 아니라 자연보호 등의 실천으로도 연결하겠다고 생각하고 있었다. 그래서 사이타마현 토코로자와시 주변에서 내셔널트러스트 활동을 펼치는 '토토로의 고향 재단'(현 토토로의 고향 기금)에 취직했다. 내셔널트러스트는 1895년 영국에서 시작된 시민운동으로, 개인이 자발적으로 기부한 자산을 가지고 보존 가치가 높은 자연환경과 문화유산을 확보해 영구 보전, 관리하는 활동이다. 연구직이 아니라 사무국 직원으로 채용된 것이라 여러 일을 경험했지만, 태생이 연구자이다 보니 뭐든 연구를 하지 않고는 견딜 수 없었다. 다행히 트러스트 활동 중에 매입된 토지와 그 주변 자연환경을 조사하는 일을 했다. 이후 그 조사 내용을 토대로 도쿄도 히가시야마토시에 있는 도립 히가시야마토 공원(11장 참조)의 도목을 조사했다.

그림 2-5 공원 내에 방치된 적송 통나무. 생물 관찰에 최적이다(도쿄도).

일단 대학원 시절에 했던 대로 고목에 서식하는 버섯을 조사했다. 직장에는 현지 자연환경을 잘 아는 분이 많았고, 그분들에게 고목이 많은 장소를 물었더니 히가시야마토 공원을 소개해주셨다. 그분들은 내가 식용버섯을 캐러 가는 줄 알았다고 한다.

히가시야마토 공원은 멋진 장소였다. 교토대학교의 가미가모 시험지처럼 소나무재선충병으로 고사한 소나무 도목이 곳곳에 있었다. 도립공원이기에 관리가 잘되고 있어서 산책로 주변의 나무가 병들면 굵은 가지 등이 방문자에게 피해를 주지 않도록 바로 잘라냈지만, 반출되지 않고 지면에 그대로 뉘어놓은 것도 마음에 들었다

(그림 2-5). 소나무재선충병으로 전국의 소나무가 고사했으니 이는 현대 촌락의 뒷산이 보여주는 전형적인 모습이기도 하다. 나중에 소나무 고목을 찾아 일본 전국을 돌아다닐 때도 이른바 삼림공원을 가보면 대개 이런 종류의 소나무 고목을 만날 수 있었다.

히가시야마토 공원에서는 우선 소나무 도목에만 번호 테이프를 붙여서 구별했다. 2,000개 이상의 개수만 보면 스기우라 씨의 점균 조사와 같은 규모였다. 그런 다음에는 틈날 때마다 도목을 찾아다니며 표면에 발생한 점균과 버섯을 기록했다. 주말에는 거의 공원에서 살았다. 평일에도 자연환경 조사 시간을 쪼개 공원을 찾았다.

야외에서 보기만 해서는 종류를 알 수 없는 점균이나 버섯은 일단 채취한 다음 표본을 만들어서 현미경으로 관찰했다. 표본은 건조 보존해야 했지만, 대학처럼 대형 송풍 건조기가 있는 것도 아니었다. 어쩔 수 없어 이불 건조기를 큰 골판지 상자에 연결해서 바람을 쐬었고, 상자 안에 설치한 선반에 표본을 늘어놓고 말렸다. 온풍 때문에 내부에 습기가 차지 않도록 골판지 상자의 옆면은 여닫을 수 있도록 만들었다.

다행히 점균 표본은 크기가 작았고, 현미경 관찰이 필요한 버섯은 대부분 도목 표면에 평면으로 퍼진 배착성 균류라서 표본의 부피가 그리 크지 않았다. 그런데도 표본 수가 워낙 많다 보니 도저히 골판지 상자에 다 담을 수 없어 결국 옆면의 문으로 삐져나와 주변 바닥을 점령했다. 이불 건조기에 연결된 골판지 상자의 옆면을 통해 점균과 버섯 표본이 마루 위로 방사형으로 퍼져나간 광경은 참 초현실적이었다. 언젠가 아버지가 찾아오셨다가 깜짝 놀란 적도 있다. 아들이 과학을 한다더니 드디어 미치광이가 되었나 의심하셨다고 한다.

그렇게 조사에 빠져들면서 깨달은 사실이 있었다. 조사 대상이 모두 적송 도목이었는데, 부후가 진행된 도목은 갈색 블록 형태로 무너져 있는 갈색부후한 것과 흰색 섬유 형태로 부드러워진 백색부후한 것으로 나눌 수 있었다. 아무리 봐도 점균의 종은 이들 부후형에 따라 다른 것 같았다.

그런데 직장에 근무하면서 이런 대량 표본을 현미경으로 관찰해 동정하는 작업을 하는 건 불가능했다. 이 표본들을 동정하는 작업은 나중에 대학에 자리 잡고 나서야 차분하게 집중할 수 있었고, 2015년에서야 그 결과를 논문으로 발표했다. 이때도 점균연구회의 다카하시 가즈나리 선배의 도움을 받아 점균 동정 작업을 마쳤다.

2010년 한 시즌 동안 기록한 점균 종수는 41종(일곱 개 변종 포함)이었다. 이는 조사지 한 곳에서 한 종류의 적송 도목으로 한정한 조사치고는 상당히 좋은 성과다. 다카하시 선배가 서일본의 조사지 여덟 곳에서 적송 도목의 점균을 2년 동안 조사한 예를 보면 41종, 세 개 변종이 기록되어 있다.[5]

데이터를 해석한 결과 역시 도목의 부후형은 점균의 종 조성에 영향을 주고 있었다. 갈색부후 도목에 자주 보이는 점균은 가는가로등점균Cribraria tenella과 타래가로등점균Cribraria intricata Schrad. 등 가로등점균속의 종이 많았다. 한편 백색부후 도목에는 산호점균속의 산호점균Ceratiomyxa fruticulosa이 잘 자라고 있었다.[6](권두그림 ⑥)

부후형의 차이는 왜 점균의 종 조성에 영향을 주는 것일까? 점균의 변형체는 견고한 세포벽으로 보호받지 않고 세포막이 드러나 있어 주위 pH 등 환경의 영향을 받기 쉽다. 갈색부후 도목은 pH가 낮으므로 pH가 종 조성에 영향을 주는지도 모른다. 또 pH는 점균의 먹이인 세균에도 크게 영향을 주는 것으로 알려져 있다. pH가 도목의 세균 군집에 영향을 주어 간접적으로 점균 군집에도 영향을 줄 가능성이 있다.

참고로 당시 조사 때는 욕심을 내 도목의 이끼도 채집했다. 이끼 데이터까지 해석해보니 이끼에도 갈색부후를 좋아하는 것과 그렇지 않은 것이 있었다. 예를 들어 무성아실이끼Sematophyllum subhumile는 갈색부후를 선호하는 것 같았지만, 낫털거울이끼Pylaisiadelpha tenuirostris나 사자이끼Brothera leana는 백색부후를 선호하는 것 같았다. 이는 1장에서 소개한 온타케산의 아고산대 침엽수림의 조사 결과와도 일치하나 이끼의 종류는 다르다. 장소에 따라 나타나는 이끼의 종류도 달라서 재미있었다.

낫털거울이끼는 부들점균Arcyria denudata과 같은 도목에 발생하는 경향이 있는 것 같았다. 두 종이 단지 같은 환경을 좋아하는 것일 수도 있고, 더 자세히 조사해야 하겠지만 점균과 이끼 사이에 뭔가 관계성이 있을 수도 있다. 예를 들어 눈알점균*Colloderma oculatum*은 물이 떨어지는 바위나 도목 위에 펼쳐진 이끼에서 발견되는 것으로 유명하다.[7] 눈알점균은 검은 구형의 자실체가 투명한 젤라틴 질에 덮여 있다. 이 모양이 눈알처럼 보여서 일본에서는 눈알먼지라고 부른다(oculatum은 눈을 가진다는 뜻). 같은 속에 큰눈알점균*Colloderma robustum*도 있다. 일본명이 큰눈알먼지이니 왠지 성낸 표정으로 두 눈을 부릅뜬 것 같은 느낌이 든다. 그 밖에도 발베이점균*Barbeyella minutissima*은 주머니게발이끼*Nowellia curvifolia*나 게발이끼속*Cephalozia* 이끼류 위에서 흔히 발견된다.[8]

🍄 점균 사육 실험 🍄

점균은 고목 속 세균이나 균류 같은 미생물을 먹는다고 알려져 있다. 고목은 탄소가 풍부하지만 질소를 비롯한 양분이 부족하다. 그래서 세균과 균류는 고목을 분해해 얻은 양분을 자기 몸 안에 쌓아두고 살아 있는 동안에는 좀처럼 내놓지 않는다. 반면 미생물을 먹이로 삼는 점균은 양분을 포함한 배설물을 주변에 배출한다. 즉 점균은 고목 안에서 양분의 방출에 관여한다고 생각할 수 있다. 단백질처럼 유기물이었던 질소 등의 양분이 분해되어 무기물로 방출되므로 무기화라고 한다.

고목의 부후형이 점균의 종 조성에 영향을 준다는 것은 고목 내부의 미생물을 먹는 데 따른 양분의 무기화에도 부후형이 영향을 줄 가능성이 있다는 의미이다. 고마가타 야스유키 학생과 사육 실험을 수행해 이 효과를 확인해보기로 했다. 플라스틱 상자 안에 갈색부후 목재, 흰색부후 목재를 부수어 채웠다. 부후목재는 그동안 조사해온 소나무를 야외에서 채취해 사용했다. 멸균하지 않았기에 고목 안에는 야생 미생물 군집이 있었다. 그 안에 거센자루점균 *Physarum rigidum*의 변형체를 놓아 한 달 정도 배양한 뒤 부후목재에서 물로 양분을 추출해 부후형에 따른 차이를 조사했다. 변형체가 부후목재 속 미생물을 먹고 배설하면 부후목재의 양분 농도는 올라갈 것이다. 거센자루점균의 변형체는 점균연구회의 가와카미 신이치 선배에게 받았다.

　　살아 있는 변형체의 영향을 알아보려면 대조실험으로 변형체를 넣지 않는 상자도 만들어야 했다. 하지만 이 실험의 경우 '점균이 무기화한 양분'뿐 아니라 '원래 변형체에 포함돼 있던 양분'도 검출될 가능성이 있었기에 '변형체를 넣지 않는 실험'이 아니라 '죽은 변형체를 넣은 실험'이 비교 대상으로 좋겠다고 생각했다. 그런데 도대체 어떻게 변형체를 죽여야 할지 고민이었다. 평소 미생물을 멸균할 때처럼 고압증기멸균기에 넣으면 배지의 한천과 함께 녹아버릴 것 같았다. 한참 생각하고 있던 중 고마가타 군이 중얼거렸다. "얼려버릴까?" 그랬다. 변형체를 얼리면 아마도 형태를 유지한 채 죽을 것이니 실험에 쓰기 좋을 것 같았다. 고마가타 군의 아이디어대로 했더니 실험이 잘 흘러갔다.

결과는 예상한 대로였다. 살아 있는 변형체를 넣어 배양하자 부후목재의 양분 농도가 증가했다. 변형체가 부후목재 속 미생물을 먹고 양분의 일부를 배설했을 것이다. 특히 칼슘과 마그네슘의 농도가 증가했다. 칼슘은 변형체가 아메바운동을 할 때 원형질 유동에 중요한 역할을 한다. 아메바운동이란 아메바 등에서 볼 수 있는 세포체의 변형 이동 운동을 말한다. 원형질은 세포 내의 살아 있는 부분으로 대사기능을 하는 부분이다. 이 원형질이 외부 자극에 의해 세포 내에서 회전운동이나 왕복운동 하는 것을 원형질 유동이라고 한다. 활동 중인 변형체에는 고농도의 칼슘이 포함되어 있다. 변형체가 활동하면서 주위에 칼슘이 방출되면 주위의 칼슘 농도에 영향을 줄 것이다.

주의해야 할 점은 이 실험에서는 실험 후의 부후목재로부터 물로 추출한 양분을 측정했다는 것이다. 부후목재 속에는 유기물과 결합한 양분이나 미생물이 체내에 보유한 양분이 있을 가능성이 있지만, 그것까지는 측정하지 못한 것이다. 어디까지나 무기물로서 물에 녹아나온 양분만 측정했다.

재미있게도 질소(질산) 농도에 대한 변형체의 영향은 백색부후목재와 갈색부후 목재가 반대였다. 갈색부후 목재는 살아 있는 변형체가 있으면 질산 농도가 높아진 반면 백색부후 목재는 질산 농도가 낮아져 거의 제로에 가까워졌다.

백색부후 목재는 미생물이 이용할 수 있는 탄수화물이 많이 들어 있으므로 탄수화물을 이용한 질소고정세균이 늘어나 공기 중의 질소를 고정했을지도 모른다. 이때 살아 있는 변형체가 질소고정세균을 먹어버리면 질소가 고정되지 않아 질산 농도가 낮아졌을 가능성이 있다.

한편 갈색부후 목재에는 난분해성 리그닌이 축적되어 있고 pH도 낮아서 질소고정세균이 늘어나기 어려워 원래 질소가 적다. 살아 있는 변형체를 넣었을 때 갈색부후 목재에서 질산 농도가 높아지는 이유는 잘 모르겠지만, 부후형에 따른 미생물 군집의 차이가 변형체에 의한 양분 무기화에 영향을 주는 것 같다.

🍄 변형체는 무엇을 먹고 사는가, 안정동위원소 분석 🍄

그렇다면 실제로 고목 안에서 변형체는 어떤 미생물을 먹을까? 점균을 포자에서 발아시켜 배양시킬 때는 먹이로 대장균(세균)을 쓰는 경우가 많아서 점균이 주로 세균을 먹고 산다고 생각하는 사람도 많다. 하지만 배양에 성공한 점균 종은 한정되어 있어서 야외에서 어떤 것을 어느 정도의 비율로 먹는지는 잘 알려지지 않았다.

숲에서 관찰하다 보면 기어다니는 변형체가 버섯을 덮쳐 소화하는 모습도 흔히 볼 수 있다. 포자에서 막 발아한 아주 작은 아메바 때는 세균을 먹을지 모르지만, 거대한 변형체가 된 후에는 버섯(균류)을 주로 먹는 종류도 많은 것 같다. 이를 탄소, 질소의 안정동위원소 분석 방법으로 확인해보기로 했다.

모든 물질을 구성하는 원자는 원자핵과 그 주위를 도는 전자로 이루어져 있다. 태양(원자핵)의 주위를 도는 지구 등의 행성(전자)과 같은 방식이다. 전자는 음전하를 띠고 원자핵은 그 속에 포함된 양

그림 2-6 노란개암버섯*Hypholoma fasciculare* 자루에 난 과립자루점균*Physarum globuliferum* 의 2밀리미터 자실체(야마가타현)

성자 때문에 양전하를 띠며, 전자와 양성자 수는 같아서 전기적으로 균형이 잡혀 있다.

원자핵 안에는 양성자 말고도 전기를 띠지 않는 중성자가 들어 있다. 중성자 수는 양성자 수와 같거나 그보다 한두 개 더 많거나 적다. 즉 같은 원소의 원자라도 중성자 수가 미묘하게 다른 것이 있다. 예를 들어 탄소 원자의 원자핵은 양성자 여섯 개를 가지는데, 중성자는 여섯 개, 일곱 개, 여덟 개인 원자가 존재한다. 각각의 질량수는 양성자와 중성자 수를 더해 열둘, 열셋, 열넷이 되기에 ^{12}C, ^{13}C, ^{14}C로 표기하며, 책에서는 각각 탄소-12, 탄소-13, 탄소-14라고 썼다. 이들을 탄소동위원소라고 부른다. 자연계 내에는 탄소-12가 99퍼센트 정도로 대부분을 차지하고, 탄소-13이 1퍼센트 정도, 탄소-14는 극히 미량만 존재한다.

양성자와 중성자 수의 균형이 잡혀 있는지에 따라 원자핵이 불안정한 원자와 안정적인 원자가 있다. 탄소의 경우 탄소-12와 탄소-13은 안정적인데, 탄소-14는 불안정해서 방사선(베타선)을 내면서 붕괴한다. 안정적인 탄소 원자를 탄소의 안정동위원소라고 하고, 불안정한 탄소 원자를 탄소의 방사성동위원소라고 한다. 후쿠시마 원자력발전소 사고로 방출된 세슘은 원자번호가 55(양성자를 55개 포함)인데, 적어도 39종이나 되는 동위원소가 있다. 세슘 133(중성자는 78개)이 유일한 안정동위원소이고, 세슘 134(중성자 79개)와 세슘 137(중성자 82개) 등은 방사성동위원소이다.

이 중 안정동위원소가 오래전부터 먹이사슬 연구에 사용되고 있다. 생물의 대사에 탄소와 질소의 동위원소 분별 작용이 있기 때문이다.

먼저 탄소에 관해 알아보자. 식물은 광합성으로 탄소를 고정하므로 식물을 구성하는 탄소는 광합성 당시 대기 중 탄소의 동위원소비(탄소-12와 탄소-13의 비율)를 반영한다. 그리고 그 식물을 먹은 생물의 탄소동위원소 비율도 식물의 동위원소 비율을 반영하게 되는데, 생물은 호흡을 하므로 먹은 탄소 중 일정 비율이 호흡으로 날아간다. 이때 중성자 수가 적어서 다소 가벼운 탄소-12가 먼저 호흡에 사용되어 날아가므로 생물의 몸속에서는 탄소-13의 비율이 약간 올라간다. 이것이 동위원소 분별 작용이다. 그리고 그 생물을 먹은 생물의 탄소-13의 비율 또한 약간 높아진다. 이렇게 해서 원래 식물의 값을 기준으로 할 때 탄소-13의 비율은 먹이사슬의 단계가 올라갈수록 조금씩 상승한다.

탄소와 마찬가지로 질소에도 안정동위원소가 있다. 질소의 원자번호는 7이다. 천연에 존재하는 질소의 99퍼센트 이상은 중성자가 일곱 개인 질소-14(^{14}N)이지만, 중성자가 여덟 개인 질소-15(^{15}N)도 미량으로 존재한다. 탄소와 마찬가지로 질소도 가벼운 쪽부터 먼저 배설(소변 등)되므로 먹이사슬의 단계가 올라갈수록 질소-15의 비율이 조금씩 상승한다.

탄소-13과 질소-15는 모두 자연계 내 존재량이 극히 적어서 비율을 계산할 때는 탄소-12나 질소-14와의 직접적인 비율이 아니라 표준물질과의 차이를 비율로 나타낸 수치를 사용한다. 그래도 변화는 매우 작기 때문에 변화량을 천분율‰(퍼밀)로 나타낸다. 탄소의 표준물질로는 전석(벨렘나이트. 백악기 말에 멸종한 오징어 비슷한 두족류 화석), 질소의 표준물질로는 대기 질소를 사용한다.

어떤 생물이 다른 생물에게 잡아먹히면(영양 단계가 하나 진행된다라고 한다) 탄소-13의 비율은 약 1퍼밀, 질소-15의 비율은 약 3퍼밀 올라가는 것으로 알려져 있다. 그 장소에서 먹이사슬의 기점이 되는 식물의 동위원소 비율과 대상이 되는 생물의 동위원소 비율을 알면, 그 생물이 무엇을 먹는지 대략 파악할 수 있다.

🎯 점균의 밥상 🍴

안정동위원소 분석 방법으로 점균이 무엇을 먹는지 알아보았다. 도목 위 점균과 먹이 후보인 버섯, 그 버섯이 탄소 공급원으로 이용하고 있을 도목을 샘플로 가지고 돌아온 뒤 각 탄소와 질소의 안정동위원소 비율을 측정했다. 이렇게 쓰고 보니 논문처럼 아주 건조하게 느껴지겠지만, 점균 샘플 모으기가 얼마나 힘들었는지 모른다. 만주라는 앙금 과자처럼 생긴 대형 점균은 문제없다고 치더라도 소형 점균을 모을 때는 현미경을 들여다보면서 2밀리미터 정도의 자실체를 하나하나 핀셋으로 모아야 했으니 말이다(그림 2-6). 샘플에 고목 등이 들어가면 값을 신뢰할 수 없게 되어버리니 순수하게 점균만 모아야 했다. 아무리 모아도 충분한 양(건조중량으로 3밀리그램 정도)이 모이지 않아 한숨이 나오기도 했다. 어깨가 돌덩이처럼 굳을 정도가 되어서야 겨우 모을 수 있었다.

그렇게 고생해서 모은 샘플을 교토대학교 효도 후지오 선배에게 보내 분석을 부탁했다. 그 결과 점균 샘플은 여러 부생균 버섯보다 질소-15가 3퍼밀 정도 높은 위치에 표시되어 있어서 버섯을 먹었다는 사실을 알았다. 또 살아 있는 식물로부터 탄소를 받아 동위원소 분별이 없을 것으로 생각되는 균근균 버섯은 도목 위에 자라고 있었음에도 부생균 버섯보다 탄소-13이 낮은 곳에 표시되어 있었다. 재미있게도 균근균 버섯보다 질소-15가 높은 곳에 표시되는 점균은 전혀 없었다. 같은 버섯이라도 균근균 버섯을 먹는 점균은 없다고 판단했다. 이번에 조사한 고목의 점균은 오로지 부생균 버섯을 먹고 사는 것 같다.

또 하나 재미있던 점은 관검은털점균*Amaurochaete tubulina*이 매우 낮은 탄소-13 값을 나타낸 것이다. 씨앗은 신선한 소나무 고목에 발생한다고 알려져 있다(그림 2-7, 권두그림 ⑦). 분석한 샘플이 하나밖에 없어서 단언할 수는 없지만, 어쩌면 소나무가 고사한 직후에는 남아 있었을 것으로 생각되는, 체관부를 통해 이동하는 탄수화물 액체인 사부수액 속의 당을 직접 이용했을지도 모른다. 관검은털점균

그림 2-7

소나무 고목에 발생한 관검은털점균과 거기에 찾아온 주홍머리대장. 어른의 눈 높이 정도에 발생했다(미야기현).

은 시커먼 대형 자실체를 만들기에 쉽게 눈에 띈다. 이번 연구에서는 조사지를 정한 뒤에 점균을 조사한 탓에 관검은털점균 샘플을 하나밖에 얻지 못했지만, 조사지를 정하지 않고 전국을 조사 대상으로 확대하면 샘플을 많이 모을 수 있을 것이다. 일본 점균연구회를 통해 회원들에게 부탁했더니 샘플을 여럿 모아주었다. 그 샘플들을 분석하면 관검은털점균이 무엇을 영양분으로 삼는지 알아낼 수 있을지도 모른다. 매우 기대된다.

그 외 점균들도 동위원소 값은 종류에 따라 상당히 들쭉날쭉했다. 그들의 식사 메뉴에서 부생균(죽은 생물체에 기생하는 균류)이 차지하는 비율은 점균의 종류에 따라 꽤 다른 것 같다. 분명 세균 등 다른 미생물을 조금씩 먹는 종류도 있을 것이다. 그렇다고 해도 야외 세균의 동위원소 비율을 측정하기는 어렵다. 분석에 필요한 만큼의 세균을 야외에서 모으기란 불가능하기 때문이다. 세균만 순수하게 덩어리져 있다면 이야기가 다르지만, 아직 그렇게 마음에 쏙 드는 상황은 보지 못했다.

점균은 종류에 따라 배양할 수도 있으니 먹이를 이리저리 바꿔보면서 점균의 동위원소 비율이 정말로 달라지는지 확인하는 실험도 해야 한다. 세균만 주고 키운 점균과 버섯만 준 점균을 비교해서 동위원소 비율이 다르다는 사실을 보여주면 완벽하다. 하지만 이것도 쉽지는 않다. 점균에는 보통 세균이 함께 붙어 있기 때문이다. 어떻게든 세균이 붙어 있지 않은 점균을 만들어야 엄밀한 실험을 할 수 있다. 항생제로 세균 증식을 제한하면서 배양을 반복해야 하는데, 아직은 성공하지 못했다. 조금만 방심하면 세균에 바로 항생제 내성이 생겨버리니 완전하게 세균이 없는 상태를 만들기가 무척 어려운 것이다. 이런 이유로 '점균의 밥상' 프로젝트는 답보 상태다.

《 현장 관찰 기록 》

점균 애호가들의 모임 '일본 점균연구회'는 내 나이와 역사가 같다. 서른 살 때 연구회 30주년 기념품으로 점균 머리띠 도안 디자인을 맡았다. 여기에 실은 스케치는 그때 도안 중 일부다. 디자인하는 동안 즐거웠다. 요즘은 스케치할 시간도 야외 조사 중에 낮잠 잘 시간도 거의 없지만, 일부러라도 그런 시간을 만드는 게 좋은 것 같다.

점균은 참 희한한 생물이다. 돌기풍선점균*Enerthenema papillatum*처럼 하나의 변형체가 여러 자실체로 나뉘는 종이 있는가 하면, 여러 자실체가 한데 뭉쳐 있는 체가로등점균*Cribraria cribrarioides*이나 벌집털점균*Metatrichia vesparium* 같은 종도 있다. 아메바 상태에서 돌아다니던 변형체가 솟아올라 그대로 자실체가 된 듯한 격벽검댕이점균 같은 종도 있다. 자실체가 형성될 때 일정 간격을 두고 정지 영상을 촬영해 연결한 동영상을 보면, 변형체가 조화롭고 규칙적으로 움직이면서 일제히 잘게 나뉘다가 일제히 일어났다가 일제히 움직임을 멈춘다. 변형체가 움직이는 모습을 바라보면 시간을 잊을 정도다. 자실체를 형성할 때 잘게 나뉜 뒤에 하늘 높이(그래봐야 수 밀리미터) 자루를 뻗고 나서 힘이 다했는지, 움직임이 딱 멈추는 모습을 보면 관찰하는 나도 감정이 이입되어 피로감이 몰려든다. 이에 관해서는 BBC의 동영상[1]도 좋고, 자실체 형성을 살펴보려면 다음 동영상[2][3]도 추천한다.

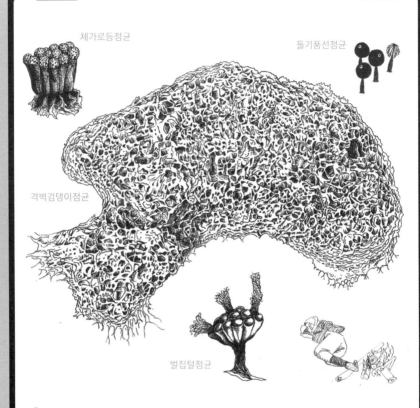

체가로등점균

돌기풍선점균

격벽검댕이점균

벌집털점균

🍄 여러 가지 점균의 자실체와 낮잠

 Ⅰ〈Mould Time-lapse-The Great British Year: Episode 4 Preview-BBC One〉, 유튜브 영상, 2:55, BBC, 2013.10.19.

 Ⅱ〈Slime mold sporangia development〉, 유튜브 영상, 4:04, Daniel Brunner, 2010.5.11.

 Ⅲ〈점균 Slime mold〉, 유튜브 영상, 1:00, 주식회사 아이컴, 2012.5.23.

3장

버섯

기억하고 결단하는 네트워크

🍄 버섯은 일시적인 모습 🍄

이끼나 점균과 다르게 어릴 때는 버섯에 그다지 관심이 없었다. 그런데 버섯은 균류의 일시적인 모습(포자를 퍼뜨리기 위한 기관)이고, 그 본체는 '균사'라는 가는 실 모양이며, 곳곳에 네트워크를 형성한다는 사실을 알고는 빠져들었다. 그러니까 나는 버섯보다 균사에 관심 있다.

버섯에 본격적으로 관심을 가지게 된 계기는 대학 강의에서 균근균에 대해 알게 되면서부터였다. 4억 년 전 식물이 육상에 진출하는 데 일등 공신이었다고 전해지는 균근균은 지금은 마디풀과_Polygonaceae_나 십자화과_Brassicaceae_ 등 극히 일부 식물을 제외하면 거의 모든 식물의 뿌리와 공생관계를 맺고 있다고 한다. 더욱 재미있는 것은 균근균은 토양 중에 균사를 퍼뜨려 여러 식물과 공생관계를 맺음으로써 각 식물을 지하에서 이어준다는 점이다. 이는 최근에 밝혀진 뜨거운 주제라서 1998년 대학 강의에서 거기까지 소개되었는지는 확실하지 않다(하지만 균근균을 통한 식물 간 탄소의 이동 가능성을 야외에서 조사해 처음 보고한 수잔 시마드 박사의 논문은 1997년에 발표된 바 있다. 4장 참조). 어쨌든 그 무렵 전통적인 식물사회학(야외 식물 집단의 종 조성과 시간적인 변화를 조사하고, 종 간 상호작용 및 환경의 관련성을 조사하는 학문 분야)을 접한 뒤, 그 방면을 연구하려고 마음먹었던 나에게 지하의 균류가 지상의 식물에 큰 영향을 준다는 이야기는 충격적이었다. 분명히 전통적인 식물사회학으로는 해결할 수 없을 것 같았다.

그래서 그전까지 열심히 일했던 식물사회학 연구실을 가뿐하게 나와 버섯 연구실로 자리를 옮겼다. 다행히 신주대학교 농학부에는 버섯을 전문으로 연구하는 응용버섯학 연구실이 있었다. 졸업 연구로 송이 균사의 배양 특성을 선택했고, 가을 내내 대학 내 낙엽송림에서 엄청난 양의 버섯을 따 버섯전골을 끓여 먹는 버섯 삼매경의 시간을 보냈다. 참고로 이때는 송이 균사를 한천 배지에서 배양만 했을 뿐 송이버섯을 재배한 것은 아니었다. 송이버섯 균사는 한천 배지에서도 자라지만, 균근균이기 때문에 살아 있는 소나무 등의 뿌리와 공생관계를 맺지 않으면 버섯이 만들어지지 않는다.

🍄 검게 빛나는 똥 🍄

나는 좀 더 생태학적인 연구를 하고 싶었다. 버섯은 야외에서 어떤 삶을 사는지 궁금했다. 2000년 3월 히로시마대학교에서 열린 일본생태학회 연례 학술대회에 참석하기로 했다. 생태학회는 대규모 학회라서 모든 생물 연구자와 물질순환 관계 연구자까지 모이는 자리였다. 균류 연구는 그 안에서 주류는 아니었지만, 그해는 '삼림의 조연에게도 빛을'이라는 제목의 균류 관련 자유 세션이 예정되어 있었다.

그때 강연자 중에 민물가마우지의 검게 빛나는 분변에 대해 간사이 사투리로 열정적으로 강의하던 독특한 형이 있었다. 당시 교토대학교 삼림생태학 연구실의 대학원생이었던 오소노 다카시 씨였다. 오소노 씨는 분변을 연구한 것이 아니라 낙엽을 분해하는 균류를 연구하고 있었다. 자유 세션 때는 비와호湖가 있는 이사키반도에 정착한 민물가마우지가 내놓는, 엄청난 양의 분변이 낙엽의 균류와 분해에 미치는 영향에 대해 발표했다.

낙엽은 고목과 마찬가지로 세포벽을 가진 식물 세포로 이루어져 있다. 세포벽에는 리그닌Lignin과 셀룰로스Cellulose가 포함되어 있으므로 구조를 이루는 물질은 고목과 같다. 다만 고목은 죽은 뒤 시간이 지난 세포가 많은 데 반해 낙엽은 아주 최근까지 살아 있었던 세포가 많아 질소나 인 등의 양분 함유율이 높다.

식물에도 양분은 중요하기에 잎을 떨어뜨리기 전에 최대한 저장하려고 한다. 가을에 단풍이 드는 이유 중 하나도 이 때문이다. 질소를 포함한 클로로필Chlorophyll은 낙엽이 지기 전에 분해되어 줄기로 돌아가고, 이에 따라 잎에서 녹색 클로로필이 사라지면 잎에 남은 카로티노이드Carotinoid의 노란색이나 안토시아닌Anthocyanin의 빨간색이 단풍으로 드러난다. 이렇게 해서 양분이 줄기로 돌아가도 낙엽의 양분 농도는 고목보다 한 자릿수 더 높다. 고사한 직후 고목의 질소 농도가 0.2퍼센트 정도라면 낙엽의 질소 농도는 2퍼센트 정도다. 겨우 2퍼센트라고 생각할지 모르지만 고목보다 열 배나 높은 수치다. 낙엽에는 고목과는 전혀 다른 균류가 발생한다.

낙엽 속에서 세력권 다툼을 벌이는 작은 균류들과 쌓인 낙엽층 전체에 큰 균체 집락을 형성하는 균류도 있다. 굳이 말하자면 전자는 잎이 떨어진 직후에 생기는 균류이고, 후자는 분해가 진행된 낙엽층에 생기는 균류다.

🍄 살아 있는 잎에 숨은 내생균 🍴

재미있게도 잎이 떨어진 직후에 생기는 작은 균류 대부분은 잎이 아직 살아 있을 때부터 잎 속에 숨어 있는 것 같다. 잎(등의 식물 조직)에 병을 일으키지도 않고 숨어서 공존하기만 하는 이런 균류를 내생균*Endophytes*이라고 한다. 병을 일으키지도 않는다는 표현이 이미 균=병이라는 편견을 내포하지만, 내생균의 정의가 이렇게 되어 있으니 어쩔 수 없다. 내생균이 식물에 미치는 좋은 효과를 알게 된 것은 극히 최근의 일이다.

내생균은 그 정의가 보여주는 대로 살아 있는 잎(등의 식물 조직)에 공존하는 균류이므로 실로 다양한 균류가 포함된다. 잎이 건강할 때는 가만히 있다가 잎이 병약해지면 병을 일으킬 만한 종류나, 반대로 다른 병원균으로부터 잎을 보호하는 효과가 있는 종류까지도 알려져 있다. 특히 후자는 농업에 응용하는 방식이 주목받으면서 연구가 활발히 이루어지고 있다. 초콜릿의 원료인 카카오나 기적의 사과로 유명한 아오모리현의 유기농 재배에서도 잎의 내생균이 병을 억제하는 효과를 내는 것으로 보고되고 있다.

카카오나무는 역병균*Phytophthora*이라는 병원균에 감염되면 잎이 괴사해서 수확량이 감소한다. 역병균은 병원성이 강한 균이다. 1840년대 아일랜드에서 대기근을 일으켜 북미로 대량 이민의 계기를 만든 감자역병균*Phytophthora infestans*, 근래 미국에서 참나무시들음병을 일으킨 라모룸역병균*Phytophthora ramorum* 등이 있다.

잎의 내생균이 병을 억제하므로 카카오 재배 농장에서는 카카오나무에 미리 내생균인 탄저병균*Colletotrichum*과 푸사리움*Fusarium*을 감염시킨다. 그러면 나중에 역병균의 포자를 갖다 뿌려도 카카오 잎이 쉽게 병에 걸리지 않는다.[1] 이 방법은 농약 사용을 억제하

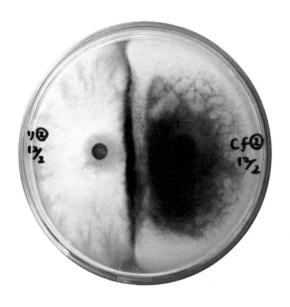

그림 3-1 내생균인 탄저병균(오른쪽)은 한천 배지에서도 병원균(왼쪽)의 성장을 방해한다. 좌우의 균체 집락이 각각 상대 균사의 침입을 막기 위해 착색 물질을 분비해 검은 경계선이 생긴다. 카카오 등 작물 잎에 내생균을 접종해두면 병원균 감염을 줄일 수 있다.

는 농업에 응용할 수 있을 것이다(그림 3-1).

그런데 내생균은 객식구와 같아서 식물에 부담을 줄지도 모른다. 병에 걸리지는 않더라도 성장에 악영향을 주지는 않을까? 아직 연구 사례는 그리 많지 않지만, 2019년 논문에 따르면 내생균으로 탄저병균을 가진 카카오나무는 내생균이 없는 나무에 비해 질소 흡수량이 많았고 크게 성장했다.[2] 오히려 더 잘 성장한 것이다.

이렇게 보면 내생균은 식물에 없어서는 안 될 존재로 보인다. 우리 인간도 피부에 사는 상재균이라는 세균이 피부 건강을 지켜준다. 그와 같은 역할일 수도 있다. 단 탄저병균은 연약한 싹이나 약한 잎 등 환경이나 종류에 따라서는 식물에 병을 일으키는 것으로 알려져 있다.[3] 그 외의 내생균도 낙엽이 진 뒤에는 갑자기 균사를 뻗어 낙엽을 분해한다. 식물을 지키고 있다고는 하지만, 어디까지나 자신이 나중에 이용하게 될 식물을 경쟁자 균류에게 빼앗기지 않도록 지키는 정도에 불과한 건지도 모른다.

🌱 낙엽의 분해 과정 🌱

오소노 씨의 낙엽 분해 연구로 돌아가 보자. 잎이 떨어지면 함수율 저하를 눈치챈 내생균은 서둘러 균사를 뻗어 낙엽을 차지한다. 빠른 놈이 이기는 게임이다. 이 순간을 위해 내생균은 내내 잎속에서 숨죽이며 기다려왔다. 신선한 낙엽 속에는 광합성 산물인 당이 아직도 풍부하다. 내생균은 이를 이용해 성장하고, 세력권을 확보하고 나면 곧바로 포자를 만든다. 낙엽에는 내생균이 세력권 다툼을 벌인 흔적이 아름다운 모자이크 무늬로 나타난다(그림 3-2 위, 권두그림 ⑧).

내생균은 왜 서둘러 포자를 만들어 낙엽을 떠나는 걸까? 잎이 흙에 닿기만 하면 흙 속에 있는 경쟁력 강한 균류가 낙엽으로 침입

낙엽에 모자이크 모양으로 퍼진 균류의 균체 집락. 각 구역이 균류의 개체다. 한 장의 낙엽 안에서 이만큼 많은 균류가 서로 세력권 다툼을 벌인다. 하얗게 변한 부분은 리그닌이 분해된 것이다(다네가시마섬).

커다란 균체 집락이 여러 낙엽에 정착해 리그닌을 분해 중인 모습이다(미국 미네소타주).

삭정이에 퍼지는 균류의 균체 집락으로부터 왼쪽을 향해 균사체가 뻗고 있다(미국 미네소타주).

그림 3-2 균류가 낙엽과 삭정이를 분해하는 모습

해오기 때문이다. 침략자들은 낙엽층에 큰 균체 집락을 형성하는 종도 많아서 새로 떨어진 낙엽을 차례차례 장악해버린다(그림 3-2 중간). 또 여러 개의 균사가 다발을 이룬 균사체를 뻗어서 낙엽 뭉치와 말라 죽은 가지인 삭정이를 잇는 네트워크를 형성하는 종도 있다(그림 3-2 아래).

이미 내생균이 당을 먹어버린 뒤라 침략자들이 쓸 수 있는 성분은 리그닌과 셀룰로스 같은 분해하기 어려운 성분뿐이다. 그래서 침략자들은 리그닌과 셀룰로스에 대한 분해력도 지닌 경우가 많다. 이들 균류가 차례로 자리를 잡으면서 낙엽은 분해된다. 리그닌의 일부는 분해되지 않고 남아 지렁이나 진드기 등의 토양동물에 먹히고 배설됨으로써 토양입단(여러 개의 토양 입자가 뭉쳐서 이루어진 토양 덩어리로, 물속에서도 쉽게 흐트러지지 않는 것)을 형성하고 흙이 된다. 또 토양동물의 소화관을 통과하는 과정에서 단백질과 결합해 토양 부식 물질로 변한다. 그리고 이 단계에서 분변에 든 탄소는 토양에 저장되어 결과적으로는 토양에 저류된 탄소량으로 계산된다.

🍢 민물가마우지 분변의 영향 조사, 리터백법 🍢

이야기가 상당히 멀리 돌아왔다. 민물가마우지가 배설한 대량의 분변은 낙엽 분해 프로세스에 어떤 영향을 줄까? 오소노 씨 팀은 망사 재질의 주머니에 낙엽과 삭정이를 넣고 일정 기간 방치한 뒤에 잎의 중량과 양분의 양을 조사하는 리터백litterbag(낙엽 주머니)법으로 조사했다. 그 결과 민물가마우지의 분변이 대량으로 쏟아지는 장소에서는 낙엽과 삭정이의 분해가 늦어진다는 사실을 알 수 있었다. 특히 낙엽과 삭정이의 성분 중 리그닌의 분해가 늦어졌다.[4]

분해 연구의 세계적 대가인 스웨덴 비에른 베르그 박사의 연구에 따르면 질소가 풍부한 환경에서는 낙엽과 삭정이의 리그닌 분해가 저해된다고 한다. 이에 대해서는 세 가지로 설명해볼 수 있다. 첫째 균류 군집이 변화해 리그닌을 분해할 수 있는 백색부후균이 적어졌을 가능성, 둘째 개별 균류가 리그닌을 덜 분해했을 가능성, 셋째 풍부한 질소가 리그닌과 결합해 리그닌과 유사한 화합물이 이차적으로 합성되었을 가능성이다.

오소노 씨 팀은 해당 조사지에서 균류 군집도 조사했다. 리그닌 분해력이 있는 담자균류의 균사를 거의 볼 수 없었다.[5] 또 조사지의 낙엽으로부터 균을 순수배양해 실험실에서도 분해 실험을 했더니 배지의 질소 농도가 높으면 균종 하나하나의 리그닌 분해력도 떨어졌다.[6]

이뿐 아니라 조사지에서 수거한 리터백 속 낙엽과 삭정이를 가지고 질소 안정동위원소를 측정했다. 리터백을 설치한 직후부터 낙엽과 삭정이의 질소-15 비율이 매우 높아져 있었다. 낙엽과 삭정이가 민물가마우지의 분변 유래 질소를 흡수하고 있음을 의미한다.

민물가마우지는 비와호 생태계의 최상위 포식자라서 2장에서 소개한 대로 그 분변에 함유된 질소-15의 비율이 상당히 높아졌기 때문이다.

다른 양분도 측정해보니 낙엽과 삭정이는 질소뿐 아니라 인과 칼슘도 흡수한 상태였다. 민물가마우지의 분변이 퇴적된 곳에서는 낙엽과 삭정이의 분해가 느려졌고, 이곳의 낙엽과 삭정이는 분변 유래 질소와 인, 칼슘을 흡수했다. 낙엽과 삭정이가 양분 저장고 역할을 한다는 사실을 의미한다. 이렇게 되면 분변의 과다한 질소나 인이 삼림의 낙엽과 삭정이에 흡수됨으로써 비와호로 직접 흘러드는 양분량이 줄어들어 비와호의 부영양화를 조금이라도 늦추는 효과가 있다.

삭정이는 무게당 인의 흡수력이 낙엽의 열 배나 됐다. 삭정이, 즉 고목이 삼림의 양분 저류에 중요한 역할을 한다는 것을 시사한다. 이 장 첫머리에서 소개한 대로 고목은 낙엽에 비해 양분 농도가 매우 낮은 데다 분해에 시간이 걸리므로, 지상에 떨어진 뒤에는 오히려 양분을 흡수해 장기간에 걸쳐 양분 저장고 역할을 하는 것이다.

🍄 군사의 양분 수송력 🍄

생태학회의 자유 세션 후 친목 모임에서 오소노 씨에게 자세한 이야기를 듣고, 부후균류의 생태에 흥미를 느낀 나는 오소노 씨가 있는 교토대학교 삼림생태학 연구실로 진학해 부후균 연구를 시작했다. 너도밤나무 자연림을 무대로 고목 분해 연구를 하게 되었는데, 그때 이야기는 전작《버섯과 곰팡이의 생태학─고목 속은 전국 시대》에 썼으니 여기서는 졸업 후의 이야기를 쓰려고 한다.

고목이 양분의 저장고 역할을 할 수 있는 이유는 흙에서 고목으로 옮겨 정착한 균류의 균사체가 흙과 고목을 연결한 뒤 양분이 풍부한 흙으로부터 고목 쪽으로 양분을 흘려보냈기 때문이다. 균사는 세포가 연달아 이어진 긴 모양이다. 세포와 세포 사이에는 격벽이라는 세포벽이 있는데, 격벽에는 구멍이 뚫려 있어서 물이나 양분, 저분자량의 물질이 세포 사이를 이동할 수 있다.'

눈에 보이지 않을 만큼 가느다란 균사라도 수만 개가 모이면 엄청난 힘으로 양분을 수송할 수 있을 터이다. 우선 1그램의 흙 속에는 수백 미터의 살아 있는 균사가 있다.[7] 1그램의 흙은 대략 0.4세제곱센티미터이므로 손톱 끝 정도의 면적에 길이 2센티미터의 균사가

▌〈Fungal Freeways〉, 유튜브 영상, 3:21, SciFri, 2014.12.11.

수만 개 있는 셈이다.

　균류는 미생물이지만 균사체 하나는 상당히 넓게 퍼진다. 썩은 귤 위에 원형으로 퍼진 푸른곰팡이를 본 적이 있을 것이다. 균사체 하나가 퍼진 것이라고 봐도 된다. 그런 식으로 흙 속에서는 더 넓게 퍼진다. 수 미터 범위로 퍼지는 경우도 흔하다. 가장 넓게 퍼진 기록은 미국 오리건주에서 발견된 균사로, 총면적 965헥타르에 걸쳐 퍼

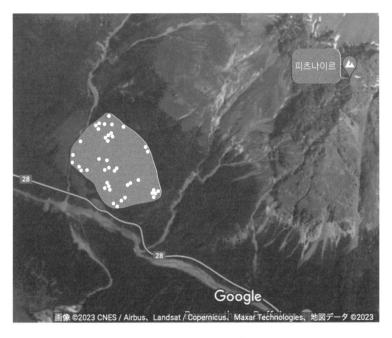

그림 3-3 숲에 퍼진 균사체 사례는 유럽에서도 발견된다. 그림은 스위스 국립공원 해발 2,000미터 부근의 무고소나무*Pinus mugo* 숲에서 발견된 잣뽕나무버섯 *Armillaria ostoyae*의 거대 집락이다(회색 부분이 그 추정 범위로 대략 37헥타르). 흰점은 잣뽕나무버섯이 자란 소나무를 나타낸 것이다. 참고문헌 10을 바탕으로 구글 지도 위에 그렸다.

져 있었다고 한다.[8] 거의 숲 하나에 이르는 면적이다. 추정된 균사의 무게는 15헥타르의 균사체만 해도 10톤이 넘었다.[9] 965헥타르의 균사체라고 하면 대왕고래 무게(140톤 정도)를 훨씬 웃돌 것이다. 이 정도로 큰 균사체라면 물질을 어느 정도의 양과 범위로 수송할지 상상하기조차 어렵다(그림 3-3).

그 정도로 대규모 균사체는 아니지만, 야외 균사체를 이용해 인의 수송 속도를 측정했더니 5일 동안에 75센티미터를 수송했다고 한다.[11] 실험실 배양 균사체의 탄소 수송 속도는 더 빨라서 20분에 18센티미터를 수송한 기록이 있다.[12] 이 속도로 5일 동안 수송하면 65미터라는 계산이 나온다. 다시 말해 균사체는 숲의 흙 속에서 양분과 탄소를 부지런히 운반하는 것이다. 남아도는 곳에서 부족한 곳으로 물질을 전달하기 위해서이다.

목재부후균은 고목을 분해해서 탄소를 얻는데, 고목에는 질소나 인 등의 양분이 매우 적다. 우리가 밥(탄소)만 먹으면 영양의 균형이 맞지 않는 것처럼 고목을 먹으려면 그에 상응하는 반찬(질소, 인 등의 양분)이 필요하다.

영국 카디프대학교의 린 보디 교수 팀은 탄소와 인의 방사성동위원소를 균사체에 흡수시켜 그 이동을 추적하는 실험을 진행해 균사체의 물질수송을 자세히 조사했다. 우선 탄소와 인은 수송 방향이 전혀 다른 것으로 나타났다. 새로운 고목을 발견한 균사체는 그 고목으로 인을 실어 나른다. 큰 고목을 발견했을 때일수록 대량의 인을 운반한다는 사실도 밝혀졌다. 탄소 덩어리인 고목에 양분을 들여와 균형을 맞추려는 것이다.[13, 14] 반면 새로운 고목에 흡수된 탄소는 균사를 통해 반대 방향으로 수송되어 균사체 중심부로 옮겨진다. 그쪽에는 오히려 탄소가 부족하기 때문이다.[12]

균사체가 숲의 낙엽 아래에 숨어서 균사를 뻗는 기간은 가지가 떨어지고 고목이 쓰러지기를 가만히 기다리는 기간이라고 보면 된다. 일단 이 그물에 고목이 '걸리기만 하면' 상태에 따라 양분이나 수분을 보낸 뒤 분해하고 탄소를 흡수한다. 균사체는 그물 모양의 몸 여기저기서 이런 일을 한다.

🍄 균사체 키우기 🍄

양분과 탄소를 식물 뿌리와 교환하는 균근균 균사체에서도 똑같은 현상이 일어난다. 네덜란드 암스테르담자유대학교의 토비 키어스 박사는 균근균과 식물의 공생관계에서 양쪽의 영양 상태를 조작했을 때 물질의 이동이 어떻게 변하는지 조사했다. 균근균과 식물의 공생관계에서는 광합성산물인 포도당과 자당, 지질 등의 탄소가 식물로부터 균근균으로 전달되고, 균근균으로부터는 토양에서 흡수한 양분이나 수분이 식물로 전달된다.

균근균의 균사체는 여러 식물과 동시에 공생관계를 맺기 때문에 공생 상대를 취사선택할 수 있다. 재미있게도 탄소를 많이 내주지 않는 식물에는 균근균이 양분을 주지 않고, 공생관계도 끊어버린다는 사실이 밝혀졌다.[15] 키어스 박사는 이를 벌이라고 부른다. 핵심은 목재부후균의 균사체가 그랬던 것처럼 자신들이 찾아낸 탄소 공급원의 상태에 따라 운반하는 양분량을 정해둔다는 점이다.

균사체에 의사결정을 할 수 있는 지능이 있는 걸까? 2017년 보디 교수의 연구실에 머물면서 균사체의 지능을 조사하는 실험을 했다. 보디 교수의 연구실에서는 1990년대부터 흙 위에서 균사를 배양해 행동을 관찰하는 방식으로 다양한 연구가 이루어졌다. 앞서 소개한 양분 수송에 관한 일련의 연구도 그중 하나였다.

한 변이 24센티미터인 정사각형 모양의 납작한 용기에 보디 교수의 집 뒷산에서 퍼온 흙을 깐 다음, 그 위에 균사체를 놓아 먹이를 주고 행동을 관찰했다. 이렇게 쓰고 보니 왠지 균류가 아니라 동물 키우는 이야기를 하는 것 같다. 균류 배양 방법으로는 특이한 방법이다. 보통 균류를 배양할 때는 멸균한 배지 위에 순수배양한 균사체를 심어서 키우기 때문에 용기 안에는 그 균만 존재한다. 여러 균사체를 심기도 하나 그때도 연구자가 어떤 균을 배지에 심었는지 파악하는 경우가 대부분이다.

그러나 보디 교수의 방법은 흙을 멸균하지 않기에 흙 속에는 교수 집 뒷산의 자연계 미생물이 그대로 들어간다. 참고로 그곳은 대단히 훌륭한 너도밤나무 숲이었기 때문에 균류만 따져도 흙 속의

그림 3-4 균류 사육의 예. 각재로부터 균사 다발을 뻗더니 2주 사이에 4센티미터 정도 성장했다. 각재의 한 변은 1.5센티미터이다.

종 다양성이 아주 높았을 것이다. 용기에 흙을 200그램 넣었으니 적어도 수백 종의 균류와 세균도 들어갔을 것이다. 그전까지 최대한 잡균이 들어가지 않도록 신경 쓰면서 균류 실험을 했던 나에게 그런 배양 방법은 대단히 신선했다. 특별한 환경을 만들지 않고도 균류를 기를 수 있다는 사실이 나에게는 충격에 가까웠다(그림3-4).

사실 이렇게 멸균하지 않은 환경은 실험의 특징이 된다. 멸균한 순수배양이라면 경쟁자가 없으므로 균사체는 안심하고 원하는 만큼 성장할 수 있다. 한 번 퍼진 균사체는 계속 커나갈 수 있다. 물론 균사 내부에서는 물질과 세포질이 수송되고 있어서 세포 활동이 활발한 부분과 그렇지 않은 부분은 있겠지만, 적어도 겉모습에는 변화가 나타나지 않는다. 하지만 주변에 다른 미생물이 있으면 당장 효율적인 자원 배분이 중요해진다. 쓸데없는 곳에 자원을 쓰다가는 경쟁자에게 져서 먹이를 빼앗기기 때문이다.

실제로 같은 균주의 균사체를 멸균한 배지와 멸균하지 않은 흙 위에서 키워보면 모습이 완전히 달라진다. 멸균한 배지에서는 몽글몽글한 솜털 같은 균사체가 동심원 모양으로 뻗어나가지만, 멸균하지 않은 흙 위에서는 여러 균사가 다발을 이루어 성장한다. 마치 외

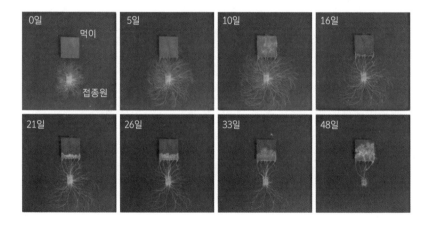

그림 3-5 균사체의 행동. 접종원 각재(1×1×0.5cm)에서 균사가 어느 정도 뻗은 뒤에 먹이 각재(4×4×1cm)를 근처에 두면, 균사체는 먹이에 서서히 정착하면서 토양 위에 뻗은 탐색용 균사를 서서히 끌어들여 접종원과 먹이를 묶는 균사 다발을 두껍게 만든다. 열흘째에 먹이 전체에 복슬복슬한 균사가 나타났는데, 이는 토양 중에 있던 곰팡이가 번식한 것이다. 각재에 포함되어 있던 약간의 당분 등을 다 써버리면 곰팡이는 곧 사라진다.

부의 적으로부터 몸을 보호하려는 것 같은 느낌도 든다.

더 재미있는 점은 멸균하지 않은 흙 위에서는 균사체 가운데 필요하지 않은 부분과 효율이 나쁜 부분은 점점 사라지고, 필요한 부분의 균사 다발은 점점 굵어졌다는 것이다. 흙 위에 균사체가 있는 각재(사각형 나무토막)와 먹이가 될 새 각재를 놓아뒀을 때, 처음에는 흙 위에 넓게 퍼지면서 탐색하던 균사체가 먹이에 도달하자마자 먹이와 관계없는 방향의 균사를 점점 없애더니 마지막에는 두 개의 각재를 잇는 굵은 균사 다발만 남겼던 것이다(그림 3-5, 권두그림 ⑨).

이렇게 수송 네트워크가 필요에 따라 최적화하는 현상을 점균 황색망사자루점균*Physarum polycephalum*으로 연구한 논문이 있다. 해당 논문에서는 이 현상을 유량 강화의 법칙이라고 불렀다.[16] 원형질의 유량이 많은 관은 굵어지고, 적은 관은 얇아진다는 것이다. 점균은 이 같은 시스템을 이용해 아무리 복잡한 미로 안에서도 최단경로를 찾아낼 수 있고[17], 세상에서 가장 복잡한 철도망 같은 경로를 그릴 수도 있다.[18]

점균은 단세포지만 최적의 네트워크를 구축할 뿐 아니라 기억하고 예측하는 능력이 있다. 한마디로 똑똑하다. 기억의 메커니즘도 주위 환경으로부터 자극 물질을 세포 속으로 흡수·보존해서 기억으로 쓰거나[19], 반대로 자신이 환경 속에 방출한 물질을 표지로 삼아 공간적인 기억을 만들거나[20], 자기 몸의 형태(네트워크) 자체를 기억으로 쓰거나[21] 한다. 이는 뇌가 만들어내는 기억을 전제로 생활하는 우리 인간의 눈으로 볼 때 매우 기발한 방식이다. 반대로 이러한 메커니즘을 이용하면 뇌가 없어도 기억할 수 있다는 말이 된다. 메커니즘이 단순할수록 융통성이 있고, 변형체끼리 융합해서 기억을 공유할 수도 있다.[22]

🦠 균사체의 기억력과 결단력 🦠

점균이 이렇게 똑똑하다면 비슷한 네트워크 형태의 몸에서 생활하는 균사체도 분명 비슷하게 행동할 것이 틀림없다. 그 무렵 뇌과학 분야 책을 많이 읽어서 그랬는지, 어느 날 아침 눈을 뜨자마자 균사체의 기억력을 확인할 실험 아이디어가 떠올랐다. 당장 보디 교수에게 상담하자 "좋은데! 마침 학부생이 흙 용기로 배양 실험을 시작할 참이니까 그걸 쓰면 되겠네"라고 하셨다. 타이밍이 너무 잘 맞아떨어져서 소름이 돋을 정도였다.

실험에서는 접종원인 각재로부터 흙 위로 뻗어나온 균사체의 일정 방향에 먹이가 될 각재를 하나 놓아두었다. 그대로 잠시 배양해서 먹이에 균사체가 자리 잡으면 접종원인 각재를 꺼내서 새 흙 위에 놓고 다시 균사체를 성장시켰다. 이때 원래 먹이가 있던 방향으로 균사체가 잘 뻗으면 먹이의 방향을 기억한다고 결론 내릴 참이었다.

학부생들의 실험은 다양한 크기의 접종원 각재와 먹이 각재의 조합을 이용해 균사체의 행동 차이를 비교하는 방식으로 이루어졌다. 나는 실험이 끝난 후의 용기를 받아와 내가 만든 새로운 흙 배지로 접종원 각재를 옮겨놓기만 하면 되었다. 학부생들과 함께 흙 배지를 만들고 실험 준비를 했다.

실험 결과 예상대로 먹이가 있던 방향의 균사 성장이 활발한 용기가 있었다. 균사체는 먹이의 방향을 기억한 것이다! 더 재미있었던 것은 새 흙으로 옮겨도 균사가 생기지 않는 접종원이 있었다는 점이다. 접종원에 균사가 생기지 않는다는 것은 새로운 먹이 각재로 이사를 갔다는 뜻이다. 그리고 이사할지 말지는 먹이 각재의 크기와 밀접한 관련이 있었다. 새로운 각재가 작으면 균사체는 이사하지

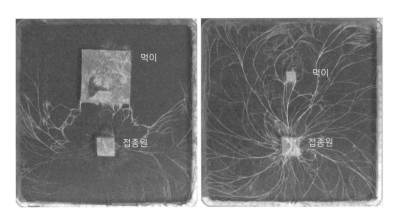

그림 3-6 먹이 크기에 따른 균사체 행동의 차이. 큰 먹이(6×6×1cm)를 발견한 균사체는 접종원(2×2×1cm)을 떠나 먹이 쪽으로 이사하지만(왼쪽), 작은 먹이(1×1×0.5cm)를 발견했을 때는 이사 가지 않는다(오른쪽).

않지만 크면 이사해버렸다(그림 3-6). 즉 균사체는 새로 발견한 먹이의 크기에 따라 행동을 결단했던 것이다!

과거에 보디 교수의 연구실에서 했던 연구에서도 균사체의 '기억'이나 '결단'이라고 볼 수 있는 실험 결과가 발견되었다. 어떤 실험에서는 접종원 각재로부터 흙 위로 뻗어나온 균사체를 한방향만 남기고 모두 잘라버렸다. 한 번 잘려도 균사체는 기죽지 않고 다시 자라나는데, 두 번 잘리면 그 방향으로는 뻗지 않되 잘리지 않은 방향의 성장이 좋아졌다(그림 3-7). 이는 한 번 잘렸던 과거 기억을 바탕으로 두 번째 잘린 뒤의 행동을 결단한 것이라고 볼 수 있다.[23]

이 결과가 재미있어서 일본에 귀국한 뒤에도 계속해서 같은 실험을 하고 있다. '애태우기 실험'이라고 이름 붙인, 먹이 주는 타이밍을 늦추는 실험을 해보면 애가 탄 균사체들이 새로운 먹이 쪽으로

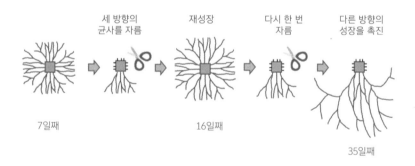

세 방향의 균사를 자름 · 재성장 · 다시 한 번 자름 · 다른 방향의 성장을 촉진

7일째   16일째   35일째

그림 3-7 과거의 사건의 기억에 따라 행동을 바꾸는 균사체. 균사가 한 번 잘리면 그 부분을 다시 성장시키지만, 두 번 잘리면 그 방향의 재성장은 포기하고 다른 방향으로 활발히 성장한다(참고문헌 23).

이사할 확률이 높아졌다. 공복 상태가 지속되면서 초조해졌을 수 있다. 이 같은 균사체의 지적인 행동이 어떤 구조로 발생하는지는 아직 잘 모른다. 다만 균사체를 구성하는 균사 하나하나의 끝부분에 세포 수준의 방향 기억이 있는 것으로 알려졌고, 그 메커니즘은 최근에 밝혀졌다.

🍄 성장 방향을 결정하는 균사의 기억 🍄

균사는 끝부분이 뻗어나가는 방식으로 성장하는데, 장애물에 부딪히면 장애물의 굴곡을 따라 굽으면서 성장을 계속한다. 여기까지는 당연하다. 그러나 다시 장애물이 없어져 원하는 방향으로 성장할 수 있게 되면, 놀랍게도 장애물에 부딪히기 전까지의 성장 방향으로 궤도를 수정해 성장해나간다(그림 3-8).

이 같은 세포 수준의 방향 기억이 일어나는 것은 균사 끝부분에 있는 세포소기관이 특정 작용을 하기 때문이라는 사실이 최근 보고되었다[24]. 균사 끝부분에서는 세포에서 나온 소포가 차례차례 세포막에 융합되어 세포막이 확장됨으로써 균사가 뻗어나간다. 소포는 호르몬, 효소, 신경물질 등을 담아 이들이 필요한 세포 안으로 배달해주는 세포소기관이다. 얇은 지질막으로 둘러싸인 작은 주머니 모양이다. 형광현미경으로 균사 끝부분을 관찰하면 이 소포들이 모여서 하나의 덩어리처럼 보인다. 이를 선단소체Spitzenkörper(독일어로 끝에 있는 작은 덩어리라는 뜻)라고 한다. 이 선단소체가 있는 곳의 세포막이 확장되기 때문에 그 방향으로 균사가 뻗어나가는 것이다.

균사가 자유롭게 성장할 때 선단소체는 균사의 선단(끝부분) 중앙에 자리 잡는다. 균사가 장애물에 부딪히면 균사는 그 장애물의 형태를 따라 성장하며, 이때 선단소체는 균사의 선단 중앙이 아니라 중앙보다 장애물에 가까운 쪽으로 쏠리고, 선단의 형태도 장애

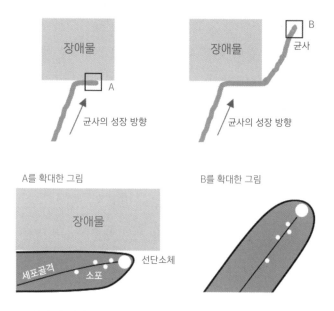

그림 3-8 균사 끝이 기억하는 성장 방향. 성장하는 균사는 장애물에 부딪히면 장애물의 형태를 따라 성장하지만(A), 장애물이 없어지면 원래 성장 방향을 기억해내어 궤도를 수정한다(B). 세포골격을 따라 균사 끝으로 보내지는 소포가 모인 것을 선단소체라고 하며, 이것이 자이로스코프처럼 작용해 균사의 성장 방향 기억이 유지된다(참고문헌 24).

물 쪽으로 일그러진 채 균사가 뻗어나간다(그림 3-8 A). 그리고 장애물이 없어지면 원래 성장 방향의 기억에 따라 궤도를 수정한다(그림 3-8 B). 즉 균사는 장애물을 따라 뻗어나가면서도 선단소체가 자이로스코프처럼 방향을 유지함으로써 항상 원래 방향으로 뻗어나가려고 하는 것이다.

선단소체가 방향을 유지하려면 세포골격이 중요하다고 한다. 세포골격은 단백질로 이루어진 섬유상 구조로 세포질 속에 있으며, 세포의 구조 유지나 물질수송 등을 담당한다. 세포골격의 액틴미세섬유(근육과 같음) 위에서 미끄러지듯이 수송되는 물질 중에는 앞에서 언급한 소포도 있다. 다시 말해 세포골격의 섬유 방향이 선단소체의 방향, 즉 균사가 뻗어가는 방향을 결정하는 것이다.

🌱 군사체의 지능 🌱

'메커니즘은 재미있지만 이것을 기억이라고 할 수 있는가?'라고 이의를 제기하는 사람도 있을 것이다. 분명히 그렇다고 말할 수 있다. 기억하고 있기 때문이다. 금속의 성질을 이용해 원래의 형상을 복원하는 형상기억합금이라는 단어는 별 거부감 없이 사용되고 있지 않은가? 아무래도 우리는 생물에 관해 이야기할 때는 기억이라거나 지능이라는 말을 무의식 중에 뇌와 연결 짓다 보니 뇌나 신경이 없는 생물에 대해 지능을 이야기하면 거부감을 느끼는 것 같다.

하지만 곰곰이 생각해보길 바란다. 뇌가 있는 생물만 자연환경이 주는 가혹한 시련에 맞서는 것이 아니다. 모든 생물은 어떻게든 궁리하고 살아남으려 한다. 그때 사용하는 것이 뇌일 수도 있고 뭔가 다른 구조일 수도 있다. 그 둘을 구분하지 않고 지능으로, 연속적인 것으로 보고 연구하는 편이 훨씬 유용하다. 생물의 지능이 진화해온 역사를 밝혀내거나 범용인공지능Artificial General Intelligence, AGI(기계학습에 의한 현재의 AI가 아니라 인간처럼 새로운 문제를 유연하게 해결할 수 있는 인공지능)을 개발하는 등 폭넓은 연구 분야를 발전시키는 데 훨씬 도움이 된다.

식물 분야에서는 뇌나 신경이 없는 생물로 그 같은 연구가 더욱 많이 진행되고 있다. 예를 들어 만지면 잎을 오므리는 것으로 알려진 미모사Mimosa pudica도 여러 번 만지면 무해하다는 것을 '학습'하고, 그 뒤로는 만지는 행위를 무시한다.[25] 잠든 것처럼 보이는 씨앗조차도 이웃한 씨앗과 의사소통하면서 발아 시기를 조절한다.[26] 지능이 인간에게만 있다는 선입견에서 벗어나려면 지능을 메커니즘과 상관없이 문제를 해결할 수 있는 능력이라고 넓게 정의해보는 것도 좋겠다.[27]

한편 뇌 연구 분야에서는 최근 계측 기술이 발달한 덕분에 뇌 내 신경세포의 네트워크가 의식과 지능 창출에 중요한 역할을 한다는 사실을 밝혀냈다(《의식은 언제 탄생하는가—뇌의 신비를 밝혀가는 정보통합 이론》[28]). 이 연구는 의식과 지능이 뇌에서만 일어나는 특이 현상이 아니라 단순히 정보를 처리하는 구성단위 간 정보네트워크에 의해서도 창출될 수 있음을 알려준다. 이러한 인식은 의식과 지능의 개념 폭을 비약적으로 넓혔으며, 그 덕에 뇌나 신경계가 없는 생물의 지능이나 생물 '무리'의 지능, 나아가 인공지능까지 통일적으로 연구하는 학제적 학문 분야가 탄생했다.[29]

이렇게 보면 균사체도 뇌와 비슷하다. 컴퓨터상에서 인공적인 균사체를 움직이는 시뮬레이션 연구에 따르면 균사 끝에 성장 방향의 기억 등 단순한 성질을 부여하기만 해도 균사체가 미로를 푸는 시간이 빨라졌다고 한다.[30] 균사체는 유연하게 변화하는 네트워크로 연결된, 끝부분이 뻗어나가는 균사의 집합체다. 그 무수한 균사의 끝부분에서는 다양한 외부 환경의 자극이 감지되고 네트워크 내부로부터 물질과 신호가 수송된다. 그렇게 생각하면 균사체가 뇌처럼 여겨지기도 한다."

〈배양기를 넘어 연결되는 균사 네트워크〉, X(구 트위터), 후카사와 유 @Fukasawayu, 2023.1.13.

《 현장 관찰 기록 》

현재 균류에 관한 나의 흥미는 압도적으로 균사의 행동에 집중되어 있다. 그런데 예전에 그린 버섯의 그림을 보니 균사 그림을 그리고 싶다는 생각은 별로 하지 않았다는 사실을 깨달았다. 맨눈으로는 세부를 제대로 관찰할 수 없다는 것도 이유 중 하나였을 것이다. 현미경을 통해 보거나 그림을 보고 나면 다시 내 손으로 그릴 생각이 잘 들지 않는다. 생물의 크기가 크더라도 사진으로 보면 역시 그림을 그리고 싶은 생각이 들지 않는다. 그런데 흙 위로 뻗어나가는 균사체 네트워크처럼 맨눈으로도 잘 보이는 균사가 있다. 이들의 네트워크는 프랙털(차원분열도형) 같은 형태상 아름다움을 보여주는데, 이것도 손으로 그릴 생각은 해보지 않았다. 희한하다. 내가 톡토기강*Collembola* 정도로 아주 작은 곤충이 되어 균사를 쥐고 관찰할 수 있다면 그리고 싶은 마음이 생길지도 모른다. 그 정도 크기가 되면 균사나 포자 표면의 무늬도 내 눈으로 볼 수 있을 것이다. 맞다, 그렇다면 분명 그리고 싶은 마음이 들 것이다!

현장 관찰 기록을 통해 뭔가 재미있는 이야기를 해보려 했더니 망상에 빠져들었다. 매직버섯(환각버섯) 같은 걸 이용한 건 아니니 오해 없기를 바란다!

그나저나 야외에서 버섯 그림을 그리려면 땅바닥에 털썩 주저앉아 그려야 한다. 한참 집중해서 그리다 보면 주위가 완전히 고요해지나 싶다가도 어느 순간 옆으로 흰배숲쥐*Apodemus speciosus*(일본 특산종)가 쓱 지나가곤 한다. 호사스러운 시간이다.

📍 여러 가지 버섯 스케치

왼쪽 위: 고깔갈색먹물버섯*Coprinellus disseminatus*

왼쪽 아래: 팽나무버섯*Flammulina velutipes*

오른쪽: 곰보버섯*Morchella esculenta* var. *esculenta*

4장

부생란

균을 먹는 식물

균근균 네트워크

3장에서 소개했듯이 거의 모든 육상식물의 뿌리 속에는 균근균 균사가 공생하면서 탄소와 양분, 수분뿐 아니라 정보 전달 물질을 식물과 교환한다.[1] 균근균의 균사체는 자기 근처에 있는 무수한 뿌리 속에 균사를 뻗어서 균근을 형성한다. 즉 균사체를 통해 뿌리와 뿌리가 연결돼 있을 가능성이 있다. 균근균 균사체를 통한 이 식물 간 네트워크는 월드와이드웹WWW에 빗대어 우드와이드웹 WWW(숲의 인터넷) 등으로 불리며 유명해졌다. 하지만 균사체를 통한 식물 간 물질수송이 야외에서 실증된 예는 거의 없으니 과도한 일반화는 금물이다.[2] 난蘭 이야기를 꺼내기 전에 우선 이 균근균 네트워크를 소개해둔다.

균근균은 균의 종류에 따라 몇 개 그룹으로 나눌 수 있다. 특히 삼림을 구성하는 수종에서는 담자균이나 자낭균으로 잘 알려진 외

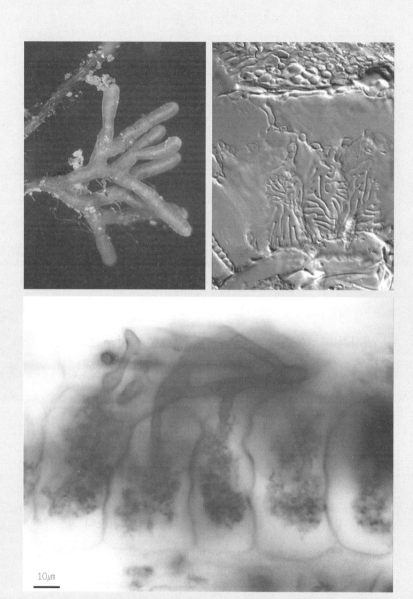

10μm

그림 4-1 외생균근의 겉모습(위 왼쪽)과 현미경 절편(위 오른쪽). 균사는 뿌리의 세포와 세포 사이에 빈틈없이 파고들어 미로 같은 무늬를 만든다. 수지상균근균은 식물의 세포벽 안쪽까지 들어가 복잡하게 갈라진 수지상체(아래)를 형성한다 (위 두 사진은 야마다 아키요시 박사 제공, 아래 사진은 센토쿠 쓰요시 박사 제공).

생균근균과 공생하는 그룹과 글로메로균문*Glomeromycota* 수지상균근균*Arbuscular mycorrhiza fungi*과 공생하는 그룹이 대부분을 차지한다 (그림 4-1). 어느 그룹의 균류와 공생관계를 맺는지는 대부분 수종에 따라 결정되기 때문에 일반적으로는 한 수종이 두 공생균을 공유하는 일은 없다. 수목도 수지상균근균과 공생하는 그룹과 외생균근균과 공생하는 그룹으로 크게 나눌 수 있다.

참고로 수지상균근은 이 그룹의 균류가 형성하는 균근의 특징인 수지상체*Arbuscule*(나무 모양의 구조) 때문에 붙인 이름이다. 수지상균근균은 수목의 세포벽을 관통해서 안으로 진입하고, 그 안에서 마치 수목의 가지처럼 복잡하게 갈라지는 구조를 발달시킨다. 세포벽은 관통하지만 세포막은 관통하지 않으므로 수지상체의 윤곽을 따라 수목의 세포막도 변형된다. 이에 따라 표면적이 늘어나 균과 식물 사이에 물질교환이 효율적으로 이루어진다. 수지상균근은 줄여서 AM이라고 부른다. 수지상균근균과 공생하는 그룹의 수종은 AM 수종이라고 하겠다. AM균이 세포 안에서 만드는 구조에는 낭상체*Vesicule*와 코일 등이 있으며, 예전에는 Vesicule과 Arbuscule의 머리글자를 따서 VA 균근이라고 불렀다. 그런데 낭상체나 코일이 만들어지지 않는 경우도 많아서 현재는 AM이라고 한다.

외생균근균의 균사는 AM균과 다르게 수목 뿌리의 세포벽을 관통하지 않는 대신 뿌리의 세포와 세포 사이를 빈틈없이 파고든다. 더욱이 뿌리 표면을 복잡하게 뒤엉킨 균사층으로 뒤덮어서 두툼한 양말을 신은 것처럼 뿌리 끝이 굵어진다. 또 뿌리의 분지도 특징적이므로 외생균근은 맨눈으로 쉽게 알아볼 수 있는 경우가 많다. AM에 맞춰서 외생균근*Ectomycorrhiza*은 ECM, ECM균과 공생하는 그룹의 수종은 ECM 수종이라고 부르기로 한다.

🎏 삼림의 경계 🎏

만약 AM 수종의 숲과 ECM 수종의 숲이 인접해 있다면 어떻게 될까? 서로 다른 그룹의 균근균과 공생하기에 흙 속의 균근균 군집도 삼림의 경계를 기점으로 완전히 달라진다(그림 4-2).

일본에서는 삼나무 숲이나 편백나무 숲과 주위 활엽수림의 경계가 바로 이런 상태다(그림 4-3). 삼나무와 편백나무는 AM 수종이다. 한편 주위의 활엽수림은 졸참나무와 상수리나무, 구실잣밤나무 같은 참나무과*Fagacea* 활엽수와 자작나무 등의 자작나무과 활엽수, 때로는 적송 등 소나무과*Pinaceae* 침엽수가 혼재된 경우가 많다. 이들은 모두 ECM 수종이므로 삼나무·편백나무 숲은 이들 중에 섬처럼 떠 있다고 할 수 있다.

AM 수종인 삼나무와 편백나무를 주요 조림수종으로 삼아 목재를 생산하는 점은 일본의 특징이다. 북반구 다른 나라에서는 소나무속과 가문비나무속, 솔송나무속, 미송 등이 포함된 ECM 수종

ECM 수종	AM 수종
소나무	삼나무
흑송	편백나무
졸참나무	단풍나무
물참나무	개벚나무
상수리나무	가래나무
밤나무	느릅나무
너도밤나무	산뽕나무
자작나무	참나무
서나무	녹나무

그림 4-2 일본에서 자주 볼 수 있는 ECM 수종과 AM 수종 일람

그림 4-3 삼나무 숲(왼쪽)과 활엽수림(오른쪽 서나무와 졸참나무)의 경계. 땅 밑 미생물도 좌우가 확연히 다르다(미야기현).

인 소나무과 수목이 대부분이다.

삼나무·편백나무 숲이든 활엽수림이든 숲이라는 점은 같으니 이런 사정을 모르면 그 차이가 별로 신경 쓰이지 않을 수도 있다. 하지만 주위 활엽수림에 우점하는 ECM 수종 입장에서는 이웃 삼나무 숲은 그야말로 차원이 다른 세계다. 인간이 심은 삼나무 인공림에는 삼나무밖에 자라지 않으므로 삼나무를 심은 지 수십 년이 지난 곳에서는 흙 속의 균근균도 온통 AM균뿐이다. ECM 수종이 삼나무 인공림 속에 종자를 날려본들 그 씨앗이 살아남을 확률은 상당히 낮다. 공생할 수 있는 균근균이 적기 때문이다. 삼나무는 상록수라서 1년 내내 잎이 달려 있는 삼나무 인공림 속은 어둡다. 그런 환경에서 자랄 수 있는 식물은 AM 수종으로서 내음성이 높은 사스레피나무 같은 관목이나 양치류뿐이다. 참고로 내음성이란 음지에서도 광합성을 해서 독립영양을 마련할 수 있는 식물의 성질을 말한다.

삼나무 인공림은 생물다양성이 낮은 데다 낙엽의 분해가 느리고 뿌리도 얕아서 강수를 일시적으로 모아두고 정화하거나, 산사태를 방지하는 삼림의 생태계 서비스(10장 참조) 기능을 크게 발휘하지 못한다. 이를 개선하기 위해 삼나무 숲을 솎아내(간벌) 활엽수가 섞인 생물다양성이 높은 숲으로 바꾸려는 시도도 있다. 이때도 주의가 필요하다. 삼나무를 간벌한 뒤에 ECM 수종을 심어도 잘 자라지 않는다. 내가 있는 미야기현의 도호쿠대학교 필드센터에서 실시한 대규모 간벌 실험 결과에 따르면 삼나무를 간벌한 뒤에 제대로 자란 것은 층층나무나 일본홍시닥나무*Acer rufinerve* 등 AM 수종뿐이었다.[3]

🌱 땅 밑 균과 땅 위 식생의 관계 🌱

이처럼 땅 밑 균근균에 주목해 삼림의 경계를 바라보면 여러 가지 재미있는 사실을 발견할 수 있다.[4] 가령 삼림과 초지의 경계를 생각해보자. 풀은 AM균과 공생하므로 삼나무 숲과 초지의 경계에서는 땅 밑 균근균에 그리 큰 차이는 없을 것이다. 삼나무와 풀은 공생하는 AM 균종이 다를 가능성이 있지만 말이다. 한편 졸참나무 등 ECM 수종의 삼림과 초지의 경계에서는 땅 밑 균근균이 확 바뀐다. 북미 중서부에서는 경작을 포기한 밭이 초지로 변한 뒤 삼림으로 회복되는 데 시간이 오래 걸렸다고 한다. 역시 삼림에 우점하는 졸참나무 사이의 오크Oak가 초지에서 자라기 어려워서다.[5]

남미의 열대우림은 삼림의 우점 수종 대부분이 AM 수종이지만, ECM 수종이 여기저기 단순림(한 종류의 나무로만 이루어진 숲)을 형성하는 경우가 있다. 동종의 나무 주위에만 공생할 수 있는 ECM 균이 있기 때문이다. 남미 가이아나의 열대우림에서 단순림을 형성하는 실거리나무아과*Caesalpinioideae*의 ECM성 교목 디킴베 코림보사

*Dicymbe corymbosa*를 대상으로 한 연구에 따르면 이 수종의 수나 성장 속도가 단순림의 경계를 벗어나면서부터 급격히 감소해 15미터가 떨어지면 거의 제로가 된다는 사실을 알았다.[6] 숲속에서 15미터는 너무나도 가까운 거리다. 이 정도 근거리에서도 흙 속의 균근균은 변해버리는 것이다. 앞서 소개한 북미 오크도 딱 15미터만 벗어나면 자라기 어려워진다. 다 자란 나무의 땅 밑 뿌리 분포 범위가 그 정도이다.

해당 연구는 디킴베 코림보사의 씨앗을 숲에 뿌려 성장과 생존을 추적하는 작업도 했다. 그리고 씨앗을 뿌릴 때 재미있는 아이디어를 냈다. 씨앗을 여러 단계의 투과성이 있는 용기에 넣어 그 용기째 흙에 묻은 것이다. 용기는 다양한 크기의 망으로 만들어졌다. 촘촘한 망의 경우 균사조차 안으로 들어갈 수 없었지만(물이나 양분은 통과할 수 있다), 성긴 망은 수목 뿌리는 못 들어가도 균사는 안으로 들어갈 수 있었다. 그 결과 균사가 들어가지 않은 용기 안에서 발아한 씨앗은 이후 생존율과 성장 속도가 매우 나빴다. 용기 안에 넣은 흙은 디킴베 코림보사의 단순림 흙을 썼기 때문에 용기 안에도 ECM균은 정착할 수 있었다. 그런데도 성장이 나빴다는 것은 씨앗이 성장하려면 균근균이 정착하기만 하면 되는 것이 아니라 그 균근균을 통해 주위의 균근 네트워크와 연결되어야 한다는 의미일 수도 있다. 왜 그럴까?

🌰 균사를 통한 식물 간 탄소 교환 🌱

캐나다의 침엽수림에서 이루어진 일련의 연구에서 그에 대한 힌트를 얻을 수 있다. 캐나다 북방림에서는 소나무과 침엽수가 우점하는 경우가 많다. 연구가 이루어진 곳은 더글러스전나무 *Pseudotsuga menziesii*라는 소나무과 침엽수가 우점하는 삼림이다. 더글러스전나무는 매우 높이 자라며, 높이 90미터를 넘는 개체도 있는 ECM 수종이다.

캐나다 브리티시컬럼비아대학교의 수잰 시마드 박사 연구진은 균근균 균사를 통한 수목 간 탄소 이동을 조사했다. 이 실험에는 탄소동위원소 표지법이 사용되었다. 2장의 점균 설명에서 소개한 대로 탄소에는 중성자 수가 다른 동위원소가 몇 개 있고, 자연에는 탄소-12, 탄소-13, 탄소-14라는 세 가지 동위원소가 존재한다. 이 중 방사성동위원소인 탄소-14로 표지한 이산화탄소를 식물에 흡수시킴으로써 탄소의 이후 이동을 가이거 계수기(방사선 측정기) 등으로 추적할 수 있다.

당시 실험 모습은 시마드 박사가 〈TED〉에서 소개했으니 유튜브로도 볼 수 있다.' 캐나다의 삼림에는 그리즐리 베어라는 회색곰

■ 〈How trees talk to each other-Suzanne Simard〉, 유튜브 영상, 18:24, TED, 2016.8.31.

이 서식하는데, 이 실험을 할 때도 그리즐리 가족을 만났다고 한다. 연구진은 어미 곰을 자극하지 않도록 조심하면서 탄소-14로 표지한 것과 다른 나무에 가이거 계수기를 갖다 댔더니 '띠리띠리!' 하는 소리를 들을 수 있었다. 수목 간 탄소의 이동이 증명된 순간이었다.[7]

이 결과가 어떻게 균근균을 매개로 한 것이라고 단언할 수 있을까? 이 실험의 칭찬할 만한 점은 ECM 수종과 AM 수종을 모두 실험에 넣었다는 것이다. 연구진은 탄소-14로 표지한 이산화탄소를 더

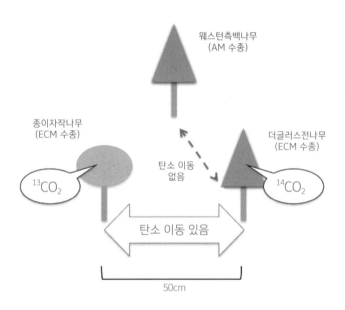

그림 4-4 탄소 방사성동위원소로 표지한 이산화탄소를 흡수시키는 실험을 통해 균근 타입이 같은 더글러스전나무와 종이자작나무는 탄소를 교환하지만, 균근 타입이 다른 더글러스전나무와 웨스턴측백나무 사이에는 탄소가 이동하지 않음을 알 수 있었다.

글러스전나무에 흡수시켰다. 식물은 잎의 기공을 통해 이산화탄소를 빨아들이기 때문에 잎이 달린 가지에 주머니를 씌워 밀폐하고, 그 안에 탄소-14의 이산화탄소를 넣은 다음 잠시 방치했다. 그러자 더글러스전나무는 그 이산화탄소로 당을 합성했다. 당은 나무 사이를 이동했을까? 탄소-14로 표지한 더글러스전나무 옆에는 종이자작나무Betula papyrifera와 웨스턴측백나무Thuja plicata도 자라고 있었다. 이들 수종에 가이거 계수기를 갖다 대자 종이자작나무에서는 소리가 났지만, 웨스턴측백나무에서는 나지 않았다. 웨스턴측백나무에는 탄소가 흐르지 않았던 것이다(그림 4-4).

종이자작나무는 더글러스전나무와 마찬가지로 ECM 수종이지만, 웨스턴측백나무는 AM 수종이다. 다시 말해 다른 수종이라도 균근 유형이 같으면 탄소가 흐르지만, 다른 균근 유형의 수종에는 탄소가 흐르지 않는 것이다. 이것은 수목 간 탄소의 이동에 균근균의 균사체 네트워크가 중요하다는 점을 시사한다. 다만 종이자작나무가 흡수한 것은 더글러스전나무의 뿌리로부터 토양 중에 스며나온 탄소로, 종이자작나무와 공생하는 ECM균이 웨스턴측백나무와 공생하는 AM균보다 토양 중의 탄소를 흡수하기 쉬웠을 뿐이라는 설명도 할 수 있다.

연구진은 또 하나 재미있는 사실을 확인했다. 이번에는 종이자작나무가 탄소의 안정동위원소인 탄소-13을 빨아들이게 한 것이다. 그리고 주변 더글러스전나무 개체를 샘플링해 탄소동위원소 비율을 측정했다. 탄소-13은 방사성이 아니기 때문에 가이거 계수기를 사용해 현장에서 검출할 수 없는 대신 실험실에 샘플을 가져와 정량적으로 측정할 수 있다. 그랬더니 재미있게도 밝은 곳에서 자라던 더글러스전나무보다 그늘에서 자라던 더글러스전나무에 더 많은 탄소-13이 흐르고 있었다. 키가 크고 광합성을 활발하게 하는 개체로부터 바닥의 그늘에서 버티듯 살아가는 개체 쪽으로 마치 도움을 주듯이 탄소가 흐르고 있었던 것이다.

식물들은 지상의 빛을 둘러싸고 경쟁 관계를 형성한다. 수목이 리그닌의 생합성이라는 엄청난 투자를 하면서까지 키를 키우는 이유도 그 때문이다. 땅 밑에서도 뿌리 내릴 자리를 둘러싼 식물 개체 간 경쟁은 있을 것이다. 그런데 균근균 네트워크는 탄소가 풍부한 식물로부터 부족한 식물로 탄소를 이동시킴으로써 이 경쟁을 완화하는 것처럼 보이기도 한다.

키 큰 나무들에 둘러싸여 빛이 가려진 아랫동네는 어두컴컴하다. 그런 곳에서 작은 식물이 살아남으려면 이 균근균 네트워크를 통해 키 큰 나무들로부터 탄소를 공급받아야 한다. 실제로 지표면에 가까운 식물에는 탄소 공급을 균근균 네트워크에 일정 정도 의존하는 종류가 많다는 사실이 점차 밝혀지고 있다.

초봄에 분홍빛 청순한 꽃을 피우는 얼레지도 그중 하나다. 얼레지는 낙엽수림의 지표면 가까이에 핀다. 여기서는 낙엽수림이라는 점이 중요하다. 이들은 이른 봄, 나무에 아직 새잎이 나지 않는 시기에 지표면 근처까지 들어오는 햇빛을 이용해 한껏 광합성을 하고, 탄소를 구근에 저장한 다음 한 해의 나머지 시간을 보낸다. 여름에는 나무들이 잎을 펼쳐 주위가 컴컴해지므로 얼레지는 잎을 시들게 하고 휴면한다. 이런 삶을 사는 식물을 초봄 식물spring ephemeral이라고 부른다.

북미에서 수행한 탄소-14를 이용한 표지 실험에서는 가을에 아메리카얼레지Erythronium americanum가 광합성을 하지 않은 시기에 인근의 AM 수종인 설탕단풍Acer saccharum으로부터 탄소가 얼레지로 이동한다는 사실이 밝혀졌다.[8] 재미있게도 초봄에 얼레지가 광합성을 하고 단풍이 아직 잎을 펼치지 않은 시기에는 반대로 얼레지로부터 단풍으로 탄소가 흘렀다. AM균의 네트워크를 통한 식물 간 탄소 교환이 이루어지고 있을 가능성이 있는 것이다.

🍄 탄소를 균에 의존하는 식물 🍄

노루발풀Pyrola japonica은 노루발풀과의 상록 다년초로, 일본에서는 여름에 지표면 가까운 곳에서 하얀 꽃을 피운다. 상록이기 때문에 1년 내내 잎을 달고 스스로 광합성을 하지만, 탄소 안정동위원소를 조사하면 탄소의 약 절반을 균근균에 의지한다는 사실이 밝혀졌다.[9] 탄소-13의 비율이 하늘 높이 솟은 종가시나무Quercus glauca(상록의 참나무속)와 지표면 가까이에 있는 ECM균 광대버섯속 Amanita이나 땀버섯속Inocybe 버섯의 딱 중간값을 나타낸 것이다. 스스로 광합성을 한 탄소가 절반, ECM균으로부터 받은 탄소 절반으로 몸이 만들어졌다고 생각할 수 있다는 말이다. 재미있게도 균근균으로부터 공급받는 탄소량의 비율은 볕이 잘 들지 않을수록 높게 나타났다.

노루발풀의 뿌리에 들어 있는 균류를 DNA 분석으로 조사해보면 마커광대버섯이나 땀버섯속도 발견되지만, 검사한 뿌리의 80퍼센트 이상에서 무당버섯속Russula의 ECM균이 발견되었다. 즉 이 조사지의 경우 노루발풀은 주로 무당버섯속의 ECM균을 통해서 ECM 수종(아마도 조사지에서 우점하고 있던 종가시나무)의 탄소를 얻었을 것이다.

노루발풀속은 세계적으로 40종이 알려져 있으며, 그중 북미 서쪽 해안에 분포하는 아필라노루발Pyrola aphylla이라는 종은 잎이 없다. 빨간 줄기에 아름다운 빨간색 꽃을 단 줄기만 다발을 이루어 땅 위에 서 있다. 노루발풀속은 상록이라서 영어로는 윈터그린wintergreen이라고 불리는데, 이 종은 리프리스 윈터그린leafless wintergreen(잎이 없는 상록)이라는 모순된 이름으로 불린다. 여기까지 읽어온 독자들은 이미 이해했을 것이다. 이 종은 탄소를 부분적이 아니라 완전히 ECM균에 의존한다.[10]

이 종처럼 탄소원을 균류에 완전히 의존한 상태를 균종속영양,

부분적으로 탄소원을 균류에 의존한 상태를 부분적 균종속영양(혼합영양)이라고 부른다. 노루발풀과 근연인 물매화*Parnassia palustris var. multiseta*의 중간종들과의 진화 계통수를 살펴보면, 100퍼센트 스스로 광합성 한 탄소만을 사용하는 독립영양 종류에서 시작해 균류에 대한 의존이 점점 커지는 진화의 과정이 드러난다.[11]

균종속영양이라고 하면 상당히 특수한 식물이라고 생각할 수 있으나 기존에 부생식물腐生植物이라고 불리던 식물 대부분이 여기에 속한다. 잎이 없으니 버섯처럼 물질을 썩혀서 영양을 섭취하는, 또는 썩은 것에서 영양을 섭취하는 식물이라고 생각한 것이다. 그러나 최근 연구에서는 그러한 식물 대부분이 균류로부터 영양을 제공받아, 아니 빼앗아 살아간다는 사실이 밝혀지고 있다.

다만 잎이 없는 식물 중에는 다른 식물의 뿌리에 직접 기생하는 종도 있다. 꽃이 거대하기로 유명한 라플레시아*Rafflesia*의 유사종이나 하늘을 향해 팔을 벌린 생김새가 귀엽기로 유명한 미트라스테몬과*Mitrastemonaceae*, 조릿대 수풀에 살그머니 화려한 꽃을 피우는 야고*Aeginetia indica*, 외래종으로 문제시되는 미노르초종용*Orobanche minor*, 버섯처럼 생긴 일본사고*Balanophora japonica* 등은 식물 기생식물이다.[12, 13](그림 4-5, 권두그림 ⑩)

균종속영양 식물은 이끼에서 속씨식물까지 다양한 그룹에서 발견된다.[14] 광합성을 하지 않기에 녹색이 아니어도 되니 기발한 색이나 형태도 많다. 아마 한번 보면 그 매력에 홀딱 빠져버리는 사람도

미트라스테몬과   중국 야고

미노르초종용   해동사고

그림 4-5 식물 뿌리에 직접 기생해 영양을 얻는 식물

많을 것이다(《숲을 먹는 식물―부생식물의 알려지지 않은 세계》[15]).

그중에서도 많이 발견되는 종류가 난과다. 난의 씨앗은 먼지처럼 작고 세포 수가 손으로 헤아릴 정도밖에 되지 않는다. 보통 씨앗이 발아 준비를 위해 저장하고 있는 전분이나 기름, 단백질을 거의 함유하고 있지 않다. 발아 단계부터 균류의 에너지에 의존하는 것이다. 난은 종마다 파트너 균을 어느 정도 엄밀하게 결정하는 것 같다. 이것도 세계적으로 2만 8,000종[16]에 이른다고 알려질 만큼 난이 다양해진 한 요인으로 생각된다.

🍄 목재부후균을 먹는 난 🍄

지금까지 균근균으로부터 탄소를 공급받는 식물을 소개했다. 그런데 숲속에서 네트워크를 형성하는 균류에 균근균만 있는 것은 아니다. 고목을 영양원으로 삼는 목재부후균도 거대한 네트워크를 형성한다. 그리고 균종속영양 식물 중에는 목재부후균으로부터 탄소를 공급받는 종류도 있다.

현재 목재부후균을 먹는 식물은 난과에서만 발견된다.[17] 이들을 부생란이라고 한다. 대표적인 부생란이 으름난초*Cyrtosia septentrionalis*다. 으름난초는 가을에 높이 1미터 정도 되는 붉은 줄기에 새빨갛고 화려한 으름 모양의 열매를 주렁주렁 매단다. 초록빛 가득한 숲속

그림 4-6 으름난초는 초록빛이 가득한 숲속 지면 주위에서 아주 눈에 띈다(위). 오른쪽 위는 열매를 쪼갠 것으로 씨앗이 매우 자잘하다. 오른쪽 아래는 으름난초가 먹는 목재부후균인 뽕나무버섯의 근상균사다발이다(미야기현).

에서 아주 눈에 띄는 존재다(그림 4-6, 권두그림 ⑪).

으름난초는 목재부후균인 뽕나무버섯*Armillaria* 균사에서 탄소를 얻는다. 뽕나무버섯은 살아 있는 나무를 죽이기도 하는 강력한 목재부후균으로, 근상균사다발이라는 굵은 끈 모양의 구조를 지표면에 펼친다. 그렇게 해서 고목이나 약한 나무를 탐색하고 매우 거대한 네트워크를 만들기도 한다. 3장에서 소개한 대왕고래보다 무거울 것으로 추정되는 균사체는 뽕나무버섯의 것이다.

뽕나무버섯균의 거대한 네트워크에서 탄소를 얻을 수 있다면

그림 4-7 위는 천마의 꽃(야마가타현)이고, 아래는 뿌리(덩이줄기)에 얽혀 있는 뽕나무버섯의 검은 근상균사다발이다(후쿠시마현, 쓰지타 유키 박사 제공).

으름난초가 그렇게 크게 성장하는 것도 수긍이 간다. 으름난초와 마찬가지로 거대한 줄기를 지상에 뻗는 천마Gastrodia elata의 공생 상대도 뽕나무버섯이다(그림 4-7). 뽕나무버섯은 앞서 언급했듯이 공격적인 균이기도 하다. 천마는 씨앗 발아 단계에서는 애주름버섯속균으로부터 탄소를 받아 크게 성장한 뒤 뽕나무버섯으로 갈아탄다고 한다. 약한 녀석들이 순수한 애주름버섯속을 이용하다가 체력이 붙고 나면 뽕나무버섯의 막대한 에너지에 손을 뻗는 것인지도 모른다.

천마와 뽕나무버섯균의 관계는 1910년대부터 알려졌다. 천마가 땅 밑에 만드는 감자 모양 뿌리에 뽕나무버섯의 근상균사다발이 엉겨 붙는 등 형태를 관찰할 수 있기 때문이다. 이러한 형태적 특징을 토대로 그동안 추측할 수 없던 다른 난들의 공생 상대의 균종을 동정하기 시작했다. DNA 분석 기술이 보급된 최근 20년 정도의 일이다.

🌱 탄소 나이로 탄소 공급원 찾기 🌱

최근에는 부생란이 목재부후균에서 탄소를 얻는지, 아니면 광합성을 하는 수목 등의 식물과 공생하는 균근균으로부터 탄소를 얻는지 직접적으로 구별하기 위한 탄소-14를 이용한 분석법이 개발되었다.

탄소-14는 탄소 이동 실험에서도 소개했다시피 탄소의 방사성 동위원소다. 방사성동위원소는 방사선을 내면서 붕괴하므로 그 방사선의 세기는 서서히 감소한다. 방사선의 세기가 반이 되는 데 걸리는 시간을 반감기라고 하며, 세슘-137의 반감기는 30년, 탄소-14의 반감기는 5,730년이다. 이러한 성질을 이용하면 고대 동식물의 사체에 포함된 탄소-14의 방사선량을 가지고 수천 년이라는 긴 시간축의 연대를 측정할 수 있다. 다만 부생란의 탄소 공급원을 분석할 때 적용하는 성질은 아니다.

탄소-14는 자연계에 극히 적은 양만 존재했다가 1950~1960년대에 성행한 대기 핵실험의 영향으로 대기 중 존재량이 약 두 배가량 늘어났다. 그 후 1963년에 부분적 핵실험 금지 조약이 발효됨으로써 대기 중 존재량은 서서히 줄어들어 원래 값에 가까워지고 있다. 이를 이용하면 생물의 몸을 구성한 탄소가 1963년 이후 어느 연대에 식물의 광합성으로 고정된 탄소인지 추정할 수 있다. 예를 들어 수목이 1963년 당시에 광합성으로 고정한 탄소는 목질로 고정되어 있으므로 목질의 탄소-14 농도는 1963년 당시의 높은 값이다. 따라서 그 수목이 죽어서 고목이 된 목질을 분해해서 탄소원으로 삼고 있는 목재부후균의 탄소-14 농도도 이를 반영한 높은 값이다(탄소 나이가 오래됨). 한편 2022년에 수목이 광합성을 해 고정된 탄소 속의 탄소-14 농도는 2022년 시점의 대기 중 탄소-14의 낮은 농도를 반영한다. 따라서 2022년에 만들어진 포도당이나 자당을 식물로부터 받아서 사는 균근균의 탄소-14 농도는 이를 반영한 낮은 값이 된다(탄소 나이가 젊음).

다시 말해 부생란의 탄소-14를 분석해서 그 탄소 나이가 젊으면 균근균으로부터 탄소를 얻는 종류라고 할 수 있고, 탄소 나이가 오래됐으면 목재부후균으로부터 탄소를 얻는 종류라고 할 수 있다.[18]

🍄 부생란의 종 특이적 관계 🍴

일본에서도 최근 부생란의 유사종 중에 목재부후균을 파트너로 삼는 종류가 다수 보고되고 있다. 흥미롭게도 이 난들은 고목이나 도목 옆에 자라는 경우가 많다. 목재부후균이 뽕나무버섯처럼 땅속에까지 균사를 폭넓게 뻗고 있는 종만 있는 것은 아니니 역시 고목 근처에 많을 것이다.

무엽미관란*Eulophia zollingeri*은 으름난초나 천마보다 조금 작은 부생란으로, 일본 가고시마 이남, 동남아시아에서 오스트레일리아까지 널리 분포한다(그림 4-8). 땅 밑에 토란같이 비대한 길이 10센티미터 정도의 덩이줄기를 형성하며, 고목 옆에서 자라는 모습이 자주 관찰된다.

일본, 대만, 미얀마에서 채집한 무엽미관란의 균근균 샘플로 DNA 분석을 해봤더니 모두 눈물버섯속*Psathyrella*의 일종인 목재부후균이었다.[19] 넓은 범위의 다수 눈물버섯종이 한 종의 목재 부후균과 파트너 관계를 맺고 있다는 것은 상당히 특이성이 높은 관계라고 할 수 있다. 눈물버섯속의 버섯은 부후가 진행된 고목이나 그 주위의 토양에서 나는 경우가 많으므로 고목으로부터 토양 속에 이르기까지 균사를 뻗을 것이다.

하얀 뱀이 목을 쳐든 것 같은 모양이 인상적인 로세움유령란*Epipogium roseum*이라는 부생란의 뿌리에서는 눈물버섯과 *Psathyrellaceae*에 속하는 갈색먹물버섯속의 고깔갈색먹물버섯*Coprinellus disseminatus*이나 받침대갈색먹물버섯*Coprinellus domesticus*이 발견되었다.[20] 이들 균도 고목이나 그 주위 토양에서 자란다. 흙에 자라는

그림 4-8
무엽미관란은 가고시마 이남, 동남아시아에서 오스트레일리아까지 분포한다(위, 쓰지타 유키 박사 제공). 아래는 무엽미관란의 균근균인 눈물버섯속의 일종이다(체코).

난이 고목으로부터 영양을 얻으려면 이런 생태를 가지는 균이 안성
맞춤일지도 모른다. 부생란 전체로 보면 어떤 균류가 파트너로 선택
되는 걸까?

사가대학교의 쓰지타 유키 박사는 부생란의 균근균에 관해 기
존의 지식을 정리한 논문을 발표했다.[17] 이에 따르면 일본뽕나무버
섯*Armillaria mellea* subsp. *nipponica*이나 눈물버섯속, 갈색눈물버섯의 균
말고도 70개 이상 분류군의 목재부후균 목록이 정리되어 있다. 그
중에는 표고버섯, 느타리버섯 같은 친숙한 버섯도 포함되어 있다.

그 목록을 보면서 나는 백색부후균이 압도적으로 많다는 사실
을 깨달았다. 갈색부후균은 실험실에서 반드시 곰팡이와 공생해 균
근 상태로 발아하는 공생발아에 성공한 한 종이 나열되어 있을 뿐
야생 상태에서 보고된 것은 없었다. 왜 그럴까? 부생란이 많은 남
쪽 삼림에서는 단순히 활엽수가 백색부후 하는 경우가 많아서 그
럴 수도 있지만, 다음 장에서 소개하는 사슴벌레의 유충도 갈색부
후한 고목보다 백색부후한 고목에서 자라는 종류가 압도적으로 많
다. 사슴벌레의 유충은 균뿐 아니라 부후목재 자체도 영양원으로
삼을 테니 균사를 영양원으로 삼는 부생란과는 사정이 다르겠지만,
백색부후균과 갈색부후균의 생리적·생태적 차이가 부생란의 공생
파트너 선호도에 영향을 준다면 흥미로운 일이다. 향후 연구가 기대
된다.

이런 부생란과 균류의 관계를 자세히 알려면 다른 균이 없는 상

태에서 함께 키워보고 부생란이 잘 자라는지 알아보는 실험이 필요하다. 균근균에 의존하는 난은 균근균뿐 아니라 공생할 수목도 필요해 인공적으로 기르기가 쉽지 않다(균근균을 공생시킨 화분에 난을 자라게 하면 될 것 같기도 한데, 분재의 나무는 양분이 겨우 충족되는 정도이므로 난까지 먹여 살릴 여유는 없을지도 모른다). 하지만 목재부후균에 의존하는 부생란 종류를 재배하기 위해서는 파트너가 될 목재부후균과 그 영양원이 될 고목이 있으면 된다. 그리고 사슴벌레 유충을 키워본 사람은 잘 알겠지만, 톱밥에 균사를 섞은 병 모양 용기(균사 병)를 준비하면 된다. 로세움유령란은 고깔쥐눈물버섯의 균사 병을 만들어 재배했더니 씨앗 발아부터 개화까지 생애주기를 한 바퀴 다도는 데 성공했다.[21]

🍄 고목을 휘감는 알티씨마적란 🍄

쓰지타 박사의 목록으로 알 수 있는 또 다른 사실은 많은 부생란이 특정 균 그룹과 관계를 맺는다는 것과 그중 독특한 알티씨마적란의 존재다(그림 4-9, 권두그림 ⑫). 알티씨마적란만 40여 종의 균류와 관계를 맺는다. 균 그룹도 워낙 다양해서 제한이 없어 보인다. 알티씨마적란의 일본명은 고만란高蔓蘭이라고 해서 높은 곳에 덩굴을 이루는 난이라는 뜻이다. 지면에서 뻗은 덩굴이 선 채로 말라 죽은 나무, 때로는 살아 있는 나무줄기를 기어올라 머리보다 한참 위에 꽃을 피우기에 붙은 이름이다. 덩굴의 길이는 종종 10미터 이상에 달한다. 부생란치고는 파격적인 크기다.

이 난은 잎이 없고 덩굴만 줄기를 기어오른다. 덩굴의 마디마디에서 손가락 같은 굵은 뿌리를 뻗어 말 그대로 나무줄기에 달라붙고, 거기서 목재부후균의 균사를 먹고 산다. 이 난을 보려고 쓰지타 박사 팀을 따라 규슈의 다네가시마섬까지 갔다.

다네가시마섬의 어두컴컴한 상록수림에는 내가 좋아하는 잘 썩은 도목이 곳곳에 있었다. 모두 이끼가 끼고 그 위에 여러 나무의 실생實生이 나 있었다. 다시 말해 씨가 싹이 터서 식물이 자라거나 그러한 어린 식물이 되었다. 그러나 알티씨마적란이 기어오르는 나무는 그렇게까지 썩지 않은, 비교적 젊은 고목인 것 같았다. 알티씨마적란이 먹이로 삼는 목재 부후성 담자균류가 비교적 분해 초기의 고목에 많은 탓일 것이다. 고목의 분해가 진행되어 부드러워지면 자낭균의 곰팡이가 많아진다. 때로 아직 살아 있는 나무에도 오르는 것은 나무의 시든 부분 등에 있는 균류를 영양원으로 삼는 건지도 모른다.

알티씨마적란이 들러붙어 있는 고목에는 먹이 후보로 보이는 온갖 버섯이 자라고 있었다. 알티씨마적란은 이들 고목 위에 자라는 버섯을 먹는 것이 아니라 버섯의 본체인 고목 속 균사체를 먹는다. 알티씨마적란이 엉겨 있는 도목의 뒤쪽을 들여다보니 그곳은 포

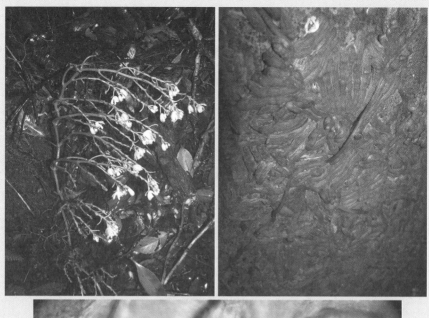

그림 4-9 어두운 숲속에서 피어나는 알티씨마적란

왼쪽 위: 탄소를 균류에 100퍼센트 의존하므로 광합성을 하기 위한 잎이 없
다(다네가시마섬).

오른쪽 위: 고목 뒤에 굵은 뿌리를 뻗어 목재부후균을 잡아먹는다(다네가시
마섬).

아래: 알티씨마적란 뿌리 세포 속에 들어 있는 균사 코일이다(쓰지타 유키 박
사 제공).

식의 현장이었다(그림 4-9 오른쪽 위, 권두그림 ⑫). 짙은 오렌지색의 너울너울한 뿌리가 도목의 아랫면을 촘촘히 채운 모습은 이 식물의 탐욕을 말해주는 듯했다. 알티씨마적란은 어떤 방식으로 이 뿌리속에 목재부후균의 균사를 불러들여 소화하는 걸까?

으름난초와 일본뽕나무버섯의 관계를 연구한 교토대학교의 하마다 미노루 박사가 1975년 책에서 이 모습(그림은 천마와 일본뽕나무버섯의 관계지만)을 정감 넘치게 표현한 부분이 있으니 소개한다.

어느 숲속, 일본뽕나무버섯의 근상균사다발(철사)이 땅속을 어슬렁거리며 사냥감을 찾고 있었다. 당연히 원래 자리는 굵은 나무의 썩은 그루터기로, 애초에 자신이 죽인 것이지만 점점 그 그루터기의 양분이 줄어들었기에 다음 사냥감을 찾고 있었던 것이다. 여하튼 그런 철사를 장만해서 돌아다니는 것만으로도 가히 에너지 낭비라 할 수 있다. 빨리 사냥감을 찾지 않으면 힘이 다 빠져버릴 것이다.

있다! 뭔가가 조금 전부터 새콤달콤한 냄새를 풍기고 있다. 좋아, 물어뜯어 주겠어! [중략] 슬슬 다가가 보니 이제 갓 태어난 작은 감자였다. [중략]

감자 속은 매우 청결하고, 방(세포층=조직)의 구별은 질서정연했다. 현관 다음에는 훌륭한 응접실이 있었고, 부인이 나와 술 접대를 시작했다. [중략] 하지만 금세 지루해졌다. 이 응접실의 안

쪽은 어떤 모습일까? [중략]

2, 3일이 더 지났다. 그래, 들여다봐. 도원경이 있을 거야. [중략] 속은 드넓고 진수성찬이 가득해. 으하하, 곳간이다! 한 걸음 들어가 보자……. 그런데 뭔가 이상하잖아? 갑자기 비상 장치가 작동한 건가? 벨이 요란하게 울어대는군. 큰일이야. 되돌아가야 하는데, 다리가 마비되어 움직이질 않아. 게다가 쑤셔넣은 발을 무언가가 물었어. 아얏! 복사뼈 근처 동맥이 끊어졌어. 피가 줄줄 흘러서 멈추질 않는군. 제장, 흡혈귀인가. 살려줘요! 결국 실신. [중략] 더는 못 참겠다. 원군을 부르자. 여봐, 어서 와! 죽을 것 같아. 수혈을 부탁해! …… 사령부에서 피를 보내줬군. 철사를 통해 저 먼 둥지(부목)로부터 보급을 받는 거야.

갑자기 옆방에서 비명이 터졌다. 큰일이야. 원군이 차례로 당하고 있어. 처음엔 환대받는 것 같더니 그 반대야. [중략] 뭔가 이상하군. 곳간 내용물이 점점 불어나고 있어. 하기야, 저렇게나 피를 빨아대니 그럴 만도 하겠지……. 마침내 감자는 다른 싹을 틔우고 새 곳간을 짓기 시작했어. 기존의 곳간은 뭉개버리는 것 같아. 으아, 다행이다. 한쪽 다리는 잘려서 불구가 됐지만……. 겨우 빠져나와 보니 근처에 같은 감자 녀석에게 당한 동료가 수도 없이 많다.

— 하마다 미노루, 〈박테리아 도둑들의 전쟁—생물학적 사고〉,

《지知의 고고학》, 사회사상사, 1975년 5·6월호.22

일본뽕나무버섯을 유인한 새콤달콤한 냄새는 지금은 스트리고락톤Strigolactones이 아닐까 생각된다.[23] 스트리고락톤은 뿌리에서 생합성되는 식물호르몬의 일종이다. 뿌리에서 분비되어 AM균 균사의 분지를 유도하고 식물과의 공생을 촉진하는 기능이 있다고 알려져 있다.[24] 천마 덩이줄기의 유전자를 조사한 연구에서는 스트리고락톤의 생합성과 관련된 유전자의 발현이 덩이줄기 표피 부분에서 증가했다.[22] 천마는 균근균과의 공생관계 구축에 사용하던 스트리고락톤의 분비를 늘림으로써 일본뽕나무버섯의 균사를 속여서 유인하는지도 모른다. 천마의 근연종을 이용한 다른 연구에 따르면 식물 쪽에서도 지질이나 암모늄 이온이 조금 제공된다고 하니 이것들이 최초의 접대였을 수도 있다. 천마가 빨아들이는 피는 탄소를 비유한 것으로, 이는 트레할로스Trehalose라는 시각이 유력해 보인다. 트레할로스는 당의 일종으로 균류에 특히 많이 들어 있다. 균종속 영양 난의 경우는 트레할로스 대사와 관련된 유전자가 길다는 사실이 알려져 있다.[25]

🌱 새로운 의문 🌱

쓰지타 박사가 조사한 결과 고목을 휘감은 알티씨마적란의 뿌리에서는 오로지 목재부후균만 발견된다. 그것도 한정된 종류가 아니라 그 고목에 있는 목재부후균을 한쪽 끝에서부터 잡아먹는 것처럼 보인다. 게다가 흙 속에 있는 진짜 뿌리에서는 ECM균도 발견된다고 한다.

균종속영양이라는 생활 방식은 균에 기생하는 방식이라고도 말할 수 있다. 균 기생식물이라고도 부를 정도다. 이러한 기생 관계는 상대가 한정되는 경우가 많다. 상대를 속이는 방법은 상대에 따라 다양하다. 모든 상대를 속이는 방법은 없기 때문이다. 천마조차도 기생할 상대 균은 발아할 시기의 애주름버섯속과 다 자란 뒤의 뽕나무버섯인 것처럼 상대가 제한적이다. 다종다양한 목재부후균이나 ECM균까지 먹을 수 있는 알티씨마적란은 모든 상대를 속일 방법을 찾았는지도 모른다. 그게 아니라면 하나의 몸으로 상대에 따라 다른, 다양한 방법을 사용하는 것일까? 풀리지 않는 의문점이 수없이 많다.

언뜻 단순해 보이는 천마와 뽕나무버섯의 관계도 실제로는 그리 단순하지 않다. 천마는 중국에서 어지럼증과 두통, 류머티즘성 관절염에 효과가 있는 생약으로 대량 재배된다. 그래서 균근균에 관한 연구도 많다. 최근 연구에서는 천마의 덩이줄기 속에 뽕나무버섯 말고도 여러 가지 내생균(3장 참조)이 있다고 한다. 이들이 생산하는 항균물질이 뽕나무버섯 이외 균류의 침입을 저지함으로써 천마와 뽕나무버섯의 특이한 관계가 유지되는 것이라고 한다.[26]

다네가시마섬에서 조사할 때 독일에서 온 연구자도 있었다. 안정동위원소 분석 전문가인 게르하르트 게바우어 박사였다. 탄소가 어디서 왔는지를 아는 데에는 안정동위원소 분석이 매우 편리한 방법이다. 그래서 균종속영양 식물 연구자들은 안정동위원소 분석 전문가와 손잡고 연구하는 경우가 많다. 쓰지타 박사는 게바우어 박사와 함께 일하고 있었다. 게바우어 박사가 가지고 온 샘플을 분석해 알티씨마적란이 목재부후균으로부터 탄소를 얻는다는 증거를 어렵지 않게 확인했다. 아울러 조사팀은 알티씨마적란 뿌리에서 분리 배양한 목재부후균 균주를 이용해 이들 균주가 실제로 고목을 분해하고 있음을 확인하고, 알티씨마적란 씨앗을 발아, 성장시키는 데에도 성공했다. 이렇게 해서 알티씨마적란이 실제로 자생지에서 여러 종류의 목재부후균에 기생하며, 그것들이 분해한 고목의 탄소를 이용한다는 사실이 확인되었다.[27]

좋은 연구는 세 가지 새로운 의문을 낳는다고 한다. '세상의 다른 곳에서는 어떤가'라는 생물지리학적인 의문, 진화 속에서 자리매김과 관련된 의문, 다른 생물과의 관계에 대한 의문이다. 이번 알티씨마적란 조사도 몇 가지 추가 의문을 불러일으켰다. 특히 마지막 생물 간 상호작용에 관해 많은 의문이 머리에 떠올랐다. 고목 안에서 여러 종류의 목재부후균은 세력권을 놓고 경쟁 관계에 있는데, 알티씨마적란이 여기에 파고들면 균종 간 경쟁 관계에 변화가 생길까? 그리고 누군가가 기생을 하게 되면 목재부후균의 분해력에 영향을 줄까? 애당초 알티씨마적란은 그곳에 있는 목재부후균에 닥

136

치는 대로 기생하는 것일까 아니면 가장 많이 기대는 종류가 있을까?

알티씨마적란 조사에서 돌아와 내 연구를 위해 고목을 조사하러 갔더니 도목 위에 자란 난이 눈길을 사로잡았다. 잘 썩은 소나무 도목 위에 아몬드 모양 잎을 가진 작고 귀여운 난이 자라고 있었다. 잎맥을 따라 점박이 무늬가 난 모습이 멋있었다(그림 4-10). 꽃은 꼭 작은 새들이 날아든 것 같은 모양이라 그 또한 귀여웠다. 도감을 찾아보니 사철란*Goodyera schlechtendaliana*인 것으로 보여 논문을 찾아보았다. 균근 연구의 대가 영국의 데이비드 리드 박사의 연구진이 2006년에 이미 사철란의 유사종인 애기사철란*Goodyera repens*의 공생균과의 관계에 관해 탄소·질소 동위원소 분석을 이용한 실험 결과를 보고했다.[28] 애기사철란은 뿔담자버섯속균과 공생하며 탄소를 쌍방향으로 교환하고 있다고 한다. 애기사철란도 광합성을 한 탄소를 균에게 넘겨줬고, 균도 배지에서 흡수한 탄소를 애기사철란에게 넘겨준 것이다.

뿔담자버섯속균은 흔히 부후가 진행되어 축축해진 도목 밑면에 희미하게 퍼져 있다. 눈으로 보는 것만으로는 동정하기 어려워서 도목의 버섯을 조사할 때 귀찮은 녀석들이다. 원래 버섯 조사 때는 대상에 포함되지 않는 일도 많을 것이다. 이런 눈에 잘 띄지 않는 종류가 중요한 역할을 할 때가 있으니 흥미롭다. 이외에도 흙 속에서 수목의 뿌리와 공생하는 ECM균이 도목 표면에까지 균사를 뻗

그림 4-10 애기사철란과 같은 사철란의 방울뱀질경이사철란*Goodyera pubescens*. 잎의 무
늬가 아름답다(미국 오하이오주).

어 포자만큼은 도목 위에서 만드는 종류도 많다. 왜 그럴까?

교과서에서는 '탄소는 식물에서 균근균으로, 양분은 균근균에서 식물로'라고 가르치지만, 그 흐름이 전부가 아님은 이 장에서 살펴본 대로다. ECM균에는 식물로부터 탄소를 받을 뿐만 아니라 유기물을 분해해 스스로 탄소를 얻는 능력이 있는 종류도 많다. 식물과 균류 사이에 일어나는 탄소와 양분 교환은 종과 상황에 따라 융통성 있게 생겨나는 관계인지도 모른다. 이 이야기는 11장의 도목갱신 이야기로 이어진다.

《 현장 관찰 기록 》

'양란'의 심비디움*Cymbidium*이라고 하면 화려한 원예품종이 많이 알려져 있다. 봄에 뒷산에 올라가 보면 연녹색 꽃을 조용히 피우는 '춘란'도 같은 보춘화속이다. 지극히 평범하게 볼 수 있는 춘란도 실은 광합성과 균근균 양쪽 모두로부터 탄소를 얻는 부분적 균종속영양 식물이다. 4장에서는 이야기의 흐름에 따라 노루발풀의 유사종을 예로 들어 독립영양(광합성만으로 탄소를 얻는)부터 균종속영양으로의 진화의 흐름이 연구되고 있다고 소개했다. 보춘화속에서도 같은 현상이 알려져 있다. 논문의 저자가 바로 쓰지타 박사다. 보춘화속은 독립영양인 다야눔보춘화*Cymbidium dayanum*부터 혼합영양인 죽백란*Cymbidium nagifolium*을 거쳐 균종속영양인 대흥란*Cymbidium macrorhizon*, 아베란스대흥란*Cymbidium macrorhizon f. aberrans*으로 진화함에 따라 균에 대한 의존도가 높아져가는 것 같다.

재미있게도 탄소를 얻는 방식이 독립영양에서 균종속영양으로 바뀌어감에 따라 뿌리에서 검출되는 균근균도 혹버섯속*Tulasnella*과 균류에서 곤약버섯목*Sebacinales* 균류로 깔끔하게 옮겨가는 것으로 나타났다. 보춘화속은 곤약버섯목의 균근균을 착취 대상으로 선택한 것 같다. 그게 아니라면 어쩌다 탄소 공급 능력이 좋은 곤약버섯목 균류에 의지하는 사이에 의존하는 체질로 바뀐 것일 수도 있다. 곤약버섯목의 균근균은 참나무과나 소나무과 수목과도 균근을 형성하므로 수목이 광합성을 한 방대한 탄소에 접근할 수 있다. 노루발풀의 경우처럼 보춘화의 탄소 일부는 곤약버섯목의 균근균을 통해 수목으로부터 이동할 것이다. 자세한 내용은 참고문헌 29를 참조하자.

🍄 춘란과 버섯(단 춘란과 관계 있는 것은 이 버섯이 아님)

5장

동물들

정원의 통나무 실험

🍴 집 마당의 통나무 🍴

2015년부터 숲에 땅을 사서 살고 있다. 숲이 좋아서 내 생활 속으로 끌어들이고 싶었고, 도시에 살면서 휴일에 숲으로 쉬러 가는 생활과 숲에 살면서 휴일에 도심으로 가서 자극을 찾는 생활을 비교한 뒤 후자를 선택했다. 실제로는 휴일에도 도심이 아니라 산으로 가는 날이 많다. 현대는 일도 대부분 온라인으로 할 수 있으니 도심으로 나갈 필요가 없다. 숲에 사는 아이들도 '도시에 사는 건 상상할 수 없다'고 말한다.

육아는 실험이다. 실패할 수 없는 실험이기도 하다. 실패할 수도 있지만 자신이 옳다고 판단한 방식으로 갈 수밖에 없다. 숲의 생물 간 상호작용 속에 내 몸을 두는 것이 좋다. 솔직히 말해 수렵·채집 생활이라도 해야 진정한 의미에서 내 몸을 그런 환경에 둘 수 있을 것이다. 그러나 조금은 쉽게, 그저 숲속에 살기만 해도 숲속 생물,

그와 연결된 존재가 무의식 중에 뇌의 신경망을 최적화해줄 것으로 믿는다. 뇌 발달에 중요한 어린 시절을 숲에서 보내면 비록 집에서 게임하는 시간이 길더라도 마음에 좋은 영향이 남지 않을까.

5장의 주제인 동물은 우리 집 아이들도, 어느새 우리 집에 들어와 사는 고양이도 아니다. 나는 숲으로 이사 오자마자 집을 지으려고 벌채한 졸참나무와 개벚나무*Prunus leveilleana* 통나무를 정원 한쪽(그래봐야 옆 부지도 숲이라서 대략 경계라고 생각되는 곳)에 늘어놓고 찾아오는 생물을 자세히 조사하기로 했다(그림 5-1). 생각해보면 집

그림 5-1 정원에 통나무를 늘어놓기 위한 준비 작업. 졸참나무와 개벚나무 통나무를 놓았다(미야기현).

을 짓기 위해 벌채한 나무를 늘어놓은 것이니 집이 완성되기 전부터 정원에서 통나무 분해 실험을 시작했던 셈이다(연구자는 이런 사람들이다). 우리 집 마당은 졸참나무와 개벚나무에 대팻집나무*Ilex macropoda*와 서어나무*Carpinus laxiflora*, 때죽나무*Styrax japonicus*, 소나무 등이 섞인 잡목림이다.

이런 모니터링 실험을 집 마당에서 하는 목적은 관찰 빈도를 늘리기 위해서다. 조사지가 멀 때와는 다르게 내 집 마당에서는 언제든지 관찰할 수 있다. 방 안 의자에 앉은 채 바라볼 수도 있고, 마음만 내키면 마당으로 내려가 자세히 관찰할 수도 있다. 한 가지 조심할 것은 관찰이 취미 수준으로 전락해서 제대로 된 데이터를 얻지 못할 우려가 있다는 점이다. 통나무를 마당에 놓은 시기가 겨울 초입인지라 머지않아 통나무 전체가 눈 속에 파묻혔다.

🌳 통나무를 찾아온 다람쥐 🥄

눈 속에 파묻힌 통나무는 기억에서도 거의 사라져가고 있었다. 해가 바뀌어 화창한 3월 어느 아침이었다. 뜻밖에 정원 연구의 효능이 눈앞에 나타났다. 방 안에 앉아 밖을 내다보는데 뭔가가 움직이고 있었다. 다람쥐였다. 눈밭에 살짝 흔적이 드러난 통나무 위에서 무언가에 집중한 모습이었다. 통나무를 갉아 먹는 것 같기도 했다.

발자국

벗겨진
나무껍질

그림 5-2
껍질이 벗겨진 졸참나무 통나무와 눈밭에
범인의 발자국이 남아 있다(미야기현).

다람쥐가 사라지고 나서 통나무 쪽으로 가보니 아니나 다를까 나무껍질이 벗겨져 있었다(그림 5-2). 다람쥐가 그 날카로운 앞니로 갉아낸 듯 여기저기에 두 줄로 긁은 흔적이 남아 있었다. 그리고 나무껍질이 벗겨진 부분에는 회색 가루 같은 것들이 붙어 있었다. 자낭균의 무성포자 같았다. 균류의 종류에는 교배해서 만드는 포자인 유성포자와 교배하지 않고 만드는 포자인 무성포자(분생포자)가 있다. 전자는 유전자 교환이 일어나지만, 후자는 유전자 교환의 수고를 덜어주는 자기복제다.

자낭균문의 균류는 무성포자를 만드는 종류가 많다. 무성포자와 유성포자는 생김새도, 발생 방식도 완전히 다르기에 다른 장소에 만들어지면 같은 균이 만든 것이라고는 생각하기 어려울 정도다. 실제로 포자의 생김새나 발생 방식을 주요 기준으로 정리하던 시절의 균류 분류학에서는 각각 다른 학명을 붙여 별개 종으로 생각했다. 그러다가 최근에는 DNA 정보를 토대로 계통분류학을 도입하면서 유성세대와 무성세대의 조합이 차례로 밝혀지고 있다.

자낭균의 일부 종에서는 버섯이 만들어지는 과정에서 먼저 무성세대 포자가 만들어지고, 그 단계가 끝나면 유성세대 포자를 만드는 순서를 볼 수 있다. 마당에서 관찰된 졸참나무 통나무에 붙은 회색 가루는 아무래도 그런 종류의 자낭균 무성포자가 아닐까 예상해보았다. 회색 가루를 조금 집어서 방으로 돌아온 다음 현미경을 들여다보았더니 참깨처럼 생긴 투명한 포자와 게니큐로스포리움*Geniculosporium*속과 같은 무성포자 형성세포가 보였다(그림 5-3 왼쪽). 틀림없는 자낭균의 무성포자였다. 복슬복슬 퍼져 있던 회색 포자는 6월이 되자 비에 씻겨 내려갔다. 남은 갈색 껍질이 한 장 벗겨

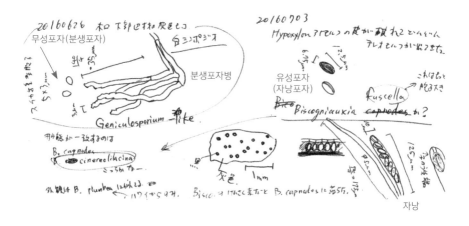

그림 5-3 졸참나무 통나무에 난 자낭균의 무성세대(왼쪽)와 유성세대(오른쪽과 아래). 무성포자는 깨알 모양에 무색이고, 구불구불 굽은 균사(분생포자병)에서 직접 나온다. 유성포자는 검은색이고 커피콩처럼 좁고 기다란 틈이 나 있으며, 길쭉한 주머니(자낭)에 들어 있다.

지자 그 아래에서 단단한 유성세대가 드러났다. 검은색과 회색 표면에는 검은 점이 퍼져 있었다. 검은 점에는 각각 하나씩 구멍이 나 있었고, 구멍은 그 아래 빈틈으로 이어져 있었다. 빈틈 안에는 한 개의 세포가 감수분열 해서 생긴 여덟 개의 유성포자(자낭포자)가 든 주머니(자낭)가 잔뜩 들어 있었다. 그 주머니 때문에 자낭균이라는 이름이 붙은 것이다. 현미경으로 관찰하면 무성포자와는 다르게 거무스름한 커피콩처럼 생긴 자낭포자를 확인할 수 있다(그림 5-3 오른쪽).

이런 종류의 자낭균은 생김새가 비슷한 종류가 많아 동정하기가 어렵다. 구멍의 밀도나 자낭·포자의 크기 등을 기준으로 동정하는데, 그 값들은 종 사이에 연속적인 것도 많아 표본을 많이 본 경험이 없으면 자신 있게 동정할 수 없다. 해당 그룹의 균류를 잘 아는 도쿄대학교의 다케모토 슈헤이 박사에게 표본을 보내 동정해달라고 부탁했다. 플라나쌍쟁반방석버섯Biscogniauxia plana과 마리티마쌍쟁반방석버섯Biscogniauxia maritima이라는 같은 속의 두 종이 섞여 있다는 사실을 알았다. 거무스름한 것이 plana, 회색이 maritima라고 했다(그림 5-4, 권두그림 ⑭, ⑮). 다케모토 박사는 내 대학원 시절 동기다. 역시 학교 친구는 잘 두고 볼 일이다.

참고로 속명인 Biscogniauxia는 라틴어로 2를 의미하는 bis에 벨기에 식물학자 알프레드 코그니오Alfrète Cogniaux의 이름, 그리고 접미사 -ia를 붙여 명사화한 것이라고 한다(왜 이 사람 이름이 속명으로 쓰이게 됐는지는 나도 잘 모르 겠다). 또 라틴어로 plana는 평평하다, maritima는 바다라는 뜻이다. 학명의 의미를 라틴어 사전으로 찾아보는 것도 재미있다. 마리티마쌍쟁반방석버섯은 1988년 러시아 연해주에서 졸참나무와 같은 속인 신갈나무 고목에서 새롭게 기재된 종이지만, 일본에서는 아주 최근인 2015년에 처음 보고되었다. 하지만 결코 희귀종은 아니며 졸참나무 고목에서 흔히 발견된다. 연구한 사람

그림 5-4
졸참나무 통나무에 퍼지는 자낭균 플라나쌍쟁반방석버섯(위)과 마리티나쌍쟁반방석버섯(아래). 마리티나쌍쟁반방석버섯에는 네무늬밑빠진벌레가 와 있다.

이 적은 것뿐이다. 균류 중에서는 대형 버섯에서도 매년 신종이 다수 발견된다.

🍄 다람쥐는 어떻게 버섯을 찾아낼까 🍄

3월경으로 이야기를 되돌리자. 눈이 녹으면서 조금씩 얼굴을 내민 통나무에는 차례로 다람쥐가 찾아와 나무껍질을 벗겼다. 알고보니 정원에 놓아둔 졸참나무 통나무 서른두 그루 중 절반에 가까운 열다섯 그루의 껍질이 어딘가 벗겨져 있었다. 그리고 벗겨진 자리에는 100퍼센트 쌍쟁반방석버섯속이 자랐다. 다람쥐는 마치 그 가루를 노리고 나무껍질을 벗기고 이빨로 갉아서 포자를 먹은 것 같다. 회색 가루 위에 다람쥐가 갉아 먹은 것으로 생각되는 이빨 자국이 잔뜩 나 있었다(그림 5-5). 다람쥐와 사람의 입맛은 다르겠지만, 혹시나 달콤한 맛인가 하는 기대감으로 살짝 핥아보았다. 역시나 아니

그림 5-5
쌍쟁반방석버섯속의 무성세대에 생긴 다람쥐 이빨 자국. 눈이 녹은 3월경 정원의 졸참나무 통나무에서 발견했다.

었지만 다람쥐에게는 맛있었을 것이다. 그렇지 않다면 맛은 없어도 싹이 트기 전 이른 봄의 귀중한 식량인지도 모른다. 옆에 둔 벚나무 통나무는 전혀 껍질을 벗기지 않았다. 쌍쟁반방석버섯속은 졸참나무속 고목에 형성된다.

다람쥐는 어떻게 나무껍질 아래 자낭균이 생긴 자리를 알아냈을까? 아마도 냄새였을 것이다. 다람쥐가 버섯을 먹는다는 사실은 널리 알려져 있다. 러시아의 동물문학 작가 니콜라이 슈라트코프의 작품 《아기 다람쥐의 일》[1]을 보면 새끼 다람쥐는 여러 숲의 동물들에게 어떤 일을 하는지 물어본 뒤, 아무도 하지 않은 버섯 따기를 자기 일로 삼는다. 이 책 서문에도 썼다시피 나도 정원에서 선 채로 죽은 졸참나무의 높은 곳에 생긴 참부채버섯 *Sarcomyxa serotina*(담자균)을 다람쥐가 맛있게 먹는 장면을 본 적이 있다. 북미에서는 땅속 트러플(자낭균)도 캐내 먹는다. 여름부터 초가을까지 버섯 철에는 다람쥐 식량의 대부분이 버섯이라서 위 내용물의 88퍼센트를 차지한다고도 한다.[2] 트러플은 후각이 예민한 돼지와 개를 이용해 채취하는 것으로 유명하다. 아마도 포자를 살포하기 위해 동물에게 채취하게 만들려고 독특한 냄새를 풍기는지도 모른다. 고목에 생기는 자낭균 버섯도 성장 단계에 따라 특유의 냄새를 풍긴다고 하니[3] 다람쥐가 그 냄새를 맡고 나무껍질을 갉아 먹었을 가능성도 높다.

초봄에 이렇게 껍질이 벗겨진 졸참나무 고목은 어디서나 발견할 수 있으니 우리 정원 다람쥐만 그런 행동을 한 것은 아닐 것이다.

지금까지 보고된 바에 따르면 다람쥐가 먹는 버섯은 대체로 사람과 마찬가지로 담자균이나 자낭균의 부드럽고 맛깔스러운 버섯이다. 가루 같은 쌍쟁반방석버섯속 분생포자를 먹는다는 보고는 본 적이 없다. 장소 특정 방법과 함께 자동 촬영 카메라 등을 이용해 행동을 상세히 관찰하고 냄새 물질을 이용해 유인 실험을 해야 확인할 수 있을 것이다. 동물 연구, 냄새 연구를 하는 분들이 함께하자고 하면 언제든 환영이다.

🍄 이끼의 분산을 돕는 다람쥐 🍄

다람쥐는 도목 위 이끼의 다양성에도 기여한다. 미국의 로빈 월키머 박사는 그 사실을 깨달았을 때의 모습을 저서 《이끼와 함께》[4]에서 생생하게 묘사했다. 도목에 공존하며 자라는 잎눈꼬리이끼*Dicranum flagellare*와 네삭치이끼*Tetraphis pellucida*는 둘 다 아주 작고, 무성아라는 자기복제 방식으로 늘어난다. 그리고 교란으로 인해 생긴 빈틈에서 자라기에 생태적 지위ecological niche도 매우 비슷하다. 생태적 지위란 개개의 종이 생태계에서 차지하는 위치를 말한다. 도목 같은 한정된 공간 안에서 생태적 지위가 겹치는 두 종은 서로 배타성을 띠게 될 것이라고 예측하는 것이 가우제의 법칙(경쟁적 배제 법칙)이다. 그렇다면 이 두 종은 어떻게 도목 위에서 공존할 수 있는 걸까? 키머러 박사는 학생들과 함께 땅바닥에 말 그대로 납죽 엎드려서 두 종의 차이를 상세히 조사했다.

조사 결과 두 종은 도목 위 분포가 분명히 다르다는 사실을 밝혀냈다. 잎눈꼬리이끼는 도목 윗면에 있는 동전 크기의 작은 틈새 여기저기서 자랐다. 네삭치이끼는 도목의 측면에 있는, 도목이 무너질 때 생긴 큰 교란 흔적(틈새)에서 자랐다. 또 두 종 모두 만드는 무성아의 모양도 크게 달랐다. 잎눈꼬리이끼의 무성아는 가늘고 뾰족한 잎끝에 생기는 길이 1밀리미터 정도의 작고 뻣뻣하며 센 털 모양이다. 꽃잎처럼 늘어선 잎의 한가운데에 새알처럼 귀엽게 늘어선 네삭치이끼의 무성아는 빗방울이 떨어질 때 튀면서 흩어진다.

네삭치이끼에 비해 잎눈꼬리이끼의 생활상은 제대로 알려지지 않았다. 네삭치이끼가 자라는 도목 측면의 큰 틈새가 도목의 붕괴로 인해 생긴다는 사실은 알려져 있었다. 이 블록 모양의 붕괴는 갈색부후균에 의한 것이라고 한다. 그럼 잎눈꼬리이끼가 자라는 도목 윗면의 작은 틈새는 어떻게 해서 생기는 걸까? 또 네삭치이끼의 무성아가 빗방울에 튕겨 나가서 분산된다는 사실은 알려져 있는데, 잎눈꼬리이끼의 작은 무성아는 어떻게 도목 윗면의 작은 틈새에 도달하는 걸까?

처음에는 매일 아침 은빛 자국을 도목 위에 남기고 간 민달팽이가 잎눈꼬리이끼의 무성아를 몸에 붙여서 이동시킨 것이 아닐지 의심하면서 민달팽이 경주 실험도 해보았다. 맥주까지 챙겨 실험을 반복했지만, 민달팽이에 의한 무성아 이동은 이끼로부터 고작 수 센티미터 정도에 그칠 뿐 틈새까지 도달할 가능성은 작아 보였다.

다음으로 주목한 것이 다람쥐였다. 다람쥐는 어릴 적 친구들과 놀 때 그랬던 것처럼 땅을 거의 밟지 않고 대부분 나무를 타고 이동한다. 키머러 박사가 있는 뉴욕주립대학교 크랜베리레이크 생물관측소에서는 야생 얼룩다람쥐를 땅콩으로 유인해 다양한 실험에 활용한다. 이때 바닥에 흰 흡착 시트를 깔고 얼룩다람쥐 실험을 했더니 몇 미터씩이나 무성아가 붙은 발자국이 찍혀 있었다고 한다! 게다가 야외에서 얼룩다람쥐의 행동을 관찰한 결과 도목 위를 바쁘게 오가던 얼룩다람쥐가 도목 위에서 갑자기 멈춰 섰을 때 이끼 카펫에 작은 구멍이 생긴다는 사실도 발견했다고 한다. 즉 얼룩다람쥐는 잎눈꼬리이끼를 위해 작은 틈새도 만들고, 무성아도 분산시키는 두 가지 일을 모두 하고 있었다. 얼룩다람쥐 덕분에 도목 위에는 두 종의 이끼가 공존할 수 있었다. "별것 아닌 일이 우연히 겹친 결과 질서가 만들어지는 이 세상에 산다는 것은 얼마나 경이로운 일인가?"(《이끼와 함께》). 얼룩다람쥐가 사라지면 잎눈꼬리이끼도 자취를 감출까?

🍄 쌍쟁반방석버섯속의 곤충 군집
—노린재·허리머리대장과·밑빠진벌레 🍄

계절이 초여름으로 바뀌어 숲이 온통 녹색으로 변하자 다람쥐는 통나무를 거들떠보지도 않고 어디론가 사라져버렸다. 다람쥐가 통나무 껍질을 벗긴 시기는 초봄의 아주 짧은 동안이었다. 하지만 그 일을 계기로 통나무에는 급속한 변화가 일어나기 시작했다. 껍질이 벗겨져 노출된 쌍쟁반방석버섯속 위에 온갖 곤충이 찾아온 것이다. 특히 많았던 곤충은 몸이 납작한 넓적노린재과*Aradidae*의 유사종과 허리머리대장과*Laemophloeidae*의 유사종 그리고 넓적밑빠진벌레속 *Carpohilus*이다(그림 5-6, 권두그림 ⑬).

넓적노린재과의 유사종은 납작한 몸을 가진 노린재로, 고목 나무껍질 아래로 파고들기에 적합한 형태다. 살아 있는 식물의 즙을 빨아 먹는 노린재는 녹색을 띠는 종류가 많은데 반해 넓적노린재과류는 갈색이나 검은색이어서 고목 표면에 완벽하게 숨을 수 있다. 그리고 넓적노린재과류가 즙을 빠는 상대는 균류다. 같은 노린재 유사종이라도 살아 있는 식물이 아니라 죽은 식물에 발생하는 균류로부터 즙을 빨아들인다. 2장과 4장에서 소개한 탄소·질소의 안정동위원소 비율과 탄소-14를 측정하면 분명 흥미로운 값을 얻을 수 있을 것이다.

쌍쟁반방석버섯속 위에서 관찰된 넓적노린재과류에는 복부의

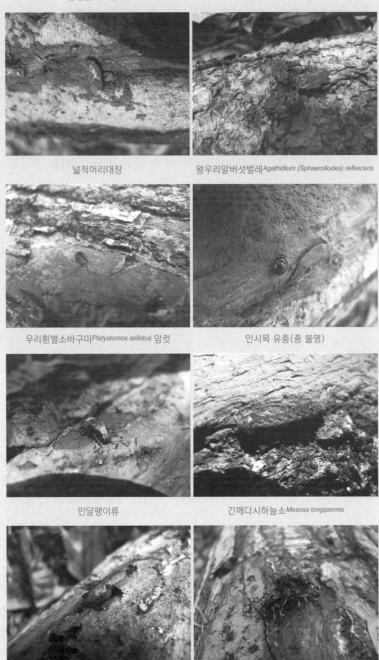

동양넓적노린재   극동넓적노린재*Aradus orientalis*

넓적머리대장   왕우리알버섯벌레*Agathidium (Sphaeroliodes) refescens*

우리흰별소바구미*Platystomos sellatus* 암컷   인시목 유충(종 불명)

민달팽이류   긴깨다시하늘소*Mesosa longipennis*

그림 5-6 쌍쟁반방석버섯속에 온 여러 생물

톱니 모양이 멋진 동양넓적노린재*Aradus orientalis*와 새까만 색에 꼼짝도 하지 않는 새긴넓적노린재 등 여러 종의 넓적노린재과가 있었다. 그중에서도 개체 수가 압도적으로 많았던 동양넓적노린재는 동글동글하고 차분한 겉모습을 가지고 있다.

큰넓적노린재*Neuroctenus castaneus*는 쌍쟁반방석버섯속 위에서 관찰된 곤충 가운데 가장 출현 빈도가 높았는데, 절반 이상의 도목에서 발견되었다. 이 종은 쌍쟁반방석버섯속 위에서 번식하기 시작하다가 연한 홍색을 띤 타원형 애벌레들이 금세 쌍쟁반방석버섯속 표면을 가득 채웠다. 넓적노린재과는 수컷 성충이 알이나 유충을 보호하는 행동을 하는 것으로 알려져 있다. 내가 관찰하는 동안에도 유충 무리 위를 성충이 덮고 있는 듯한 행동을 볼 수 있었다. 유충은 유충대로 자경단도 결성하는 것 같다. 무리 위에 손을 대서 자극하면 유충들이 일제히 엉덩이에서 액체를 뿜어냈다. 주위에 시큼한 냄새가 옅게 난 걸 보니 개미산 같은 휘발성 자극 물질인 듯했다. 가족 간 결속이 탄탄한 동양넓적노린재는 9월부터 10월에 걸쳐 갑자기 개체 수를 줄이면서도 눈 내리는 무렵까지 통나무 위에 남아 있었다. 겨울에 통나무를 뒤집으면 아래쪽에서 성충이 발견되는 것을 보면 그곳에서 월동하는 것 같다.

납작한 종이라는 점에서 유사한 머리대장과*Cucujidae*도 쌍쟁반방석버섯속에 많이 찾아왔다. 검은 머리와 가슴, 진홍색 앞날개의 두 가지 색이 멋스러운 주홍머리대장*Cucujus coccinatus*도 볼 수 있었다(그림 2-7, 권두그림 ⑦). 동정이 어려운 허리머리대장과도 많이 왔다. 그중에서도 검은 몸에 한 쌍의 오렌지색 반점이 멋스러운 넓적머리대장*Laemophloeus submonilis*이 단골이었다. 근연인 주홍머리대장의 유충은 다른 동물을 잡아먹지만, 허리머리대장과 곤충은 유충과 성충이 모두 균을 먹는 것으로 잘 알려져 있다. 말린 표고버섯 주머니에 허리머리대장과에 속하는 갈색머리대장*Cryptolestes ferrugineus*이 섞이면 큰일 난다. 정말 먹는지 아닌지는 소화관 속을 살펴봐야 하지만 이번 관찰로 허리머리대장과 곤충들이 자낭균에도 잘 모여든다는 것을 확인할 수 있었다.

또 한 종, 흔히 관찰할 수 있었던 갑충은 뒤꽁무니가 가는 역삼각형인 네무늬밑빠진벌레*Glischrochilus (Librodor) ipsoides*이다(그림 5-4 아래, 권두그림 ⑮). 자매종인 네눈박이밑빠진벌레*Glischrochilus (Librodor) japonicus*는 졸참나무 등의 발효 수액에 잘 모여든다. 장수풍뎅이나 사슴벌레를 찾으러 가면 수액에 몸을 반쯤 담그고 행복해하는 장면을 자주 본다. 발효 수액 속의 효모를 먹는 것이다. 효모도 균류이기 때문에 이것도 균을 먹는 행위인 셈이다. 그렇게 생각하면 장수풍뎅이나 사슴벌레도 균을 먹는 종으로 봐야 할지도 모른다. 적어도 유충은 균사가 생긴 고목과 부엽토를 맹렬하게 먹는다. 왕사슴벌레와 톱사슴벌레의 유충을 크게 키우려면 톱밥에 균사를 투입한 균사 병이 꼭 필요하다.

네눈박이밑빠진벌레는 발효 수액에서 흔히 관찰되나 네무늬밑빠진벌레는 별로 발견되지 않는다. 이번에 쌍쟁반방석버섯속 위에서 네무늬밑빠진벌레가 많이 발견되었다는 것은 이들 두 종은 서로 다른 먹이에 어느 정도 특화되어 경쟁을 피한다는 것을 보여주는 증거일 수 있다.

데이터를 정리하면 3월에서 11월까지 조사하는 동안 40종에 가까운 곤충이 쌍쟁반방석버섯속 위에 찾아왔다고 기록되어 있다. 버섯을 먹은 다람쥐의 행동이 도목 위 곤충류의 다양성에 기여한 건지도 모른다. 적어도 나는 다람쥐 덕분에 다양한 곤충 군집의 존재를 깨달았다. 훗날 발표한 논문 제목에 'aided by squirrels(다람쥐의 도움을 받아)'라는 문구를 넣어 다람쥐에게 감사를 표했다.[5]

해외 학회에서 이 정원 연구 결과를 온라인 발표했더니 발표 후에 참석자들이 너무 재미있었다고 문자를 보내왔다. 특히 '집 마당에서 했다'는 점과 '포자를 먹어봤다'는 점에 호평이 따랐다. '연구 내용은 좋지 않았나?' 하는 아쉬운 마음이 들기는 했지만, 일단은 기쁘게 여기기로 했다. 참고로 2020년부터 코로나바이러스 감염증이 유행한 탓에 학회는 대부분 온라인으로 열렸었다. 그래서 다람쥐를 목격했을 때 앉아 있던 그 의자에 앉아서 연구 결과를 세계에 알렸다.

🎈 천공성 곤충들 🎈

마당에 놓은 졸참나무와 벚나무 통나무를 관찰하면서 쌍쟁반방석버섯속과는 관계없어 보이는 벌레도 많이 볼 수 있었다. 나무좀류, 바구미류, 비단벌레류, 하늘소류뿐만 아니라 이들을 잡아먹는 방아벌레류와 파리매의 유충, 큰두뿔풍뎅이붙이 *Niponius impressicollis* 등의 천공성 곤충이다. 바구미와 비단벌레, 하늘소, 방아벌레의 성충은 나무에 구멍을 뚫지는 않지만, 유충 시절을 고목 속 터널에서 보낸다. 나무좀이나 큰두뿔풍뎅이붙이는 성충이 구멍을 뚫기 때문에 몸이 완벽한 원통 모양이다.

통나무를 설치한 다음 해 여름에는 이들 천공성 곤충이 도목에서 갉아낸 나무 부스러기가 도목

그림 5-7
나무좀류를 비롯한 천공성 곤충이 만들어낸 대량의 나무 부스러기. 이렇게 나무에 구멍을 내면 고목이 조각날 뿐 아니라 고목 깊숙한 곳까지 뚫린 터널로 인해 균류나 토양동물이 고목 내부에 정착하기 쉬워져 고목의 분해가 촉진된다.

주위에 넘쳐났다. 나무좀이 지름 1밀리미터가량의 갱도에서 퍼내는 나무 부스러기는 길게 이어져 도목 표면에 '솟아나' 있다. 도목에 털이 났나 싶을 정도다. 그것도 비가 오면 씻겨 내려가 도목 아래에 고인다. 나무좀이 많으면 그들이 깎아낸 나무 부스러기의 양도 깜짝 놀랄 만큼 많다. 고목이 분해될 때 천공성 곤충이 맡는 역할을 피부로 느낄 수 있을 정도다(그림 5-7).

천공성 곤충이 터널을 파면 그 터널을 통해 균류나 토양동물이 고목 안 깊숙한 곳까지 쉽게 진입할 수 있어 분해가 촉진된다. 균류는 미세한 균사를 이용해 목재 안으로 진입할 수 있다고 하더라도 세포벽을 녹이고 뚫고 들어가는 데 시간이 걸린다. 터널이 있으면 그 안의 공기를 타고 포자도 들어갈 수 있고, 균사가 뻗어나가기도 편하다. 또 공기가 통하면 고목 내부에 산소가 골고루 닿게 되므로 미생물의 움직임이 활성화돼 간접적으로도 분해를 촉진하는 효과로 이어진다.

곤충의 종에 따라 터널이 주는 효과에도 차이가 있다는 점은 흥미롭다. 하늘소가 뚫은 구멍은 균류를 정착하게 해 고목의 분해를 촉진하지만, 비단벌레가 뚫은 구멍에는 분해 촉진 효과가 없다고 한다. 하늘소 유충이 나무 부스러기를 고목 밖으로 배출해 갱도를 뚫는 데 반해 비단벌레 유충은 갱도에 나무 부스러기를 채워놓고 밖으로 내보내지 않아서 갱도의 통기성에 큰 차이가 있기 때문인 것 같다. 또 나무껍질 바로 밑에만 갱도를 늘리는 나무좀류는 하늘소처럼 갱도를 고목 깊숙한 곳까지 뚫는 종보다 분해에 대한 기여도가 작다.[6] 비단벌레 유충이 갱도를 나무 부스러기로 막는 것은 포식성 곤충의 침입을 막기 위한 방법일 수도 있다.

　방아벌레 유충은 가늘고 긴 원통 모양의 몸을 이용해 다른 곤충이 판 갱도를 뱀처럼 나아가 사냥감을 잡아먹는 사냥꾼이다. 사슴벌레 유충을 사육하는 통에 야외에서 주워온 고목을 넣어줄 때, 그 속에 방아벌레 유충이 섞여 있으면 비극이 일어난다. 방아벌레 성충은 뒤집어놓았을 때 멋들어진 점프를 보여주는 애교쟁이지만, 유충의 포악함을 알고 나면 선뜻 손바닥 위에 올려놓고 점프를 요구하기 어려워질지도 모른다. 갱도의 주인에 따라 갱도의 지름도 다르므로 그 주인을 노리는 사냥꾼도 갱도 크기의 영향을 받는다. 소나무 고목에서 발견되는 큼지막한 소나무비단벌레*Chalcophora japonica*의 천적 역시 큼지막한 맵시방아벌레*Cryptalaus berus*다. 비슷하게 생겼으나 이들은 서로 먹고 먹히는 관계다.

　신록의 시기 통나무 표면에서 상반신만 튀어나와 있는 번데기 허물 같은 것을 발견했다(그림 5-8 위). 끝에는 검은 윤기가 나는 가시가 늘어서 있어 마치 통나무에서 나타난 작은 요괴 같다. 뒤영벌파리매*Laphria mitsukurii*라고 하는 포식성 등에의 번데기 허물로, 유충은 고목 안에서 사슴벌레의 유충 등을 잡아먹는다. 이들은 고목 안에서 번데기로 변한 다음 고목 표면으로 상반신을 빼내 성충으로 변한다. 방아벌레류가 성충이 되고 나면 거짓말처럼 얌전히 수액이나 꿀을 먹는 것과 다르게 뒤영벌파리매는 성충이 되어서도 육식 외길만 걷는다. 이들은 땅딸막한 털북숭이 곰 같은 몸뚱이로 다른 곤충을 사냥한다. 뒤영벌파리매를 포함한 파리매과*Asilidae*는 온갖 분류군의 곤충을 먹잇감으로 삼는다. 이들은 시야가 확 트이고 전망 좋은 곳에 머물다가 사냥감을 발견하는 즉시 출격해 공중에서 낚아챈다. 사냥감의 등 뒤에서 주둥이를 찔러넣어 신경독을 주입함으로써 상대를

그림 5-8
포식성 등에는 유충 시절에 고목 속에서 다른 종의 유충을 잡아먹고 나무 속에서 번데기로 변한다. 위는 뒤영벌파리매의 번데기 허물(야마가타현), 아래는 쇠등에를 잡은 파리매의 일종이다(미야기현).

순식간에 옴짝달싹 못 하게 만드는 것이다(그림 5-8 아래, 권두그림 ⑯). 말벌조차 먹잇감이 될 수 있다고 하니 그 위력을 알 만하다.

이 같은 포식자 특유의 성질이 숲과 그 주변 곤충 군집의 균형을 잡아주어 해충의 발생을 억제하는지도 모른다. 이란의 수도 테헤란 주변의 논과 초지에서는 26종의 파리매과가 보고되었다.[7] 일

본에서도 주위가 숲으로 둘러싸인 습지의 논 등에서는 고목에서 성충으로 자란 파리매과가 해충을 억제하는지 알아보고 싶다.

🌂 곤충과 부후형의 관계 🍴

고목에서는 곤충의 주요 분류군 대부분이 발견되나 그 대부분은 딱정벌레목*Coleoptera* 곤충이 차지한다.[8] 그중에서도 사슴벌레과는 고목과의 관계가 상세히 연구된 그룹 중 하나다. 규슈대학교의 아라야 구니오 박사는 일본 냉온대림의 너도밤나무와 물참나무 고목에서 사슴벌레과의 종 조성을 조사해 종에 따라 유충이 먹이로 좋아하는 목재의 부후형이 다르다는 것을 밝혀냈다[9](부후형에 관해서는 7장 참조). 그중에서도 대다수 종이 포함된 사슴벌레아과 *Lucaninae*는 백색부후재를 선호한다. 또 오스트레일리아나 뉴기니에 분포하는 뮤엘러리사슴벌레*Phalacrognathus muelleri*도 유충의 생육에 백색부후재가 필요하다고 한다.[10] 반려동물 가게에서 사슴벌레 유충이 든 균사 병을 팔 때 쓰는 것도 구름송편버섯*Trametes versicolor*과 느타리버섯 같은 백색부후균이다. 백색부후재는 소화가 어려운 리그닌이 분해된 데다가 셀룰로스와 헤미셀룰로스Hemicellulose가 저분자 상태라 비교적 소화가 쉬워서 갈색부후재보다 백색부후재를 좋아하는 종이 많다고 한다. 아라야 박사는 화학 분석과 사육 실험 등을 통해 이를 밝혀냈다.

한편 아시아티쿠스사슴벌레*Aesalus asiaticus*와 나무뿔사슴벌레 *Ceruchus lignarius* 등 리그닌이 축적되어 소화하기 어려운 먹이인 갈색부후재를 즐겨 먹는 종도 소수 발견되었다. 사육 실험에서도 이들 종의 유충은 백색부후재를 주면 자라지 못하고 죽지만, 갈색부후재를 주면 잘 성장했다. 그렇다고 이들 종의 유충이 리그닌을 분해할 수 있는 것도 아니다. 아라야 박사는 백색부후재에 많이 들어 있는 자일로스Xylose(헤미셀룰로스의 주성분)가 성장 저해 물질로 작용하기 때문에 이러한 종들은 백색부후재를 이용할 수 없는 것이라고 설명했다.[9]

백색부후재를 이용하는 사슴벌레의 암컷 성충에는 복부 끝부분에 균류를 넣어두는 기관(균낭)이 넓게 존재하고, 그 안에는 자일로스를 발효시키는 효모가 존재한다.[10] 암컷 성충은 산란할 때 이 효모를 알과 함께 목재에 심어넣음으로써 유충의 자일로스 소화를 돕는 건지도 모른다. 또 사슴벌레를 잡으러 갔을 때 가장 쉽게 발견되는 애사슴벌레의 유충도 부후재를 먹고 살지만, 실제로 소화·흡수하는 것은 균사일 가능성이 보인다.[12] 이처럼 인간에게 친숙한 벌레라도 실제로 무엇을 먹고 사는지 등의 생태를 우리가 아직 모르는 경우도 많다.

딱정벌레목 곤충과 마찬가지로 고목과 밀접한 관계에 있는 것이 흰개미목 곤충이다. 흰개미는 소화관 내에 원생동물이나 세균을 살게 하고, 이들 공생미생물이 생산하는 효소로 목재의 셀룰로스를 분해한다. 그중에서도 슈스테트길흰개미Hodotermopsis sjostedti와 마른나무흰개미과Kalotermitidae의 흰개미는 고사한 나무에 구멍을 뚫어 집을 만든다고 알려져 있다.[13] 사슴벌레와 다르게 흰개미는 갈색부후균이 정착한 목재에 몰린다는 증거가 많다.[14] 갈색부후균 작은조개버섯Gloeophyllum trabeum은 목재를 분해할 때 흰개미의 이정표 페로몬(먹이의 존재를 알리기 위해 흰개미가 배에서 꺼내 길에 남겨서 표지로 삼은 냄새 유발 물질)과 유사한 물질을 생산한다.[15]

한편 일본흰개미속의 흰개미Reticulitermes speratus는 백색부후재를 기피한다.[16] 특히 백색부후균 잔나비불로초Ganoderma applanatum에 의해 부후된 목재에는 흰개미에게 독으로 작용하는 성분이 있다고 한다.[14] 또 백색부후성 자낭균인 콩꼬투리버섯목Xylariales의 균이 정착한 목재는 일본흰개미속의 흰개미가 선호하지 않는다.[17] 그런데 백색부후균이 흰개미를 유인한다는 보고도 있다.[18, 19, 20] 갈색부후균에서 유래한 세스퀴테르펜류Sesquiterpenoid에 일본흰개미에 대한 기피 효과, 살충 효과가 있다는 보고도 있다.[21, 22]

사슴벌레와 마찬가지로 흰개미도 종에 따라 선호하는 부후형과 부후균이 다를 수 있다.[17] 다만 이들 연구는 흰개미 방제의 관점에서 진행되었기 때문인지 흰개미에 대한 유인 작용이나 기피 작용만 주목받고 있으며, 각 부후형의 목재를 흰개미가 실제로 이용하고 소화할 수 있는지는 잘 조사되어 있지 않다. 갈색부후재를 즐겨 이용한다면 리그닌이 축적된 갈색부후재를 어떻게 소화할까? 먹는 것이 아니라 집을 지을 장소로만 이용하는 걸까?

🍄 균이 만든 가짜 알, 터마이트 볼 🍄

고목 속 흰개미와 균류는 또 다른 재미있는 관련성을 갖고 있다. 소나무 고목에 흔히 발생하는 목재부후균의 일종인 흰개미부후고약버섯*Athelia termitophila*은 작은 공 모양의 균사 덩어리(균핵)를 잔뜩 만든다. 그 모양이나 크기, 표면의 매끄러움이 흰개미알과 비슷하다.[23, 24] 흰개미는 감쪽같은 그 모양에 속아서 균핵을 둥지 안으로 가져가서는 표면을 핥아 잡균이 달라붙지 않게 하고, 자기 알과 함께 정성껏 돌본다(그림 5-9, 권두그림 ⑰). 이를 발견한 교토대학교 마쓰우라 겐지 박사는 만화 《드래곤볼》의 제목을 따서 그 균핵을 터마이트 볼termite ball이라고 명명했다. 터마이트는 영어로 흰개미라는 뜻이다. 마쓰우라 박사의 연구 결과에 따르면 적송이 부후한 도목에 집을 지은 흰개미 집단에서는 거의 100퍼센트 확률로 터마이트 볼이 발견된다고 한다(《흰개미 여왕님, 그런 방법이 있었습니까!》[25]). 목재가 갈색부후인지 백색부후인지는 크게 관계없는 것 같다. 마쓰우라 연구실에서는 터마이트 볼을 발견한 사람에게 '마스터'라는 칭호를 준다고 한다.

그림 5-9 균핵인 터마이트 볼을 알로 착각하고 돌보는 일본흰개미의 일개미. 작고 하얀 개체는 부화 직후의 유충이고, 반투명한 소시지 모양이 진짜 흰개미의 알이다(고마가타 야스유키 씨 제공).

균은 이 같은 관계를 통해 흰개미의 보호를 받을 수 있다는 장점을 누린다. 그럼 흰개미에게는 어떤 점이 좋을까? 흰개미는 그 균핵을 먹지는 않는 것 같다. 2장에 등장했던 고마가타 군은 내 연구실을 졸업한 뒤 마쓰우라 박사의 연구실로 진학해 흰개미와 터마이트 볼의 관계를 연구했다.

터마이트 볼을 포함한 부후고약버섯속은 균핵을 만들어 여름잠을 자는 종이 많다. 나도 우리 집 목재 덱 위에 방치해놓은 각목을 치웠다가 그 아래에서 아주 작은 감자 모양의 부후고약버섯속 균핵을 잔뜩 발견한 적이 있다. 이렇게 여름에 균핵을 만드는 성질은 원래 있었는데(전적응 형질), 흰개미와의 공생관계가 진화한 것으로 생각된다. 여름에 잠자는 터마이트 볼은 겨울에 균사를 늘린다. 즉 추운 계절을 좋아하는 것이다. 반대로 고목에서 생활하는 대부분의 목재부후균은 섭씨 25도 전후에서 가장 잘 성장한다.

고목 속 목재부후균은 늘 세력권 싸움에 열을 올린다. 균사끼리 만나는 전쟁터의 최전선에서는 다양한 화학물질을 이용한 싸움이 펼쳐진다. 싸움에서 지면 진영을 빼앗긴다. 이는 먹을 수 있는 고목을 잃는다는 의미이다. 부후고약버섯속 균은 다른 균종이 성장을 멈추는 겨울에 활발하게 균사를 늘림으로써 세력권을 넓히는지도 모른다. 그렇게 생각한 고마가타 군은 배지 위에서 그 두 종의 균을 싸우게 하는 대치배양 실험을 실시했다. 배지 온도는 저온 섭씨 5도와 상온 섭씨 25도 두 가지 조건으로 나누었다. 흰개미부후고약버섯의 대전 상대로는 소나무 고목에 흔히 나타나는 목재부후균인 한입버섯*Cryptoporus volvatus*, 구름송편버섯, 소나무잔나비버섯*Fomitopsis pinicola*, 새잣버섯*Neolentinus lepideus*을 이용했다. 그랬더니 저온에서는 보란 듯이 터마이트 볼 유래 흰개미부후고약버섯이 이들 목재부후균을 이겨내고 군집을 펼쳤다(그림 5-10).

이쯤에서 흰개미의 시선으로 바라보자. 흰개미는 여름에 고목속에 둥지를 틀고 알을 낳으며 군집을 키우지만, 겨울에는 고목을

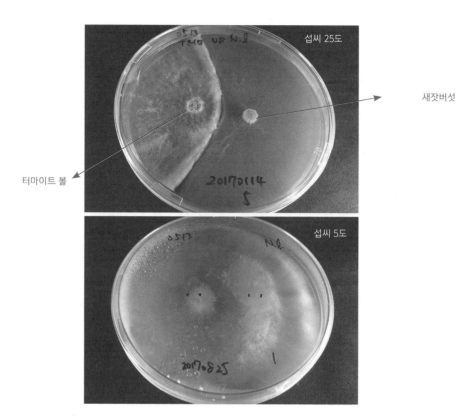

섭씨 25도

새잣버섯

터마이트 볼

섭씨 5도

그림 5-10 터마이트 볼인 흰개미부후고약버섯과 목재부후균 새잣버섯의 군집이 싸우게 하는 대치배양 실험. 섭씨 25도에서는 왼쪽의 터마이트 볼과 오른쪽의 균사체가 팽팽하게 대치하지만, 섭씨 5도에서는 흰개미부후고약버섯이 배지 전체를 뒤덮었다(고마가타 야스유키 씨 제공).

떠나 따뜻한 땅속으로 파고든다. 고목이 비는 겨울 동안 터마이트 볼이 고목 속 둥지에 남아 있으면 흰개미부후고약버섯이 균사를 늘려 잡균을 내쫓고 둥지를 청결하게 유지해줄 수도 있다.[26] 다만 여름 둥지 속에서 흰개미부후고약버섯의 균사가 활발히 성장하면 흰개미의 알을 죽여버리기도 한다. 이런 점을 고려하면 흰개미부후고약버섯과 흰개미가 아슬아슬한 힘겨루기 관계에 있는 것 같지만, 흰개미 입장에서는 거처를 청결하게 유지하기 위한 공생관계일 수도 있다.

균류를 이용해 거처를 청결하게 유지한다는 게 사람이 보기에는 얼핏 모순되는 것 같다. 그러나 균류를 막을 방법이 없는 눅눅하고 폐쇄된 환경에서는 특정 균류와 공생관계를 맺고 잡균을 배제하는 의외의 방법이 맞을 수도 있다. 버섯흰개미와 잎꾼개미*Atta cephalotes*는 각각 특정 균종을 땅속에서 배양하고 식량으로도 삼는다. 땅속에 집과 화장실을 만드는 두더지의 사례도 균근균과 수목의 공생관계가 화장실 정화에 도움되는 것 아니냐는 이야기가 있다 (《버섯과 동물－숲의 생명 연쇄와 배설물·사체의 행방》[27]). 둥지나 집과는 다르지만, 전 세계의 다양한 발효식품도 기본적으로는 '독소를 만들지 않는 미생물로 식품을 덮어버림'으로써 잡균의 번식을 억제하는 방식이다.

《 현장 관찰 기록 》

이 장에서는 터마이트 볼을 소개했는데, 균류와 밀접한 관계를 맺고 있는 흰개미로서 예로부터 잘 알려진 것은 버섯흰개미의 유사종이다. 고목 등을 갉아 먹고 소화되지 않은 똥으로 복잡한 구조물(균원)을 땅 밑에 만들고, 거기에 균류를 심어 재배한 뒤 균사를 식량으로 이용한다. 흰개미가 둥지를 포기해서 균원이 관리되지 않으면 균은 땅 위에 버섯을 낸다. 그런데 그 버섯이 아주 맛있다고 한다. 일본에서도 오키나와에 분포하는 대만톱니흰개미*Odontotermes formosanus*가 흰개미버섯속*Termitomyces* 등의 버섯을 재배한다고 한다. 단 흰개미와 그 재배균의 관계도 터마이트 볼과의 관계처럼 아슬아슬한 갈등 관계인지는 모른다. 흰개미는 늘 자신과 버섯을 핥아 깨끗하게 관리하는데, 단독으로 기르면 곧 균의 공격을 받아 죽는다고 한다. 검은날개흙흰개미와 흰개미버섯은 이리오모테섬, 이시가키섬에 분포하며 오키나와 중에서도 슈리 부근에만 분포한다. 워낙에 맛있는 버섯이라 류큐 왕조에 진상되었다는 이야기가 전해지고 있다(《노래하는 버섯》).28

2장에서 점균의 안정동위원소 분석을 부탁드린 효도 후지오 선배는 버섯흰개미 전문가이기도 하다. 효도 선배가 아프리카에서 가지고 온 액침 표본의 스케치를 받았다. 두 유형의 버섯흰개미 가운데 큰 버섯흰개미는 머리와 턱이 특이하게 컸다. 물리면 상당히 위험할 것 같았다. 태국에 갔을 때 이만큼 큰 종류는 아니었지만, 버섯흰개미에게 물린 적이 있다. 손가락에 올라온 버섯흰개미가 큰 턱을 벌렸다 닫는가 싶더니 금방 손가락에서 피가 뿜어나왔다. 조그만 흰개미에 깨물린 상처에서 상상 외로 피를 많이 흘려 얼마나 당황했는지 모른다.

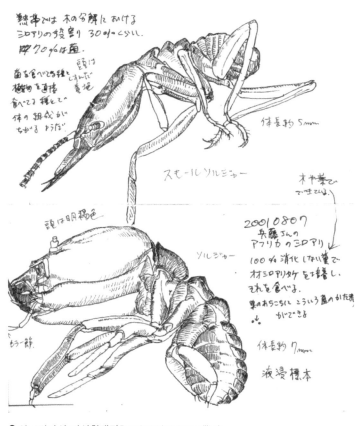

🐜 아프리카산 버섯흰개미 *Pseudocanthotermes militaris*

6장

아직 만나지 못한 생물들

환경 DNA로 눈에 보이게 만들다

🌱 보이지 않는 미생물을 보여주는 기술 🌱

5장까지는 내가 직접 연구하거나 연구에 참여한 경험이 있는 생물에 관해 소개했다. 고목은 이들 말고도 다양한 생물과 관련되어 있다. 지렁이, 선충, 미세조류, 세균, 바이러스……. 고목 하나만 해도 관련된 모든 생물을 망라하기란 지극히 어렵다. 왜 그리 어려울까? 그 이유 중 하나는 어떤 생물의 존재를 확인하고 동정하는 방법이 생물군에 따라 완전히 다른데, 연구자 한 사람이 모든 생물군을 동정하는 방법을 다 알 수 없기 때문이다. 여러 생물 전문가가 팀을 이루는, 상당히 대규모 프로젝트가 아니면 힘들다.

또 다른 이유는 눈에 보이지 않을 정도로 작은 생물이 많다는 것이다. 세균이나 바이러스 등은 특히 고배율의 현미경을 써야 그 존재나 형태를 인식할 수 있다. 그럭저럭 형태를 식별했다고 해도 그것만으로는 종을 동정할 수 없다. 미생물의 존재를 확인하기 위해 연구자들은 예로부터 한천 등으로 만든 배지 위에서 배양하고 증식시켜서 눈에 보이도록 만든 다음 확인하는 방법을 써왔다. 여러 가지 배지가 고안되었지만 그래도 배양할 수 없는 종류가 많다. 이를테면 다른 생물에 기생하거나 공생하는 미생물은 그 상대가 없으면 늘어나지 않는다. 세균의 99퍼센트는 배양할 수 없다고 한다.[1]

이러한 어려움을 단번에 해결하는 방법이 최근 급속히 개발되고 있다. 모든 생물이 가진 물질, 즉 DNA를 환경 속에서 직접 검출함으로써 그 생물의 존재를 확인하는 방법이다. 개별 생물의 DNA가 아닌 환경 속에서 얻은, 여러 생물이 섞인 DNA를 분석한다는 의미에서 환경 DNA 분석이라고 한다. 강에서 물을 한 양동이 퍼담아와 여과해서 필터에 남은 미소 유기물 속 DNA를 분석하면, 강에 사는 플랑크톤 같은 미생물뿐 아니라 물고기까지 잡거나 채집해서 조사하는 것보다 효율적으로 DNA를 검출할 수 있다.[2] 마찬가지로 공기도 공기필터를 통해 필터에 남은 미소 유기물 속 DNA를 분석하면, 부근에 있는 균류의 포자뿐 아니라 동물이나 식물까지 상당히 정밀하게 검출할 수 있다.[3] 고목의 경우는 전기드릴 등으로 깎아서 가루를 낸다. 그 가루를 약품 처리해 DNA를 추출하고 염기서열을 조사하면 배열의 패턴으로부터 종을 동정할 수 있다.

🌱 중합효소연쇄반응 🌱

추출한 DNA의 염기서열을 알아보려면 먼저 DNA의 양을 늘려야 한다. 사슬 모양의 고분자인 DNA가 하나 있다고 해서 분석기로 검출할 수 없다. 최대한 양을 늘려서 검출하기 쉽도록 해야 한다. 이때 이용하는 반응이 중합효소연쇄반응Polymerase Chain Reaction, PCR 이다. 이중나선으로 된 DNA의 염기 사슬이 섭씨 95도 정도의 고온에 노출되면 한 가닥씩 갈라진다. 이를 그냥 냉각하면 다시 이중나선으로 환원되지만, 주위에 각자의 염기가 많이 존재하고 조건을 만들어주면 분리된 각각의 가닥이 이중나선으로 복제된다. 이렇게 하면 DNA는 두 배가 된다. 이처럼 고온과 저온의 사이클을 여러 번 반복하면 DNA는 배의 배로 증가한다. 바로 코로나바이러스 감염증 유행 당시 유명해진 PCR 검사이다. 콧물이나 침 같은 샘플 속 신종 코로나바이러스의 염기서열을 검출하기 위해 증폭시키는 것이다.

이렇게 증폭시킨 DNA의 염기서열을 읽을 때에도 다시 PCR을 이용한다. 한 가닥으로 나뉜 DNA가 주위에 있는 많은 염기를 이용해 복제될 때는 염기가 끝에서부터 차례로 붙으면서 복제된다. DNA가 붙을 때마다 어떤 염기가 붙었는지 기록하면 최종적으로 DNA의 염기서열을 알 수 있다. 그런데 샘플 안에 여러 생물의 DNA가 섞여 있으면 기존의 생거 염기서열 분석법Sanger sequencing method 으로는 이들을 구별할 수 없었다.

🦴 환경 속 모든 DNA 읽기 🦴

각각의 DNA는 어떻게 구별해야 할까? 이런 종류의 기술은 일취월장 발전하고 있다. 현재 세계 최대 DNA 염기서열 분석 장치 제조업체인 일루미나사는 각각의 DNA를 구별하는 데 성공했다. 염기서열을 읽기 위한 PCR 검사를 하기 전에 한 줄 사슬로 된 DNA 한 가닥, 한 가닥을 플로셀flow cell이라는 판 위에 조금씩 간격을 두고 심는 방법을 이용했다. 그리고 이 상태로 PCR 검사를 한다. 염기가 연결될 때 염기의 종류에 따라 서로 다른 빛이 나오는 반응을 이용해 염기가 하나 연결될 때마다 그 빛을 촬영함으로써 PCR 후 샘플 속에 있는 모든 염기 사슬의 배열을 개별적으로 기록하는 방법을 채택했다. 즉 샘플 속에 여러 생물에서 유래한 DNA가 있다면, 플로셀 위의 한 개 주소에 하나의 DNA를 심음으로써 어느 DNA가 어떤 배열을 갖는지 구별할 수 있다.

동시에 기록할 수 있는 배열의 개수는 상위 기종에서는 수천에서 수백억 개 수준에 달한다. 이 방법이 성공하는 데는 카메라 해상도의 진보도 필수적이었다. 남은 작업은 이들 배열을 각 생물종으로 나누는 것이다. 염기서열을 비교해 몇 퍼센트가 일치해야 동종이라고 할 수 있는가 하는 기준에 따라 수백억 개의 염기서열을 종별로 나눈다. 생물군에 따라서도 다르나 기존 연구자들의 경험에 비추어 균류일 경우 97~98퍼센트의 염기서열이 일치하면 동종으로 간주한다. 이렇게 해서 환경 속 여러 DNA를 종(이라고 생각해 정리)별로 나눌 수 있었다.

다음 작업은 각 DNA의 특정 종명을 알아내는 것이다. 그러기 위해서는 데이터베이스와 대조해야 한다. 종명을 아는 표본 등에서 추출한 DNA 염기서열 정보가 보관된 데이터베이스와 대조해서 일치하는 배열이 있는지를 알아보는 것이다. 환경 DNA 분석으로 얻은 염기서열로 종명을 동정할 수 있는지는 데이터베이스에 얼마나 많은 종의 배열 정보가 보관돼 있는지에 달려 있다. 아쉽게도 균류나 세균 같은 미생물과 관련해서는 정확하게 동정할 수 있도록 데이터베이스에 등록된 염기서열 정보가 아직 부족한 실정이다. 환경 DNA 분석을 통해 고목 샘플에서 얻은 균류의 DNA 배열 가운데 종까지 동정할 수 있는 것은 보통 반수 이하이다.

종까지는 밝힐 수 없어도 배열의 일치율이 높은 속이나 과, 목 같은 더 넓은 분류군 수준은 알아낼 수 있다. 대량으로 얻은 DNA 배열 정보를 나누는 기준은 종(이라고 생각해 정리)이지만, 동정할 수 있는 수준은 종뿐만이 아니라 여러 분류군이 될 수 있다. 그래서 환경 DNA 분석으로 얻은 DNA 배열의 동정 단위는 '종'이 아니고, 정확하게는 조작적 분류 단위Operational Taxonomic Unit, OTU나 생물 계통 간 차이를 조금 더 반영한 앰플리콘 서열 변이Amplicon Sequence Variant, ASV라는 단위를 사용한다. 한 종, 두 종이 아니라 1 OTU, 2 OTU라는 방식으로 헤아리는 것이다(이 분야를 전혀 모르는 사람은 한 종, 두 종이라고 생각해도 상관없다).

이처럼 생물마다 고유의 DNA 배열 정보를 바코드처럼 써서 종을 구별하거나 동정하는 것을 DNA 바코딩이라고 한다. 또 환경 DNA 분석처럼 여러 DNA 배열이 포함되는 정보를 취급하는 경우를 DNA 메타바코딩metabarcoding(메타는 고차원이라는 뜻)이라고 한다. 이 같은 작업을 수작업으로 처리하기는 불가능하므로 컴퓨터로 계산하는 다양한 해석 프로그램이 개발되고 있다. 나아가 생물이나 환경에서 얻은 DNA 배열 정보를 해석한 결과를 논문으로 발표할 때는 DNA 배열 정보를 공공 데이터베이스에 등록하라고 의무로 규정한 잡지가 많다. 덕분에 생물의 DNA 배열 정보는 폭발적인 속도로 축적되고 있다. 이런 빅데이터 자체를 연구 대상으로 삼는 바이오인포매틱스bioinformatics(생물정보학)도 큰 인기를 얻고 있다. 생명과학 등의 분야에서는 이전부터 그랬을 수 있지만, 생태학 분야에서도 바이오인포매틱스는 필수 도구로 자리 잡고 있다.

이제부터 소개할, 내가 아직 직접 연구하지 못한 고목 속 세균이나 바이러스에 관한 연구는 대부분 방금 소개한 DNA 분석 기술이나 바이오인포매틱스를 활용한 것이다.

🦠 세균의 질소고정 🦠

　고목 속에도 세균은 많이 있다. 방선균(악티노박테리아)은 균사처럼 세포가 실 모양으로 길게 이어진 형태지만, 그 외 세균은 단세포라서 고목 같은 고형물 속까지 효율적으로 파고들기에는 적합하지 않다. 균류 같은 리그닌 분해력도 거의 없다. 그러나 세균에는 다른 생물에게는 없는 질소고정이라는 능력이 있다. 또 균류의 종간 경쟁에 관여함으로써 고목 속 균류 군집에 영향을 주는 세균이나 균류에 보상을 주면서 균사를 고속도로처럼 이용해 빠르게 이동하는 세균도 있다.

　세균의 질소고정으로 잘 알려진 것은 콩과 등의 식물 뿌리에 공생하는 근류균이다. 근류균은 세균이나 균사가 고등식물의 뿌리에 침입할 때, 그 자극으로 뿌리 조직이 이상 발육하여 생긴 혹 모양의 조직이다. 주로 콩과 식물에 나타난다. 일반적으로 뿌리혹 박테리아라고도 한다. 근류균으로는 리조비움*Rhizobium*속이나 브라디리조비움*Bradyrhizobium*속, 불콜데리아*Burkholderia*속 등이 알려져 있는데, 이것들은 뿌리혹 속에만 있는 것이 아니다. 고목이나 흙 속에서(이끼 위에서도! 그림 1-2 참조)도 자유 생활을 하면서 질소고정을 한다. 고목은 질소 농도가 낮고, 그로 인해 초기 분해는 제한적으로 이루어진다. 따라서 세균에 의한 질소고정은 고목 속 질소 농도를 대폭 증가시켜 균류에 의한 목재 분해를 촉진할 가능성이 있다.

독일의 뵤른 호페 박사는 유럽너도밤나무*Fagus sylvatica*나 독일가문비나무*Picea abies*의 고목에 자란 버섯뿐 아니라 고목에서 추출한 DNA 메타바코딩을 조합해 균류와 세균 분포의 관계에 관해서 자세하게 조사했다.[4] 그랬더니 모든 수종의 도목에는 질소고정과 관련된 유전자가 있는 세균이 있으며, 특정 균종과 특정 세균이 종 수준의 친밀한 관계를 맺는다는 사실을 알 수 있었다. 한 예로 독일가문비나무 고목에서 높은 빈도로 발견된 수지고약버섯*Resinicium bicolor*과 구름송편버섯은 각각 다른 질소고정세균과 함께 발견됐다.

한편 유럽너도밤나무의 고목에서는 검출된 질소고정세균의 OTU 수가 가문비나무 고목보다 많고, 각각의 세균이 여러 균종과 관계를 맺는 복잡한 네트워크가 형성된다는 사실을 알았다. 고목의 수종에 따른 이러한 균류와 질소고정세균의 우점도나 종 조성, 종 간 관계의 차이는 고목에 대한 질소고정량이나 그 질소를 이용할 수 있는 균종의 차이를 통해 고목의 분해 속도에 영향을 줄지도 모른다.

독일가문비나무 같은 침엽수 고목은 리그닌이 분해되지 않고 축적되는 갈색부후를 일으키기 쉽다. 반면 유럽너도밤나무 같은 활엽수는 리그닌이 분해되어 백색부후를 일으킨다. 이 같은 고목의 부후형 차이가 질소고정세균의 우점도와 활성에 영향을 미치는 한 요인일지도 모른다. 리그닌이 쌓인 갈색부후재는 세균이 에너지로 이용할 수 있는 셀룰로스가 적어진 상태다. 이에 비해 리그닌이 분해·제거된 백색부후재에는 이용할 수 있는 셀룰로스가 포함돼 있다. 갈색부후재는 pH가 3 정도까지 낮아지기도 해서 산성이 강하다. 세균은 대부분 산성에 약하므로 이 역시 갈색부후재에서 질소고정세균이 적은 한 요인일 수 있다. 또 갈색부후재에서는 리그닌이 변성되어 세균에 유해한 페놀류가 생겨날 가능성도 있다.[5]

균류에 의해 고목이 분해됨에 따라 불콜데리아목이나 리조비움목 질소고정세균의 우점도는 증가한다.[6] 질소고정 같은 세균 활동은 균류의 분해 활성에 영향을 준다. 균류와 세균의 활동은 서로 피드백을 주고받으면서 목재를 분해한다고 할 수 있다.[7]

🍄 균류를 타고 다니는 세균 🍄

세균은 목재의 질소 농도를 높이는 간접적인 영향 말고도 직접적으로 균종 간 경쟁에 관여하는 것으로도 고목 내부의 균류 군집에 영향을 준다. 영국의 사라 크리스토피데 박사는 목재부후균 두 종을 배지 위에서 함께 배양해 대결시키는 대치배양에 세균을 더한 경우와 더하지 않는 경우, 대결 결과가 어떻게 다른지 조사했다.[8] 그랬더니 세균의 영향을 받지 않는 균도 있었지만, 유색고약버섯속의 갈색유색고약버섯 *Phanerochaete velutina*은 세균이 있으면 균사 성장이 현저히 떨어져 다른 종과의 대결에서도 약한 모습을 보였다(그림

세균 없음   세균 있음

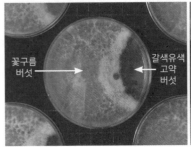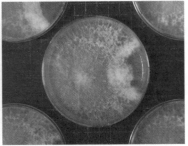

그림 6-1 꽃구름버섯과 갈색유색고약버섯의 균종 간 경쟁에 영향을 주는 세균. 왼쪽
사진은 어느 균주도 세균(파라불콜데리아)에 감염되지 않았지만, 오른쪽 사진
은 갈색유색고약버섯이 세균에 감염된 상태다. 오른쪽 사진에서는 꽃구름버
섯의 균사가 갈색유색고약버섯의 영역을 침입한 것을 알 수 있다(사라 크리스
토피데 박사 제공).

6-1).

　갈색유색고약버섯균은 목재부후균 중에서는 경쟁력이 강해서
다른 균들이 정착해 있는 고목에도 불쑥 들어오는 종인데, 의외로
세균에는 약한 모습을 보였다. 왜 그런지는 잘 모르겠지만, 세균이
있는 배양기에서는 균사의 착색이 나타난 것으로 보아 불필요한 착
색 물질을 만드느라 성장이나 경쟁에 에너지를 덜 배분했을지도 모
른다. 하지만 이 연구는 영양이 풍부한 한천 배지 위에서 이루어진
것이어서 고목처럼 영양분이 적은 먹이 위에서는 또 다른 협력 관계
가 나타날 가능성도 있다.

　세균의 관점에서 보면 균사는 이동을 도와주는 고속도로다. 세

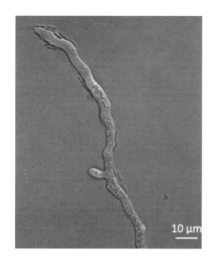

그림 6-2
균사를 따라 이동하는 5마이크로미터 크기 막대기 모양의 세균. 균사 표면에 막대 모양으로 진하게 표시된 것이 세균. 세균은 티아민이라는 비타민의 일종을 분비해 균사의 성장을 촉진한다(다케시타 노리오 박사 제공).

균은 작은 단세포로 이동 능력은 작지만, 균사를 따라 생기는 수막을 능숙하게 사용해 혼자서는 불가능한 속도로 이동할 수 있다(그림 6-2'). 이때 세균은 균사에 '통행료'를 낸다는 사실이 최근 연구에서 밝혀졌다. 공짜로 균사 위를 지나다니는 것이 아니다. 세균은 균사의 끝까지 가면 티아민Thiamine이라고 하는 비타민의 일종을 분비해 균사의 성장을 촉진한다. 그리고 성장이 촉진된 균사 고속도로를 타고 훨씬 더 앞까지 나아가는 것이다.[9] 오히려 세균이 균사라는 살아

 ▌〈균사 위를 이동하는 세균 고속도로와 교통혼잡 Fungal highway and traffic jam〉, X(구 트위터), 0:17, Norio Takeshita @NTfungalcell, 2022.8.13.

있는 고속도로를 '만들어준다'고 표현해야 할지도 모른다. 비타민을 주기만 해도 알아서 연장되는 도로가 있다면 얼마나 편할까? 자원이 풍부한 곳으로 이어지는 도로는 여러 개의 도로가 자연스럽게 뭉쳐 간선도로가 되고, 자원이 적은 한적한 곳으로 이어지는 도로는 가늘어지다가 이내 사라져버릴 수도 있을까? 세균이 가고 싶은 방향으로 균사 고속도로를 유도하면 재미있겠다.

이런 아이디어는 현 단계에서는 망상에 불과하다. 그래도 미생물이 숙주를 조종해 자신에게 유리하도록 행동을 촉구하는 일은 자연계의 생물 간 관계에서는 흔한 일이다. 원생생물 톡소플라스마*Toxoplasma*는 쥐의 공포심을 마비시켜 고양이에게 잡아먹히게 함으로써 고양이의 배설물을 통해 분산된다(만화 〈톰과 제리〉에 나오는 쥐인 제리는 톡소플라스마에 감염된 게 틀림없다). 연가시는 숙주인 사마귀를 조종해 물속으로 들어가게 한 다음 항문을 통해 헤엄쳐 나와 교배 상대를 찾는다. 달팽이에 기생하는 흡충 레우코클로리디움*Leucochloridium*은 낮에 달팽이를 눈에 잘 띄는 장소로 유도해 새에게 먹히게 함으로써 자신을 퍼뜨린다. 이뿐만 아니다. 개미에 기생하는 곤충병원성균 오피오코디셉스*Ophiocordyceps*는 개미를 조종해 높은 곳에 올라가게 한 다음 거기서 죽여 포자 산포체로 쓴다. 노린재의 암컷 생식세포 내에 있는 세균은 수컷 배아를 죽이고 암컷만 낳게 한다. 매미나방의 유충을 침해한 바큘로바이러스Baculovirus는 유충의 행동을 조작해 높은 곳으로 이동시켜서 죽인 다음 사체로부터

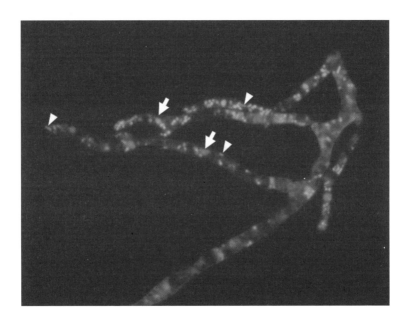

그림 6-3 균사에 내생하는 세균. 알갱이 여러 개(삼각 화살표)는 내생 세균이고, 큰 알갱이(화살표)는 균류의 세포핵이다. 척도는 10마이크로미터이다(다카시마 유스케 박사 제공).

분산된다.

이처럼 균류에 기생·공생하는 생물이 균류를 조종한다고 해도 이상할 게 없다. 균류의 균사 중에서는 세포 내 공생을 하는 세균(그림 6-3, 권두그림 ⑱)도 요즘 들어 많이 발견되고 있으며[10], 식물 병원균의 독소 생산 등[11] 다양한 기능을 한다는 사실이 밝혀지고 있다.

🎈 균류를 감염시키는 바이러스, 마이코바이러스 🎈

최근 균류의 세포 안에 바이러스도 존재한다는 사실이 알려졌다. 일본에서 이루어진 최신 연구 사례에 따르면 야생 버섯에서 얻은 균주 51주 중 5주에서 7종의 바이러스가 검출되었는데, 모두 신종이었다고 한다.[12] 잎새버섯, 새송이버섯, 표고버섯, 팽이버섯, 느타리버섯 등 고목에 나는 식용버섯도 바이러스 감염에 따른 형태 이상이 알려져 있다. 이들 바이러스는 식용버섯 재배 분야에서 방제 대책이 연구되고 있다.

수목 병을 일으키는 식물병원균에 바이러스를 감염시켜 약하게 만듦으로써 수목 병을 막으려는 시도도 이루어지고 있다. 적의 적은 아군이라는 개념이다. 밤나무줄기마름병균*Cryphonectria parasitica*이라는 자낭균에 의해 발생하는 밤나무줄기마름병은 세계 3대 수목 병 가운데 하나로, 북미 지역 밤나무를 괴멸 상태로 몰아넣고 있다. 1951년 줄기마름병에서 회복된 밤나무에서 분리된, 병원력이 현저히 떨어진 크리포넥트리아에서 바이러스가 검출되었다. 유럽에서는 바이러스에 감염돼 병원력이 약해진 크리포넥트리아가 퍼지면서 줄기마름병의 기세가 약해진 것으로 보인다.

균류를 감염시키는 바이러스는 마이코바이러스Mycovirus라고 부르며, 자연 상태에서는 균사체가 외부로부터 온 바이러스에 직접 감염되는 일은 없는 것 같다. 현재까지 발견된 전파 양식은 모두 균사체끼리의 융합이나 포자를 통해 바이러스가 침투하는 수직 전파다. 이러한 성질을 이용해 줄기마름병에 걸린 밤나무의 병반부에 바이러스에 감염되어 약독화된 크리포넥트리아를 접종한 다음 균사를 융합해 바이러스를 감염시키는 방법이 미국에서 성공했다.[13] 약독화란 감염균을 무해하거나 독성이 덜하도록 변형시키는 것이다. 이처럼 바이러스를 이용해 병원균을 제어하는 방법을 바이로컨트롤virocontrol(바이로는 '바이러스의'라는 뜻)이라고 한다. 농약을 사용하지 않고 병원균을 제어하는 생물학적 방제법 중 하나다.

세포 내 공생세균처럼 바이러스는 감염된 숙주의 균에 독소나 여러 가지 2차 대사물질을 생산하게 한다.[14] 때에 따라서는 식물병원균을 식물 성장 촉진 효과가 있는 내생균으로 '갱생'시키는 바이러스도 있다.[15] 그러나 이러한 기능이 알려진 마이코바이러스는 아직 적다. 대다수의 마이코바이러스가 균류에 어떤 영향을 주는지 아직 밝혀지지 않았으며, 미개척 연구 분야로 남아 있다.

환경 DNA 분석으로 얼마나 정확하게 샘플 속 생물 목록을 만들 수 있는지는 DNA 배열을 참조하는 데이터베이스의 정확성에 달려 있다. 문제는 이 데이터베이스에 부정확한 정보가 많다는 것이다. 데이터베이스에 등록된 생물종의 DNA 배열 정보는 정확하게 동정된 표본에서 얻은 배열 정보뿐 아니라 잘못 동정된 표본의 배열 정보나 전혀 다른 환경 DNA 분석 데이터처럼 표본과 무관한 배열 정보도 대량으로 들어 있다. 게다가 미생물의 학명은 분류학이 발전함에 따라 자주 변경되기 때문에 같은 생물의 오래된 학명(A)과 현재 학명(B)의 대응 관계를 모르면 'A와 B가 유연관계에 있다는 사실을 알았다'라는 엉뚱한 보고를 할 가능성도 있다. DNA를 추출하고 시퀀싱하는 방법은 매뉴얼을 따르면 누구나 할 수 있지만, 그것을 올바르게 해석하고 발표하려면 그 생물에 관한 전문 지식이 어느 정도 필요하다는 말이다. 다행히 이러한 정크 데이터를 수정하기 위한 컴퓨터 프로그램도 점차 개발되고 있다. 프로그래밍은 현대 연구자에게 필수적인 기술이라고 해야 할 것이다 (비록 나는 서툴지만 말이다).

환경 DNA 분석에 쓰이는, 대량의 DNA 배열을 단번에 읽어낼 수 있는 기계를 차세대 염기서열분석기라고 한다. 기존의 염기서열분석기가 한 번에 하나의 배열만 읽을 수 있었던 것에 대비되는 호칭이다. 이미 차세대가 된 지는 오래되었고, 지금은 대규모 염기서열분석기 등으로도 불린다.

🔴 대량의 DNA 배열을 단번에 읽을 수 있는 차세대 염기서열분석기

2부

고목이 세상을 구한다

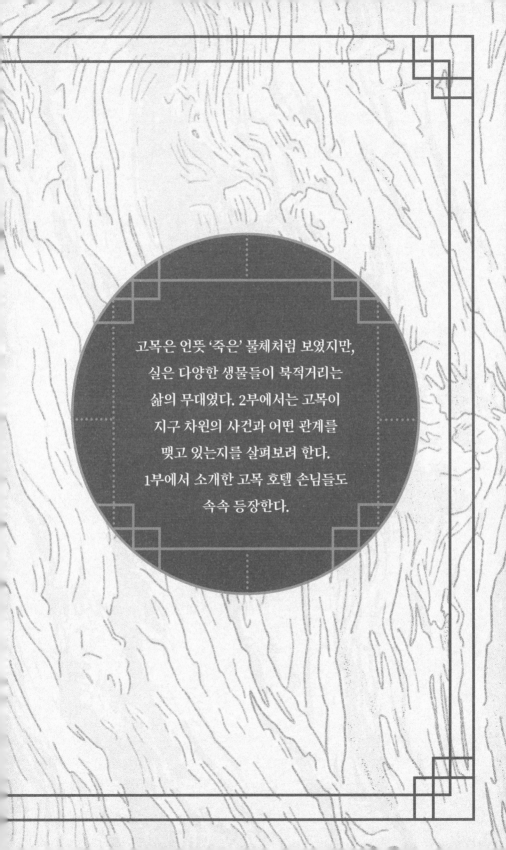

고목은 언뜻 '죽은' 물체처럼 보였지만,
실은 다양한 생물들이 북적거리는
삶의 무대였다. 2부에서는 고목이
지구 차원의 사건과 어떤 관계를
맺고 있는지를 살펴보려 한다.
1부에서 소개한 고목 호텔 손님들도
속속 등장한다.

7장

나무가 썩는다

과자의 집에서 생각하다

분해의 중요성

    최근 태풍으로 인한 홍수와 산사태가 일어나 각지에서 대규모 피해가 잇따르고 있다. '이제껏 경험하지 못한 폭우'라는 표현을 뉴스에서 자주 듣는다. 태풍이 더 커지고 더 자주 발생하는 이유는 지구온난화로 인한 해수면 온도 상승과 관련 있다. 따뜻한 바다에서 피어오르는 수증기가 태풍의 원동력이기 때문이다.

    2022년 유럽에 사상 최악의 더위가 덮쳤다. 포르투갈에서는 7월 14일 기온이 섭씨 47도에 달했다. 이때 폭염으로 사망한 사람의 수가 스페인과 합쳐 고령자를 중심으로 1,000명이 넘었다고 한다. 이 같은 열파는 유럽 각지에서 삼림 화재도 일으키고 있다. 유럽 삼림 화재 정보 시스템에 따르면 유럽 전역의 삼림 소실 면적은 2022년 7월 23일 기준, 51.5만 헥타르로 평년의 네 배에 해당하는 면적이다.

지구온난화는 미래에 다가올 걱정이 아니라 당면한 현실 문제이다. 수백 년 후 인류가 살아남을 수 있을까 하는 걱정보다 지금 당장 우리의 생명을 위협하는 문제로서 중요성이 급속하게 커지고 있다. 온실가스 중 가장 양이 많은 탄소화합물인 이산화탄소와 온실효과가 큰 메탄의 배출을 어떻게 줄일지는 각국 정부의 최대 과제 중 하나다. 인간의 활동이 대기 중으로 뿜어낸 탄소 배출량은 2018년 기준 연간 약 10기가톤^{Gt}으로 추정된다. 최첨단 기술을 이용해 자연에너지를 이용함으로써 화력발전을 줄이고 대기 중에서 이산화탄소를 제거하는 기술 등이 주목받고 있지만, 애초에 그것들을 개발하고 가동하기 위해서도 에너지가 필요하다. 탄소를 전혀 배출하지 않거나 탄소를 흡수할 수 있는 기술은 아직 생각하기 어려운 것이 현실이다.

　　지구상에는 인간 말고도 생물이 만드는 거대한 탄소순환이 있다. 식물의 광합성으로 대기 중 탄소가 고정되고, 생물 바이오매스의 분해를 거쳐 대기 중으로 방출된다. 육상생태계 안에서 생각해 보자. 현재 전 세계 삼림에는 살아 있는 수목, 고목, 낙엽, 토양에 총 861기가톤의 탄소가 저장되어 있다고 추정된다.[2] 수목은 광합성을 해서 탄소를 고정하지만, 호흡을 통해 이산화탄소를 방출하므로 수목이 고정하는 탄소량은 광합성량에서 호흡량을 뺀 수치로 평가해야 한다.

　　한편 삼림의 토양에서는 유기물이 분해되면서 이산화탄소가 배출되므로 산림 전체를 따지면 탄소를 흡수하고 있지 않다는 논란도 있다. 실제로는 어떨까? 현재 가장 신뢰받는 계산에 따르면 식물의 호흡과 토양 속 분해로 인한 탄소 방출을 고려하더라도 전 세계 삼림은 연간 24기가톤의 탄소를 흡수하고 있다고 한다.[2] 이쯤 되면 그동안 정답이 의심스러웠던 분들도 '숲은 탄소를 흡수한다'고 자신 있게 말해도 좋다. 다만 유기물의 분해에 의한 탄소 방출량 역시 연간 약 85기가톤이나 된다고 한다.[3] 삼림의 탄소저류량이 총 861기가톤이니 만약 지금 삼림의 모든 식물이 일제히 광합성을 그만둔다면, 약 10년만 지나면 삼림이 축적한 탄소는 모두 분해될 것이다. 지나치게 단순화한 계산일 수는 있으나 삼림의 탄소저류량이 얼마나 동적으로 유지되고 있는지를 실감하기에는 충분하다.

삼림의 모든 식물이 일제히 광합성을 그만두는 일은 일어날 수 없다고 생각할지도 모른다. 그러나 이와 비슷한 일은 국소적으로 일어날 수 있다. 다양한 원인으로 발생하는 수목의 대량 고사이다. 지구온난화로 태풍, 허리케인, 가뭄 같은 기상재해가 극심해지면 폭우와 강풍이 발생해 나무가 뿌리째 뽑히거나 화재가 일어나 삼림이 소실되기도 한다. 최근에는 인간의 이동이 세계적 규모로 이루어지면서 새로운 토지에 들어온 병충해가 수목을 대량 고사시키는 사례도 확실히 증가하고 있다.

시뮬레이션 연구에 따르면 건전한 삼림은 탄소를 흡수하지만, 수목이 대량 고사한 삼림은 탄소 방출원으로 변한다고 한다.[4] 많은 고목이 분해되면서 이산화탄소가 대량 발생하기 때문이다. 하지만 이 시뮬레이션은 어디까지나 온도에 따른 일반적인 고목의 분해 속도를 데이터로 사용했을 뿐이며, 수목이 대량 고사한 곳에서 통상적인 숲과 같은 분해가 일어난다는 보장은 없다. 이산화탄소 방출량을 추정할 때는 고목 분해의 프로세스를 정확하게 이해하고, 예측하는 작업이 매우 중요하다.

🌳 수목의 죽음 🌱

생물은 죽으면 썩기 시작한다. 나무에게는 죽음이란 무엇일까? 나무 한 그루가 쓰러져 죽는 과정은 인간의 죽음과 비슷해서 감각적으로 이해하기 쉽다. 북녘 끝 알래스카의 대자연과 생명을 풍부한 시심으로 그린, 윌리엄 프루잇의 책 《북쪽의 동물들》[5]의 1장 '여행하는 나무'에는 강둑에 선 가문비나무 한 그루의 긴 일생이 나온다. 강의 오랜 흐름이 물가 땅을 깎아 마침내 가문비나무가 강물 속으로 쓰러지는 것으로 끝나는 이야기이다.

그러나 이러한 한 개체로서의 죽음만이 수목의 죽음은 아니다. 숲에 가면 땅에 가지가 무수히 떨어져 있다는 사실을 느끼게 된다. 태풍이 몰아친 다음 날이면 어른 팔뚝보다 굵은 거대한 가지도 떨어져 있다. 그것들을 만져보면 떨어진 지 얼마 되지 않았는데도 이미 어느 정도 썩어서 너덜너덜해진 경우도 많다. 가지 대부분은 죽은 뒤 곧바로 지상으로 떨어지지 않고 공중에서 썩어가기 때문이다.

산호 등과 마찬가지로 수목은 어떤 단위(모듈)를 쌓아 몸을 만들어가는 모듈러modular 생물이다. 에너지수지가 좋은 모듈은 잘 자라지만, 에너지수지가 나쁜 모듈은 죽는다. 식물의 에너지원은 햇빛이므로 양지바른 쪽의 가지는 잘 자라고, 그렇지 않은 쪽의 가지는 죽는다. 이렇게 오랫동안 모듈의 성장과 고사가 축적될 때 수목의 전체적인 모양새가 만들어진다.

그림 7-1 수관이 이루는 퍼즐. 각 나뭇가지 끝이 성장하고 고사해 가지들이 서로 겹치지 않는 모양을 이루고 있다(미야기현).

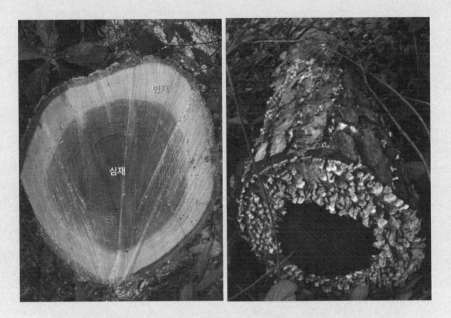

변재

심재

그림 7-2 왼쪽은 갓 자른 졸참나무의 그루터기이다. 폴리페놀 등 항균물질이 축적된 심재는 짙은 색을 띤다. 오른쪽은 자른 뒤 시간이 지난 적송 통나무이다. 심재 부위에는 균류가 쉽게 정착하지 못하는 모습을 볼 수 있다.

숲에서 바닥에 떨어진 가지를 관찰했다면 이번에는 바로 머리 위 하늘을 올려다보자. 나무의 가지와 잎이 펼쳐진 부분을 수관樹冠이라고 하는데, 이웃한 나무들의 수관은 서로 겹치지 않도록 퍼즐처럼 멋지게 조합되어 있음을 알 수 있다(그림 7-1). 이는 나무들이 서로 약속해서 수관을 펼치는 것이 아니라 개별 가지 끝의 모듈이 성장하고 고사하는 과정이 쌓이고 쌓여서 형성된 결과다.

거대한 줄기도 전체가 살아 있는 것은 아니다. 살아 있는 부분은 단단한 나무껍질 안쪽의 형성층이라 불리는 얇은 조직과 형성층에서 갓 나온 변재라는 부분이다. 그보다 안쪽, 줄기 대부분은 죽은 세포로 이루어진 심재이다. 심재는 죽었는데도 왜 썩지 않을까? 변재와 형성층이라는 살아 있는 조직이 주위를 둘러싸 부후균의 진입을 저지하기 때문이며, 폴리페놀Polyphenol과 테르펜Terpene류 등의 항균물질이 많이 포함되어 있기 때문이다(그림 7-2 왼쪽). 폴리페놀이라고 하면 포도 껍질 등에 들어 있어 레드와인의 색을 내고, 항산화 작용을 하는 건강에 좋은 물질이라는 이미지가 강하다. 그러나 고농도 폴리페놀은 소화를 방해해 쥐를 죽일 정도로 독성이 강하다.[6]

🍄 수동을 만드는 균 🍴

균류 중에는 이 독을 극복해버린 극소수 정예 균이 있다. 이들 균류는 항균물질이 축적되어 다른 균류가 성장할 수 없는 심재에 정착해 천천히, 그러나 확실하게 썩도록 만든다. 그래도 단단한 나무껍질과 살아 있는 형성층, 변재의 장벽을 돌파하기는 어렵다. 가지가 부러지거나 뿌리가 상해서 심재가 드러난 부분에 '운 좋게' 정착할 수 있으면 더할 나위 없이 좋은 조건이다. 주변에 경쟁자는 없다. 맛은 없지만 자신만이 먹을 수 있는 심재를 우적우적 먹을 수 있다. 이들 균류를 심재부후균이라고 한다.

심재부후균은 아무도 방해하지 않는 심재에서 증식하면서 버섯을 나무줄기에서 뽑아낸다. 공원의 큰 벚나무나 가로수 등 살아 있는 나무줄기에서 버섯이 삐죽 자라난 것을 본 적이 있을 것이다. 그것이 대개 심재부후균이다. 심재부후균이 버섯을 낼 무렵이 되면 심재는 영양분을 다 빼앗긴 끝에 썩어서 너덜너덜해지다가 점차 내부가 텅 비게 된다(그림 7-3). 하지만 심재부후균이 부패시키는 부위는 심재뿐이다. 살아 있는 변재는 분해할 수 없다. 살아 있는 식물 세포를 죽일 만큼 강하지는 않은 것이다. 이렇게 해서 나무에 밑동이 패어 생긴 굴인 수동樹洞이 파인다. 큼지막한 수동은 올빼미 같은 새, 때로는 곰 같은 대형동물의 보금자리로도 요긴하게 쓰인다. 또 수동 안에는 썩은 목재의 유기물 혼합 물질이 생겨 희귀 곤충의 서식처가 되기도 한다. 여기에 관해서는 9장에서 자세히 다룬다.

수목은 변재와 형성층이 남아 있고, 광합성을 하는 잎과 물이나 영양분을 흙에서 흡수하기 위한 뿌리가 연결되어 있으면 생명을 유지할 수 있다. 그래서 심재가 썩어서 텅 비더라도 살아가는 데에는 문제가 없다. 심할 때는 한쪽 껍질만 남은 것처럼 보여도 사는 데 지장이 없다. 다만 줄기의 강도는 약해져 바람 등에 쓰러질 위험은 있다.

심재부후균이 활약해서 나무에 수동이 파이는 것은 나무가 살아 있는 동안에 한해서이다. 심재부후균의 정착을 피해서 심재가 단단히 남은 채 고사하거나 잘려나간 경우라면, 고사한 뒤에 심재가 분해되어 구멍이 생기는 법은 없다. 항균물질이 들어 있지 않은

그림 7-3 균에 의해 심재가 썩어서 수동이 파인 그루터기. 나무가 살아 있는 동안에는 오히려 함수율이 높은 변재 쪽이 부후균에 대해 저항력이 강하다.

변재는 고사하면 곧바로 균류가 정착해서 너덜너덜해지기 때문에 (그림 7-2 오른쪽) 애초에 구멍이 생길 여지도 없지만, 심재는 딱딱해진 상태로 남는다. 이는 심재부후균이 다른 균류와의 경쟁에 패배해 정착하지 못한 탓이 아닐까 싶다.

심재가 남긴 보물

나무가 살아 있는 동안 심재는 항균물질을 가진 것 말고도 산소 농도가 낮아서 균류에게는 가혹한 환경이다. 이처럼 가혹한 환경에는 심재부후균만 정착할 수 있다. 하지만 일단 나무가 고사하면 변재에 정착한, 스트레스 없는 환경에 강한 보통의 부후균들이 심재를 둘러싸 버리기에 수줍은 심재부후균은 심재에 정착하지 못할 수도 있다. 그런데 보통의 부후균들도 항균물질이 가득한 심재는 먹지 못한다. 바로 이 아무도 손댈 수 없는 부위가 단단한 심재다.

소나무류의 심재에는 송진도 축적되어 있어 분해 저항성이 높다. 특히 가지가 자라는 부분에 송진이 몰려 있다. 변재가 썩어 없어진 뒤에도 별처럼 생긴 심재 덩어리가 흙에 묻힌 것을 흔히 발견할 수 있다. 이를 파내서 칼로 깎아보면 송진의 좋은 향이 남아 있는 동시에 목재가 전혀 썩지 않고, 훈제연어나 숙성된 가다랑어포 단면 같은 고운 갈색을 띤다는 사실에 놀라게 된다. 수지 함유율이 높

그림 7-4 송진이 축적된 소나무 심재 덩어리인 일명 고에마쓰(미야자키현). 불이 잘 붙기 때문에 깎아서 불쏘시개로 쓸 수 있다.

아서 불이 잘 붙기 때문에 작은 덩어리를 주머니에 넣어두었다가 깎아서 불쏘시개로 만들 수도 있다. 미국의 시인 헨리 데이비드 소로는 이를 대단한 보물이라고 부르며, '이 불쏘시개가 대지의 태 속에 아직도 얼마나 묻혀 있을지를 생각하면 설렌다'라고 말했다(《월든, 숲속의 생활》7).

🎈 과자로 만든 집 이야기 🎈

우리는 지금 나무가 썩는 현상을 나무의 죽음부터 생각하기 시작해서 점점 분해의 주역인 균류로 관점을 옮기고 있다. 3장에서는 버섯을 다루면서 균류가 균사라는 가는 실 모양의 몸으로 살아간다는 내용을 설명했다. 균류가 고목에 정착할 때는 날아온 포자로부터 발아한 균사 또는 흙에서 뻗어나온 균사에서 시작된다. 균류의 균사는 우리가 과자를 먹고 위에서 소화하고, 장에서 흡수하는 것과 같은 일을 몸 밖에서 한다. 즉 몸 밖으로 소화효소를 분비해 주변에 있는 과자인 고목을 소화시켜 작은 분자로 만든 뒤 몸 표면으로 흡수하는 것이다. 3장에 등장한 교토대학교 대학원생 오소노 씨의 말을 빌리면 고목은 균사에는 '과자로 만든 집'과 같다(《생물은 어떻게 흙으로 돌아가는가—동식물의 사체를 둘러싼 분해의 생물학》8).

헨젤과 그레텔은 과자로 만든 집의 겉면을 살짝 맛보기만 했는데도 마녀에게 잡혔다. 동화에서는 집 안까지 과자로 만들어졌다는 이야기는 없으니 아이들을 꾀기 위한 표면적인 눈속임이었을 것이다. 그런 의미에서 이 과자로 만든 집은 뽕나무버섯을 유인하는 천마의 덩이줄기를 닮았다(4장 참조). 그러나 고목은 안으로 들어가서부터가 진짜 과자로 만든 집이다. 집 안에는 마녀가 없는 대신 과자를 두고 다투는 온갖 아이들과 어른들이 있다. 전작 《버섯과 곰팡이의 생태학》에서는 그 모습을 일본 전국시대에 비유했는데, 과자로 만든 집 안에서 서로 다투는 존재를 인간 군상에 비유해도 재미있을 것 같다. 하마다 미노루 박사를 흉내 내어 고목의 표면에서 포자로부터 발아한 균사가 고목 속에서 자기 영역을 만들 때까지의 과정을 이야기로 꾸며보았다(내용이 길어서 끝까지 읽으려면 각오가 필요하다).

어느 벚나무 고목 표면에 느타리버섯 포자 하나가 내려앉았다. 어미 느타리버섯 갓의 주름 표면에서 물방울을 이용한 발사 장치[*]가 어젯밤 뿜어낸 것이었다. 느타리버섯의 포자는 무색투명하고 자외선에 취약하다. 포자 산포는 밤중에 이뤄진다. 포자가 내려앉은 자리는 다행히도 적당히 축축했다. 늦가을이라 살짝 추웠지만 큰맘 먹고 발아하기로 했다. 잠깐 한눈팔다 보면 겨울이 되어버릴 것이다. 그러다가는 눈 밑에서 암약하는 눈곰팡이균에게 크게 당할지도 모른다.

포자에서 싹을 틔운 균사는 살짝 기지개를 켜면서 주위를 맛보기로 했다. 균사의 끝부분 근처에서 침을 흘려본다. 침 속에 들어 있는 소화효소가 주변 고목을 조금 녹여줄 것이다. 그런데 어라, 녹지 않는다. 벚나무류의 나무껍질에는 난분해성 폴리페

■ 〈Fungi fling their spores with a water cannon〉, 유튜브 영상, 0:29, New Scientist, 2017.7.26.

놀류가 잔뜩 들어 있어 분해하기가 무척 어렵다. 근처에는 속만 분해되어 없어져 파이프처럼 비어버린 벚나무 껍질이 나뒹군다.

발아한 직후의 연약한 균사는 당황했다. 큰일이다! 부모님은 포자 안에 도시락을 거의 넣어주지 않았다. 당장 먹을 것을 찾지 못하면 죽을 것이다! 다행히 나무껍질이 찢어진 곳을 찾아 내 안으로 파고들 수 있었다.

운 좋게도 이 벚나무 고목은 고사하고 나서 시간이 많이 지나지 않은 것 같다. 단단한 나무껍질 아래 형성층에는 아직도 달콤한 체관액이 조금 남아 있었다. 체관액에는 자당 등 분자량이 작은 당이 풍부하게 함유돼 있어 침을 질질 흘리지 않고도 흡수할 수 있다. 아까 나무껍질을 녹이려 했던 헛수고에 대한 보상을 받는 것 같아 기쁘다. 느타리버섯의 균사는 체관액을 들이마시고는 길게 뻗어나가 갈래를 나눴다.

문득 정신을 차리고 보니 주위는 다형콩꼬투리버섯*Xylaria polymorpha*의 세력권이다. 이제 먹을 수 있는 형성층은 남아 있지 않은 것 같다. 아무래도 이 녀석들은 벚나무가 살아 있을 때부터 형성층 속에 숨어들었던 것 같다. 빌어먹을! 그런 방법이 있었군. 한발 늦었어. 하지만 어쩔 수 없었지, 뭐. 좀 더 안쪽으로 가보자. 여기서부터는 과자로 만든 집 벽(세포벽)을 먹고 직접 터널을 파면서 나아갈 수밖에 없어. 하지만 과자(셀룰로스·헤미셀룰로스)가 하나같이 플라스틱 상자(리그닌)에 들어 있어. 귀찮지만 플라스틱까지 침으로 녹여야 안에 든 과자를 먹을 수 있고, 앞으로 나아갈 수도 있어. 걱정할 것 없어. 난 플라스틱을 녹일 수 있는 침도 흘릴 수 있으니까.

플라스틱을 녹여서 과자를 먹고 다시 플라스틱을 녹여서 과자를 먹는 과정을 반복했지만, 좀처럼 속도가 나지 않았다. 벽이 너무 많았다. 이래서는 조금도 영역을 넓힐 수 없을 것 같았다. 그런데 옆으로 긴 복도가 이어져 있었다. 지금까지는 안으로 들어갈 생각만 하고 벽을 녹였는데, 그 복도로 들어가면 벽을 녹이지 않고도 갈 수 있을 것 같았다. 지금까지처럼 벽을 녹이면서 안쪽으로 들어가면서 옆으로 뻗은 그 복도로도 가보기로 했다. 고목 속 복잡하게 뒤엉킨 미궁도 얼마든지 여러 갈래로 갈라질 수 있는 균사로서는 누워서 떡 먹기였다!

벽이 없는 복도는 정말 전진하기 쉬웠다. 꽤 멀리 갔다. 그런데 아무래도 저쪽에서 누군가가 오는 것 같았다. 다들 생각하는 건 똑같다. 벽이 없는 복도로 나아가서 점점 균사를 늘리고 싶다는 마음일 테지. 상대도 이쪽을 눈치챘다. 독가스(휘발성 테르펜류, 균사 성장을 저해함)와 부식 작용이 있는 액(키티나제, 균사의 주성분인 키틴을 분해하는 효소)을 퍼뜨리고 있었다. 큰일이다! 거기 닿으면 목숨을 잃을 게 분명했다. 급하게 균사 끝을 갈라 판상으로 만들고, 멜라닌을 생산해 검은 장벽을 만들었다. 일단은

위기를 모면한 것 같다. 지금까지 순조롭게 넓혀온 세력권은 여기가 한계일지도 모른다.

복도 반대쪽으로 나아간 균사도 다른 편에서 온 또 다른 균사와 마주쳤다. 그런데 상대는 적이 아닌 느타리버섯인 것 같다. 게다가 귀여운 아가씨다. 지금까지는 어깨에 힘을 주고 으스댔지만, 사실 균사는 아직 애송이였다. 부모님이 준 세포핵을 세포 안에 한 종류밖에 가지고 있지 않았다(일핵균사). 그래서 그 아가씨와 즉시 균사 끝끼리 결합해서 내 세포핵을 상대에게 몇 개 건네주고, 상대로부터도 세포핵을 몇 개 받았다. '둘은 하나'가 되었다. 이제야 겨우 어른(이핵균사)이 된 것이다.

상대 아가씨에게 받은 핵 속 유전자에는 이전에는 없던 강력한 부식액을 만드는 설계도가 들어 있었다. 이것만 있으면 적을 이길 수 있을지도 몰랐다. 균사를 조금 늘려 싸워봤더니 생각한 대로였다! 새로 손에 넣은 부식액에 상대는 녹아버렸다. 이제 영역을 더 넓힐 수 있을 것 같다!

세력권은 상당히 넓어졌다. 영역 안에 있는 플라스틱 상자에 든 과자도 플라스틱 상자째 많이 먹어치웠다. 그렇다 보니 이젠 과자 찌꺼기를 먹으려고 곰팡이가 숨어들었다. 그 녀석들을 쫓아내는 일도 지친다. 곰팡이는 과자 찌꺼기만 먹고 사니까 플라스틱 상자 잔해만 남는다. 주위에는 이제 먹을 것이 별로 없다. 생각해보니 포자에서 발아한 지 벌써 두 번째 가을이다. 벚나무 고목 주위는 기온이 떨어지기 시작했다. 슬슬 버섯을 내고 포자를 날려야 할 때다.

지금까지는 닥치는 대로 먹어 치웠지만, 그래도 벚나무 껍질은 먹을 수 없었다. 아직도 그 나무껍질은 어찌나 단단한지 좀처럼 버섯을 낼 만한 틈이 없다. 나무껍질이 찢어진 곳을 찾아 버섯을 내기 위해 균사를 모아 싹을 틔워야 한다. 고목 속에 펼쳐놓은 균사로부터 수분과 원형질을 싹에 모았다. 싹에서는 균사가 쭉쭉 뻗어서 얽히더니 점차 버섯 모양이 생겨났다. 버섯 갓의 주름 표면 세포에서는 지금까지 세포 속에 보관해온 두 개의 핵을 드디어 핵융합시켜 유전정보를 섞은 뒤, 다시 반으로 쪼개기를 두 번 반복해(감수분열) 생긴 네 개의 핵을 하나씩 감싸 네 개의 포자를 만들었다. 이 작업이 주름 표면의 무수한 세포에서 이루어진 결과 대량의 포자가 생겼다. 이제 버섯도 커지고 우산도 많이 펼쳐질 것이다. 오호호! 남은 건 물방울을 이용해 발사 장치로 포자를 바람에 날리는 일뿐이다.

그런데 저 아래쪽에서 비명이 들린다. 새로운 적이 온 것 같다. 엄청나게 강하다. 아무래도 고목 아래 흙 속에서부터 균사를 길러온 것 같다. 영양이 풍부한 흙으로부터 끊임없이 보급이 온다. 그래서 강한 것이다. 게다가 녀석들은 내가 먹다 남긴 플라스틱 상자까지 싹싹 먹어 치우며 영양분으로 삼고 있다. 내 세력권이 상당히 줄어들고 말았다. 하지만 뭐, 나야 포자도 많이 날렸고 이만하면 된 것 같다. 얘들아, 새로운 고목을 찾아서 잘 살아라!

발소리가 다가온다. 바삭바삭, 와사삭. 눈 깜짝할 사이에 버섯을 채였다. 버섯을 따러 온 인간이다. 아, 포자를 조금 더 날릴 생각이었는데! 적어도 너희들 입에 들어가기 전까지는 그 바구니 속에서라도 포자를 날리게 해줘. 가능하면 숲에 가까운 곳이 좋겠어. 포자가 아무리 잘 날아간다고 해도 포자는 대부분 버섯으로부터 20미터 정도까지만 날아갈 수 있으니까. 그리고 자외선을 받으면 오래 못 산단 말이야.

🍄 셀룰로스를 보호하는 리그닌 🍄

고목은 대부분 수목이 만들어낸 세포벽이다. 세포벽은 포도당(글루코스)이 사슬 모양으로 연결된 셀룰로스와 자일로스나 마노스 같은 다른 당이 연결된 헤미셀룰로스를 뼈대로 삼는다. 셀룰로스와 헤미셀룰로스를 합쳐 홀로셀룰로스라고 부르기도 한다. 여기서는 이를 과자에 비유해보았다. 참고로 진짜 과자에 쓰이는 전분도 포도당이 사슬 모양으로 이어진 것이다.

셀룰로스의 구성단위인 포도당 분자와 전분의 구성단위인 포도당 분자는 모양은 거의 같지만, 수소 원자 하나가 붙는 방향이 다른 이성체이다. 전분 쪽이 α-글루코스, 셀룰로스 쪽이 β-글루코스로 이루어져 있다. 전분의 α-글루코스끼리의 결합은 α-글리코사이드 결합, 셀룰로스의 β-글루코스끼리의 결합은 β-글리코사이드 결합이라고 하며, 둘 다 물 분자 하나가 빠져나가면서 두 개의 포도당 분자가 결합한다(탈수축합). 인간은 α-글리코사이드 결합을 분해하는 아밀라아제 등의 효소는 가지고 있지만, β-글리코사이드 결합을 분해하는 효소는 가지고 있지 않아서 셀룰로스를 분해할 수 없다. 그래서 인간은 셀룰로스로 형성된 과자로 만들어진 집을 먹을 수 없지만, 균류는 먹을 수 있다.

셀룰로스만으로 이루어진 과자 집이 있다면 금방 다 먹어 치울 것이다. 그렇게 되지 않는 것은 셀룰로스나 헤미셀룰로스가 리그닌이라는 아주 분해하기 어려운 물질에 의해 보호되고 있기 때문이다. 여기서는 리그닌을 플라스틱 상자에 비유했다. 리그닌은 화학적으로 안정적인 벤젠고리가 다수 결합해 있으니 플라스틱에 비유하는 것은 의외로 좋은 아이디어인 것 같다. 실제로 리그닌을 사용한 바이오매스 플라스틱 합성 연구가 이루어지고 있다. 셀룰로스는 구조다당이라고도 불리며(전분은 저장다당), 수목이 자라는 데 중요한 골조를 이룬다. 셀룰로스가 균류에게 쉽게 잡아먹히면 곤란하므로 리그닌으로 철저히 둘러싸 보호하는 것이다. 셀룰로스를 철근 콘크리트의 철근, 리그닌을 콘크리트에 비유하면 구조적인 측면을 이해하기 쉬울 것이다.

✿ 부후균의 생활 방식 ✿

앞에 쓴 짧은 이야기에 등장한 느타리버섯은 과자(셀룰로스나 헤미셀룰로스)와 그것을 덮고 있는 플라스틱 상자(리그닌)를 모두 분해할 수 있었다. 이런 균류를 백색부후균이라고 한다. 갈색 물질인 리그닌이 분해되어 고목이 하얗게 변하기 때문이다(그림 7-5 위, 권두그림 ⑲). 나중에 등장한 싸움을 잘하는 힘센 균은 리그닌을 더 적극적으로 분해하는 선택적 백색부후균이라고 한다. 리그닌 분해력이 워낙 커서 종이를 만드는 펄프에서 리그닌을 제거하는 방법에 관한 연구에 이용된다. 최근에는 볏짚 등의 셀룰로스를 당까지 분해한 뒤 발효시켜 바이오에탄올을 만드는 연구 과정에서 약품을 쓰지 않고, 리그닌을 제거하기 위해 선택적 백색부후균을 사용하는 방법이 검토되고 있다.

리그닌은 분해가 매우 어려운 물질이라서 자체 효소만으로 이를 분해할 수 있는 존재는 지구상에서 백색부후균이 거의 유일하다. 지구 역사에서 약 4억 년 전에 목본식물이 리그닌을 만들었고, 그것을 분해할 수 있는 백색부후균이 진화하기까지 시간이 오래 걸린 탓에 대량의 석탄이 축적되었다는 가설이 있을 정도다. 반대로 말하면 백색부후균의 등장이 고생대 석탄기를 끝냈다는 말이다. 이 가설은 매우 장대하고 균류의 중요성을 주장하는 데는 매력적이다. 하지만 석탄기에 이미 리그닌 분해균이 있었다고 하는 점, 석탄 중에서 리그닌이 유래라고 생각할 수 있는 것은 기껏해야 70퍼센트 정도인 점, 유기물의 대량 축적은 석탄기 이후에도 몇 번이나 있었던 점 등을 고려할 때 유감스럽게도 현재는 의심스럽다.[9]

앞서 짧은 이야기에는 등장시키지 않았지만, 리그닌을 분해하지 않고도 내부의 셀룰로스와 헤미셀룰로스를 분해하는 마술 같은 일을 해내는 균류가 있다. 플라스틱 상자 안에 든 과자를 상자를 열지도 않고 먹어버리는 것이다. 이 경우는 리그닌만 남게 되므로 부후목재는 짙은 갈색이 된다(그림 7-5 아래, 권두그림 ⑳). 그래서 이러한 균류를 갈색부후균이라고 한다.

리그닌은 벤젠고리가 복잡하게 뒤엉킨 구조라서 그물눈 사이로 거대한 분해효소 분자가 뚫고 들어갈 수 없다. 갈색부후균이 어떻게 리그닌으로 둘러싸인 셀룰로스와 헤미

그림 7-5
위는 균에 의해 리그닌이 분해된 백색부후(오다이가하라산)이고, 아래는 리그닌이 분해되지 않고 남은 갈색부후이다(미국 오하이오주).

셀룰로스를 분해할 수 있는지 아직 완전히 밝혀진 것은 아니다. 갈색부후균은 산을 대량 생산해 철 분자의 산화환원반응을 능숙하게 조종한 끝에 활성산소의 일종인 하이드록실라디칼Hydroxyl radical을 발생시켜, 그 강력한 산화력으로 셀룰로스와 헤미셀룰로스를 분해하는 것 같다.[10](그림 7-6) 이때 균사 주위의 pH는 2.0 정도까지 떨어진다고 한다(고목의 pH는 산성이지만 백색부후의 pH는 5.0 정도). pH 2.0은 레몬과 비슷한 정도의 산성도다. 활성산소는 산화력이 강해서 자신의 균사 세포벽이나 효소까지도 파괴할 위험이 있다. 그러나 작은 철 분자를 리그닌 장벽 안쪽까지 스며들게 해 원격으로 활성산소를 발생시킴으로써 자신은 활성산소에 직접 닿지 않아도 된다. 활성산소는 리그닌에 균열을 내는 효과도 있기 때문에 셀룰로스 분해효소가 들어갈 수도 있다. 게다가 균사 끝에서는 활성산소 생산, 조금 뒷부분에서는 활성산소 분해와 효소 생산을 하도록 장소를 나누어 활성산소가 효소를 손상시키지 않도록 한다.[11]

화학반응에 의한 원격 분해라는 멋들어진 기술로 식물이 만들어낸 최강의 방벽 리그닌을 뚫고 셀룰로스와 헤미셀룰로스를 먹어버리는 갈색부후균. 리그닌을 분해하지 않는 만큼 갈색부후균은 분해효소 생산에 들이는 에너지가 적게 드는 에너지 절약형이라고 할 수 있다. 이 특수 기능을 얻은 종은 담자균류 중 일곱 개 정도의 그룹뿐이다. 백색부후균에 비해 종수도 적고, 목재부후균 전체에서 차지하는 비율도 6퍼센트 정도에 불과하다.[12]

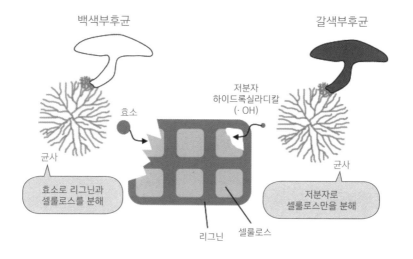

백색부후균

갈색부후균

저분자
하이드록실라디칼
(·OH)

효소

균사

균사

효소로 리그닌과
셀룰로스를 분해

저분자로
셀룰로스만을 분해

리그닌   셀룰로스

그림 7-6 백색부후균이 리그닌을 자체 효소로 분해해서 셀룰로스를 추출한다. 이에 반해 갈색부후균은 산을 대량생산해 고목 속 철 분자의 산화환원반응을 조종한다. 그다음 저분자량의 활성산소(하이드록실라디칼)를 생성해 리그닌층을 통과시키고, 그 산화력으로 셀룰로스를 분해한다.

    분해력이 큰 담자균문 주름버섯강 중에서는 백색부후균으로부터 갈색부후균이 여러 번 진화한 것으로 생각된다.[13] 다시 말해 갈색부후균의 생활 방식은 수렴진화의 결과다. 백색부후균에도 리그닌 분해효소의 생산과 관련해 수렴진화가 있었다고 생각된다.[14] 수렴진화란 공통의 조상이 없는, 비슷한 속성을 띠는 종이 비슷한 환경 조건에서 유사한 구조를 가지고 생존을 유지하는 독립적 진화이다. 수렴진화라고 하면 어류인 상어와 포유류인 돌고래, 익룡인 람포링쿠스와 포유류인 박쥐, 유대류인 주머니늑대와 포유류인 늑대

등 형태적 특징이 비슷한 동물들이 잘 알려져 있다. 리그닌과 셀룰로스 분해처럼 대사적 특성도 수렴진화의 대상이다.

이 백색부후 갈색부후는 1부에 여러 번 등장했다. 고목에 몰려드는 여러 생물 군집에 영향을 주는 고목의 부후형이 바로 그 이야기다. 모든 이야기는 여기서 시작된다.

🎋 먹다 남긴 것들이 흙이 된다 🎋

생물의 먹고 먹히는 관계(먹이연쇄, 먹이사슬)는 식물의 광합성에 의한 탄소고정(1차 생산)으로부터 시작된다. 살아 있는 식물의 잎을 먹는 동물로부터 시작되는 먹이연쇄를 초식 먹이연쇄, 고목이나 낙엽 등 죽은 식물을 분해하는 균류 같은 미생물과 그것들을 먹는 동물로부터 시작되는 먹이연쇄를 유기물잔재 먹이연쇄라고 한다. 식물에 의해 고정된 탄소 중 초식 먹이연쇄와 유기물잔재 먹이연쇄로 흘러가는 비율을 생각하면 생태계의 특징을 대략 이해할 수 있다. 예를 들어 식물플랑크톤에서 시작되는 수중 먹이연쇄는 작은 생물이 더 큰 생물에게 먹히므로 초식 먹이연쇄로 흐르는 탄소의 비율이 높다. 초식 먹이연쇄의 특징은 먹다 남기는 양이 적다는 것이다. 식물플랑크톤은 동물플랑크톤에게 통째로 먹힌다. 동물플랑크톤은 통째로 작은 물고기에게 먹힌다. 작은 물고기는 통째로 대형 물고기나 고래에게 먹힌다. 이런 식으로 먹고 먹히다 보니 먹다 남기는 양이 생기기 어렵다.

하지만 육상생태계, 특히 삼림의 경우는 다르다. 탄소는 수목의 몸 중 광합성을 하는 살아 있는 부분(잎)뿐 아니라 죽은 조직(목질)에도 많이 포함되어 있다. 그래서 육상생태계에서는 초식 먹이연쇄보다 압도적으로 큰 비율의 탄소가 유기물잔재 먹이연쇄로 흐르는 것이 특징이다. 이 먹이연쇄에서 고목이었던 탄소가 다른 생물에게 차례로 먹히는 과정이야말로 고목의 분해나 다름없다. 그리고 이 과정에서 먹다 남는 부분이 대량 발생한다. 거대한 나무는 누군가에게 통째로 먹힐 수 없다. 잎을 먹는 곤충은 줄기를 먹지 않는다. 줄기를 먹는 균류도 목질 성분 전부를 먹지 않으며, 리그닌은 먹다 남긴다. 이 먹다 남는 부분이 토양유기물로서 흙 속에 장기간 저장되는 것으로 생각된다. 즉 삼림 토양에 탄소가 저장되는 것이다.

그렇게 생각하면 리그닌을 분해하느냐 마느냐에 따른 백색부후와 갈색부후의 차이가 삼림 생태계의 탄소저류량에 영향을 줄 것 같다는 의미를 알 수 있을 것이다. 아마도 리그닌을 분해하지 않는 만큼 갈색부후가 삼림에 저류하는 탄소량은 많아질 것이다. 실제로 지상에 쌓인 유기물(흙처럼 너덜너덜해진 고목의 마지막)의 양은 백색부후보다 갈색부후가 더 많다고 보고된다.[15]

다만 흙 속에 저장되는 탄소는 이처럼 눈에 보이는 것이 전부는 아니다. 물에 녹은 상태로 땅속 깊은 곳에 스며들기도 한다. 백색부후균은 리그닌을 분해하지만, 완전히 분해해 탄소로 직접 흡수하거나 이산화탄소로 공기 중에 날려버리는 종은 그리 많지 않을 수 있다. 셀룰로스를 먹는 데 방해되니 분해만 하는 것이라면 물에 녹을 정도만 분해해서 흘려버리면 된다. 그렇게 떠내려온 많은 양의 폴리페놀은 실제로 열대 지역의 강물을 적갈색으로 물들일 정도다. 고목 밑으로 스며든 탄소의 양을 측정해보면 갈색으로 부후한 고목 아래보다 백색으로 부후한 고목 아래에 더 많았다는 보고도 있다.[16]

결국 백색부후와 갈색부후 중 어느 쪽이 삼림에 탄소를 많이 저장하는지에 대해 명확한 답은 아직 없다. 실험으로 백색부후균을 심은 통나무와 갈색부후균을 심은 통나무를 준비하고, 다른 조건을 갖춰 숲속에서 장기간 분해되도록 해서 남은 고형 유기물의 양이나 흙 속으로 스며든 수용성 유기물의 양을 비교해야 알 수 있다.

백색부후나 갈색부후 같은 부후형의 차이가 고목에 서식하는 여러 생물 군집에 영향을 미친다는 사실은 1부에서 설명한 대로다. 리그닌과 홀로셀룰로스의 분해 비율은 균종이나 종 내 계통에 따라 다양하며, 환경 조건에 따라 달라진다. 백색부후와 갈색부후를 비교할 것이 아니라 연속적인 변화라는 관점에서 파악하는 것이 좋다.

🌸 부후균이 다양하면 분해 속도가 느릴까 🌸

백색부후와 갈색부후에 관해 자세히 연구된 균종은 극히 일부의 대표 균종뿐이다. 따라서 다른 종에는 전혀 다른 메커니즘이 적용될 수도 있다. 다양한 분해 메커니즘은 펄프나 바이오에탄올을 생산하는 데 응용될 가능성도 있고, 생태계가 안정적으로 기능하는 데에도 도움을 줄 수 있다. 어느 하나의 메커니즘만으로 리그닌 분해가 일어난다면 그 메커니즘이 작용하지 않는 조건에서는 리그닌 분해가 일어나지 않을 것이다. 그러나 여러 메커니즘을 통해 리그닌을 분해하는 다수의 종이 있다면 환경 조건이 바뀌어도 그중 몇몇 종이 분해를 계속할 수 있을지도 모른다.

이처럼 같은 기능을 가진 종이 여럿 있는 상태를 생태학 용어로 중복성redundancy이 높다고 한다. 중복된다는 것은 때에 따라 다르겠지만, 생물다양성과 생태학 측면에서는 좋은 의미이다. 중복성이 높은 생물 군집에서는 몇몇 종이 환경의 변화로 기능을 발휘할 수 없게 되더라도 유사한 기능을 가진 다른 종이 그 기능을 대행할 수 있으므로 군집 전체로서는 그 기능을 안정적으로 유지할 수 있다. 결과적으로 교란에 대한 생태계 기능의 저항력resistance이나 회복력resilience도 높아진다.

목재부후균의 다양성은 중복성 말고도 분해 기능에 흥미로운 영향을 줄 수 있다. 적은 종이 분해할 때보다 많은 종이 함께 분해할 때 오히려 고목의 분해 속도가 느린 것이다(그림 7-7, 권두그림 ㉑).
이는 언뜻 생물다양성 이론과 모순되는 것처럼 보이기도 한다. 일반
적으로는 종 수가 많을수록 그 안에 고기능 종이 포함될 가능성이
높고, 그 종이 군집 내에 우점함으로써 군집 전체의 기능도 높아질
것으로 예상한다. 이를 선택 효과라고 한다. 또 종이 많아야 자원
이용 특성이 다른 종이 많이 포함되므로 자원의 상보적 이용을 통
해 군집 전체의 자원 이용 효율이 향상되고, 군집 전체의 기능이 좋
아질 것이라고 예상할 수 있다. 이를 상보성 효과라고 한다. 식물의

그림 7-7 졸참나무 고목에 생긴 다양한 균류(미야기현). 다양한 균류가 있으면 고목의
분해 속도가 느려진다는 사실이 밝혀졌다.

경우 씨앗이 다양할수록(뿌리를 뻗는 방식이나 양분 이용 특성의 차이에 따라) 토양 속 양분이 효율적으로 이용되고, 군집 전체의 생산성(식물 바이오매스 양)이 높아지는 것으로 알려져 있다.[18]

목재부후균도 두 종을 공존시킨 실험에서는 한 종만으로 실험했을 때보다 목재의 분해가 촉진되는 사례가 많다.[17] 그런데 여러 균종을 넣어 분해 실험을 하면 분해가 저해된다. 왜 그럴까?

우선 여러 종이 각각 상대의 성장을 저해하기 위한 항균물질을 만든다는 점을 고려해볼 수 있다. 그 항균물질이 고목 안에 축적되어 고목 전체가 균류가 먹기 어려운 상태로 변했을 가능성이 있다는 것이다. 균류는 고목 속에서 치열한 세력권 싸움을 펼친다고 했다. 항균물질은 균류의 균사체와 균사체가 싸우고 있는 최전선, 세력권의 경계 부분에서 생산되므로 경계 부분은 특히 분해가 지연된다.[17]

만약 이 현상이 여러 균종을 넣었을 때 분해가 저해되는 주요 원인이라면 두 종의 경쟁에서도 세력권 경계 부분의 면적이 넓을수록 저해 효과는 커질 것이다. 이를 확인하기 위해 부피는 같고 표면적이 다른 두 유형의 각재를 준비했다. 각재 안쪽에 정착시킨 균종과 바깥쪽에서 정착하려고 하는 균종의 싸움이 각재의 분해에 어떤 영향을 주는지 각재 유형 간에 비교했다(그림 7-8)[19]. 그랬더니 확실히 표면적이 넓은 각재에서는 싸움이 분해에 미치는 영향이 컸다. 하지만 예상과 반대로 분해는 촉진되었다. 두 종의 경쟁이 분해를

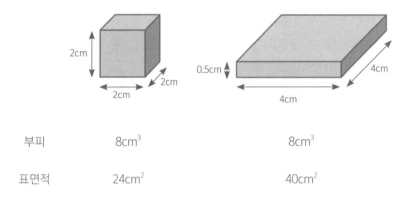

부피	8cm³	8cm³
표면적	24cm²	40cm²

그림 7-8 부피가 같고 표면적이 다른 각재를 이용한 분해 실험. 오른쪽 각재의 표면적은 왼쪽 각재의 약 1.7배다.

촉진하는지 아니면 저해하는지에는(물론 무관한 때도 있다) 균종의 조합까지도 영향을 주는 것일까?

　여러 균종이 공존할 때 분해 속도가 늦어지는 이유로 고려할 수 있는 또 하나는, 씨앗이 많아지면 종 사이에 벌어지는 경쟁에 에너지가 분산되어 분해에 필요한 효소 등의 생산에 집중할 수 없을 가능성이 있다는 점이다. 경쟁을 하려면 상대의 성장을 방해하기 위한 여러 항균물질뿐 아니라 상대의 균사를 녹이기 위한 효소, 방어벽을 만들기 위한 색소가 함유된 튼튼한 균사 등을 만들어야 한다. 상대에 따라 필요한 물질도 천차만별이다. 싸울 상대가 많을수록 여러 물질을 만들어야 한다.[20] 이는 분명히 부담이다. 그런데 이 같은 경쟁을 위한 에너지 부담이 있으면 균류는 이를 보충하기 위해

224

분해를 활성화할 가능성도 있지 않을까? 만약 그렇다면 여러 종이 공존할수록 분해가 촉진될 것이다.

균종 간 경쟁으로 분해가 저해되는 경우와 촉진되는 경우가 있다고 한다면 언제 저해되고 언제 촉진되는 걸까? 이와 관련해 재미있는 실험 결과를 소개한다. 균류의 경쟁 관계가 얼마나 심한지가 영향을 준다는 것이다.[21] 균류에도 경쟁에 강한 종과 약한 종이 있다. 경쟁에 강한 종을 모은 싸움꾼 집단에서는 종 수가 많을수록 분해가 저해된다. 반면 경쟁에 취약한 종을 모은 순둥이 집단에서는 종 수가 많을수록 분해가 촉진된다. 싸움꾼 집단의 경우는 항균물질이 상당량 축적되어 분해 속도가 떨어졌을 것이다. 반면 순둥이 집단의 경우는 항균물질을 많이 만들지 않기 때문에 분해 속도가 그다지 떨어지지 않았을 것이다. 자원의 상보적 이용에 따라 군집 전체의 자원 이용 효율이 향상되어 군집 전체의 기능이 높아지는 상보성 효과가 강하게 작용하는 것으로 생각된다.

이 실험은 고목의 분해가 아니라 당분을 함유한 한천 배지에서 나오는 이산화탄소 방출을 '분해'로 간주했기 때문에 고목을 분해했을 때도 같은 결과가 나타날지는 알 수 없다. 앞으로 더 많은 연구가 필요하다.

🍄 보상성장과 분해 촉진 🍄

균들의 관계도 목재 분해에 영향을 주지만, 균과 다른 생물의 관계도 분해에 영향을 준다. 예를 들어 톡토기는 토양 플랑크톤이라고 불릴 만큼 흙 속에 많이 존재하는 토양동물로, 균류 등 미생물을 주로 먹고 산다.[22] 가을 버섯 철이 오면 버섯 뒷면의 주름에 빽빽하게 모여 있기도 하고, 흙 속에서 균사를 먹기도 한다. 몸길이는 1~3밀리미터 정도의 종이 대부분이며, 작은 입으로 균사를 갉아 먹는다. 지름 10마이크로미터의 균사는 큰 톡토기에게는 스파게티, 작은 톡토기에게는 추로스 정도의 크기이다.

톡토기가 균사를 먹으면 그 균사와 연결된 각재의 분해가 촉진된다는 사실이 실험을 통해 밝혀졌다(그림 7-9). 톡토기가 균사를 먹으면 균류는 균사를 회복시키려고 성장을 활성화한다. 식물의 보상성장이라는 현상이다. 그리고 이 성장에 필요한 탄소를 보충하기 위해 분해가 촉진되는 것 같다. 너무 많은 톡토기가 달려들어 균사를 먹어 치우면 균사는 약해지고 분해도 느려진다.

톡토기 말고도 쥐며느리, 노래기, 진드기, 지렁이, 선충 등 여러 토양동물이 흙 속에서 균사를 먹는다. 토머스 클라우저 박사의 학설[23]에 따르면 균사를 조금 갉아 먹는 정도라면 보상성장이 작용해 분해가 촉진되지만, 심하게 먹으면 분해는 저해된다고 한다. 그런데 분해에 미치는 영향은 토양동물의 종과 균종의 조합에 따라서도 다

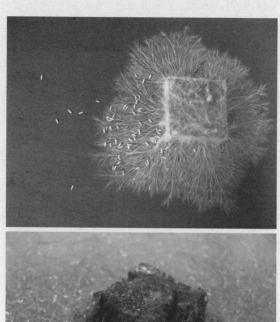

그림 7-9 균과 톡토기의 각재 분해. 톡토기가 균류를 먹으면 균류는 균사를 성장시키기
위해 각재의 분해를 활성화한다. 위가 배양을 시작한 때이고, 아래가 13개월
후이다. 하얀 점이 톡토기이다.

르다. 흙 속에서 삐죽이 고개를 드는 말뚝버섯*Phallus impudicus*도 흙 속에 균사를 뻗어 고목을 분해하는 목재부후균인데, 균사가 여러 토양동물에 잡아먹혀도 분해에 별다른 영향을 받지 않는다. 독버 섯으로 알려진 노란개암버섯*Hypholoma fasciculare*의 균사 역시 섭식의 영향을 덜 받는데도 노래기가 잘 먹고 분해도 촉진된다.

균류도 토양동물이 균사를 먹지 못하도록 여러 가지 대책을 취 한다. 배털젖버섯*Lactifluus volemus*의 유사종처럼 깨물면 대량의 유액 을 분비(이것이 이름의 유래다)해 섭식을 저해하는 균이 있는가 하면, 균사 주위에 딱딱한 결정을 갑옷처럼 두르고 있는 종, 독을 생산해 서 토양동물을 죽여버리는 종도 있다. 균류와 토양동물 사이에는 종 차원의 관계가 있으므로[24] 분해에 미치는 영향도 그와 관련해서 바뀔 것이다. 나아가 온도 등의 외적 환경이 변하면 균류의 종 사이 의 경쟁과 토양동물의 관계, 분해에 미치는 영향도 변한다.[25] 생태 계 속 생물 사이의 상호작용은 복잡하고, 고목의 분해라는 현상 하 나만 해도 미래의 일을 예측하기는 참으로 어렵다.

7장에서는 주로 균류의 고목 분해에 관해 다양한 이야기를 섞 어서 설명했다. 특히 수목의 세포벽을 구성하는 리그닌과 셀룰로 스, 헤미셀룰로스에 관한 설명을 강조했다. 이들의 분해 비율 차이 가 빚어내는 백색부후나 갈색부후 같은 부후형의 차이는 이 책 전 체와 관련 있으므로 기억해주면 좋겠다.

《 현장 관찰 기록 》

이끼살이버섯*Xeromphalina campanella*은 눈에 잘 띄는 버섯이다. 작지만 화려한 오렌지색이며, 여름부터 가을에 걸쳐 부후가 진행된 적송 고목에 많이 군생(한곳에 무리를 지어 사는 일)하는 모습을 흔히 볼 수 있다. 이 버섯은 리그닌을 분해하는 능력이 있는 백색부후균이라고 알려져 있다. 하지만 그 근거는 불분명하다.

균류의 리그닌 분해력을 조사하는 방법으로는 ① 목재에 균주를 접종해 배양하고 조사하는 방법, ② 리그닌 분해효소에 반응해 색이 변하는 시약을 넣은 배지에서 배양하는 방법, ③ 리그닌 분해효소를 생산하는 유전자 유무를 조사하는 방법이 있다. 아직 이끼살이버섯에 관해서는 이들 방법을 시도한 논문을 본 적이 없다. '백색부후한 고목에 자랐으니 백색부후균일 것'이라고 암묵적으로 받아들인 건지도 모르겠다.

이끼살이버섯뿐 아니라 고목에서 흔히 볼 수 있는 균종에서도 부후형이 불분명한 종은 많다. 실제로 목재에 접종해 분해력을 시험하는 균종도 이러한 시험은 미분해 목재에 단일 종을 접종해 실시하는 것이 보통이기에 부후가 진행된 고목에 대한 분해력이 있는지는 거의 알려진 바가 없다. 미분해 목재를 분해할 수 없는 균도 백색부후가 진행돼 리그닌이 제거된 목재라면 분해할 가능성은 있다. 또 수분이나 온도 등의 배양 조건이 달라지거나 복수 종을 접종했을 때는 리그닌 분해력이 변할 가능성도 있다. 애초에 백색부후균, 갈색부후균이라고 나누었다고 해도 리그닌 분해력은 연속적이며 확실히 나눌 수 있는 것도 아니다. 균종별로 조건에 따른 리그닌 분해력을 정량적으로 평가해야 한다고 생각한다.

🍄 적송 고목에 발생한 이끼살이버섯

8장

숲이 사라진다

수목의 대량 고사

🎈 북미의 소나무 대량 고사 🎈

1990년대 중반, 캐나다 브리디시컬럼비아주에서는 북미소나무좀이라는 쌀알 크기의 나무좀(그림 8-1)으로 인해 폰데로사소나무 *Pinus ponderosa*가 대량 고사했다. 그 후 북미소나무좀은 2012년까지

캐나다와 미국 서부에서 약 2,000만 헥타르의 소나무 숲을 고사시키며 역사상 유례없는 수목 대량 고사 기록을 남겼다. 갈색으로 시든 소나무 숲은 우주에서도 확인할 수 있을 정도였다고 한다. 고사한 소나무의 목재 부피는 브리

그림 8-1
북미소나무좀. 1990년대 중반부터 2012년 사이에 북미의 약 2,000만 헥타르에 이르는 소나무 숲을 고사시켰다(캐나다 우드 제공).

티시컬럼비아주에서만 7억 세제곱미터에 달했다. 이는 일본 전국에서 10년 동안 쓸 양의 목재였다.[1]

북미소나무좀은 북미 대륙에 원래부터 서식하던 종류였으나 지구온난화로 인해 고해발·고위도 지역으로 서식지가 확대되었다. 더욱이 기후가 건조해지고 소나무 수령이 80~160년까지 늘어난 데다 크기가 20센티미터 이상 커지면서 나무좀의 번식 효율이 높아졌다. 이런 다양한 요인에 의해 피해가 심각해졌다. 과거에는 낙뢰가 떨어지면서 산불이 빈번하게 발생해 자연히 소나무 숲의 고령화가 억제되었다. 그런데 방화 기술이 발달하면서 자연공원 등에서 산불이 억제되자 넓은 지역에서 숲이 고령화한 것도 피해를 키운 원인이 되었다.

습기가 많은 일본에서는 대규모 산불의 위협이 적지만, 캐나다나 미국에서는 산불이 나면 대낮에도 하늘이 검붉게 변하고 거리가 컴컴해질 정도이니 산불을 막으려는 심리는 당연할 것이다. 아이러니하게도 그런 노력이 나무좀을 대량으로 발생시키는 한 요인이 되어버렸다. 지금은 캐나다와 미국, 북유럽의 자연공원에서 정기적으로 일부러 불을 지르는 화입火入을 시행하기도 한다. 산불을 과도하게 억제하면 가연성이 높은 낙엽과 떨어진 나뭇가지가 삼림에 쌓여서 대규모 산불의 위험을 높인다는 사실이 밝혀졌기 때문이다.

북미소나무좀은 암컷 성충이 소나무 줄기에 구멍을 뚫는다. 이들은 나무껍질 아래 형성층과 체관부를 따라 수직 방향으로 30~40

센티미터 정도의 구멍을 파고, 갱도 벽 좌우에 구덩이를 만들어서 알을 하나씩 낳는다. 평소에는 고사한 줄기나 약한 줄기에 구멍을 뚫지만, 대량으로 발생하면 줄기에서 송진이나 유액을 분비하는 등의 소나무 방어 시스템을 뚫고 건강한 나무에도 해를 입힌다. 부화한 유충은 수목의 체관부를 먹으면서 저마다 자기 구멍을 파고들어 간다. 체관부에는 광합성으로 생산된 당분을 운송하는 체관이 모여 있는데, 구멍을 파는 유충으로 인해 체관이 짧게 끊어져버린다.

더 심각한 점은 북미소나무좀이 목재를 검푸르게 변색시키는 청변균이라는 균류와 공생관계에 있다는 것이다. 청변균이 독성분

그림 8-2 나무좀을 통해 들어온 청변균이 변재부를 변색시켰다(캐나다 우드 제공).

을 분해하거나 체관 조직을 단절시키는 수목 방어 시스템을 무효로 만드는 데 한몫하는 것 같다(그림 8-2, 권두그림 ㉒). 암컷 성충의 위턱에는 균의 포자나 효모 모양의 세포를 운반하기 위해 뚫린 구멍이 있다. 구멍을 통해 균을 조금씩 내놓으면서 갱도를 팔 때 나무에 균을 심는다. 이 나무좀과 청변균이 체관 조직을 망치면 거대한 소나무도 한순간에 시들어버린다.

북미소나무좀으로 소나무가 대량 고사하자 고목도 대량 발생했다. 청변균이 들어가 목재가 검푸른색으로 변했다고는 해도 청변균은 목재의 강도에는 영향을 주지 않으므로 겉모습이 상관없다면 목재로 이용할 수는 있다. 하지만 목재를 당장 활용할 수 있을 리가 없다. 고목은 방부 처리를 하지 않으면 7장에서 설명했다시피 균류가 정착해 금방 썩기 시작한다. 썩는다는 것은 이산화탄소로 대기 중에 방출된다는 의미이다.

소나무가 대량 고사해 만들어진 고목에서 발생하는 이산화탄소량으로 삼림의 탄소수지(광합성에 의한 흡수와 분해·연소에 따른 방출의 균형)를 계산할 수 있다.[2, 3] 그 결과에 따르면 수목의 대량 고사가 없으면 삼림은 약간의 탄소를 흡수한다. 이는 7장 초반에서 설명한 대로다. 그러나 고목이 대량 발생해 썩기 시작하면 삼림은 거꾸로 대량의 탄소를 방출한다. 논문에서는 2005년부터 2022년까지 브리티시컬럼비아주의 삼림은 연간 약 50~150메가톤의 이산화탄소(탄소 14~41메가톤)를 계속 방출할 것이라고 예측했다. 2022년 시점은 탄소를 흡수하는 상황으로 전환되기에는 이르다는 말이다. 다만 이는 2008년에 발표된 예측이다. 논문 저자도 미래의 피해 면적이나 삼림 화재의 영향, 대량 고사에 따른 탄소수지를 장기적으로 예측하기는 복잡하고도 어렵다고 썼다. 이 예측은 그대로 실현됐을까?

브리티시컬럼비아주의 삼림에서 생태계의 탄소수지를 지속해서 측정한 데이터에 따르면, 고목의 분해로 인한 탄소 방출량은 북미소나무좀이 대규모로 발생한 이후부터 계속 증가했다. 그러다가 2013년 연간 23메가톤을 정점으로 감소세로 돌아섰다. 덕분에 그때까지 마이너스였던 생태계의 탄소수지는 2015년에는 방출과 흡수가 균형을 이룬 상태인 거의 제로에 가까워졌다. 2008년 예측보다 상당히 빠른 속도였다. 하지만 2017년에 대규모 삼림 화재가 발생한 뒤 다시 대폭적인 방출로 전환되었다.

지구온난화의 영향으로 대규모 산불이 일어나는 빈도는 증가하고 있고, 그 영향을 무시할 수 없다. 그러나 고목의 분해에만 주목했을 때 탄소 방출량이 감소세로 돌아서는 속도는 예측보다 훨씬 빨랐다. 분해 속도를 늦추는 무언가가 있었던 걸까? 대량 고사 후에 고목을 분해한 균류가 그 힌트인지도 모른다. 유럽의 대량 고사 사례를 통해 그 가능성을 짚어보기로 하자.

🌳 유럽의 가문비나무 대량 고사 🌳

2007년 1월 15일, 캐나다 뉴펀들랜드섬 상공에서 발생한 사이클론 키릴Kyrill이 대서양을 횡단해 유럽에 상륙했다. 키릴은 18일부터 19일 사이에 중심기압 959.8헥토파스칼, 최대 순간풍속은 시간당 250킬로미터의 허리케인으로 발달했다. 영국과 독일을 중심으로 사망자가 47명 발생했고, 10만 가구 이상이 정전을 겪었다. 또 대중교통이 끊겼고, 광범위한 삼림 지역에서 나무가 뿌리째 뽑히는 막대한 피해를 가져왔다.

독일, 체코, 오스트리아 국경에 펼쳐진 광활한 독일가문비나무 삼림지대에서도 수목이 뿌리째 뽑혀나가는 대규모 피해를 일으켰다. 이 지역은 수령 20년 이상의 독일가문비나무로 이루어진 삼림지대로, 체코 측은 1933년부터, 독일 측은 1970년부터 보호구역으로 지정한 곳이다. 이때 삼림이 파괴되고, 그 후 가문비나무좀이 대량 발생함으로써 이 지역에서만 약 800만 그루의 독일가문비나무가 고사했다고 한다.[5](그림 8-3)

사이클론 키릴로 삼림이 파괴된 10년 뒤인 2017년 6월, 나는 그 피해 지역을 조사할 기회를 얻었다. 체코 슈마바 국립공원이었다. 해발 1,300미터의 아고산대에 자리 잡은 조사지는 짙은 안개에 싸여 있었다. 공동연구자인 바츨라프 포스카 박사의 차로 현지에 접근하자, 안개 속에서 허연 망령처럼 말라 죽은 독일가문비나무가

그림 8-3 가문비나무좀(위)은 2007년 사이클론으로 나무가 뿌리째 뽑혀나간 뒤에 대량 발생해 독일가문비나무 800만 그루를 고사시켰다. 아래는 그 10년 뒤 슈마바 국립공원에 있는 독일가문비나무인데, 사이클론으로 인한 삼림 파괴보다 나무좀으로 인한 피해가 컸음을 알 수 있다(둘 다 체코).

한 그루 한 그루 모습을 드러냈다. 해가 뜨고 안개가 걷히자 충격적인 광경이 눈앞에 펼쳐졌다. 시체 같은 고목이 끝없이 시야를 가득 채웠다. 그곳은 더 이상 숲이라 부를 수 없는 곳이었다. 사이클론으로 나무가 뽑혀나간 피해보다 그 후 나무좀 때문에 고사한 피해가 심각했음을 알 수 있었다.

가문비나무좀은 주로 가문비나무 같은 소나무과 침엽수의 나무껍질 아래에 있는 체관부를 갉아 먹는다. 북미소나무좀처럼 유럽에 원래부터 서식하는 곤충으로서 평소에는 고사한 줄기나 약한 줄기에 구멍을 뚫지만, 대규모로 발생하면 줄기 방어 시스템을 뚫고 건강한 나무에도 피해를 준다. 생태도 비슷해서 가문비나무좀의 성충은 나무껍질에 구멍을 뚫고 체관부에 도달하면, 거기에 10~20센티미터 정도의 모공을 파고 모공 벽을 따라 나란히 알을 낳는다. 부화한 유충은 체관부에 터널을 파고들어 가 체관을 단절시킨다. 청변균과 공생관계에 있다는 점도 북미소나무좀과 같다. 다만 가문비나무좀은 균을 운반하기 위한 특별한 주머니는 가지고 있지 않은 것 같다.[6]

수목의 방어 시스템을 돌파하기는 쉽지 않기에 특정 병해충에 의한 피해는 특정 그룹 수목에 한정되는 경우가 많다. 따라서 다양한 수종으로 이루어진 삼림이라면, 그중 한 종이 병해충 때문에 말라버린다 해도 삼림이 사라지는 일은 없다. 하지만 단일 수종으로 이루어진 숲이라면 이야기가 다르다. 단순림이 병해충으로 고사하

그림 8-4 대량 고사한 독일가문비나무(왼쪽)와 그 후 대량 발생한 소나무잔나비버섯(갈색부후균, 오른쪽). 침엽수 고목에 발생하며, 일본의 적송 고목에서도 비슷한 것을 볼 수 있다(폴란드).

면 이렇게 심각해지는 걸까……

처참한 광경에 압도되었지만, 잠시 후 고목에 커다란 구멍장이버섯과가 여기저기서 자라고 있는 것을 발견했다. 가까이서 보니 가장자리에 눈에 띄는 주황색 띠가 보였다. 소나무잔나비버섯이었다(그림 8-4, 권두그림 ㉓). 주로 침엽수 고목에 나며 전 세계에 분포하는 갈색부후균이다. 나무좀 때문에 독일가문비나무가 고사한 뒤 그 고목에 소나무잔나비버섯이 대량으로 발생한다는 사실은 유럽에서는 잘 알려져 있다. 나무좀이 포자를 운반할 수도 있다는 가능성도 검증되었다. 그러나 나무좀에서는 소나무잔나비버섯뿐 아니라 여러 균류의 포자가 발견되었다. 따라서 나무좀이 포자를 살포했다고 하더라도 갈색부후균이 대량으로 발생한 원인이라고 보기는 어렵다. 이에 관해서는 나중에 좀 더 생각하기로 하자.

갈색부후와 관련해 고목 성분 중 난분해성 리그닌이 분해되지 않고 축적되므로 탄소저류에 크게 기여할 수 있다고 7장에서 썼다. 어쩌면 캐나다에서 소나무가 대량 고사한 다음 고목이 분해되면서 방출되는 탄소가 예상보다 빨리 감소세로 돌아선 것은 고목에 갈색 부후균이 우점한 덕분일 수도 있다. 실제로 브리티시컬럼비아주에서 나무좀에 의해 대량 고사한 로지폴소나무*Pinus contorta var. latifolia*에서도 소나무잔나비버섯이 높은 빈도로 발견되었다.[7] 대량 고사한 뒤의 고목에 갈색부후균이 우점하는 사례는 얼마나 일반적일까?

🌰 오다이가하라를 할퀴고 간 이세만 태풍 🌰

태풍으로 나무가 뿌리째 뽑히는 사태는 일본에서도 삼림 붕괴를 가져왔다. 1959년 9월, 와카야마현 시오미사키에 이세만 태풍이 상륙했다. 기이반도부터 도카이 지방을 중심으로 전국에 걸쳐 5,000명이 넘는 사망자와 실종자가 발생했고, 각지 삼림에도 막대한 피해를 남겼다. 이세만 태풍의 원래 이름은 베라Vera이다. 1959년에 북서태평양에서 발생한 열다섯 번째 태풍이다. 일본 기상청에서는 아주 심한 태풍에만 새로운 이름을 붙인다. 당시 이세만灣이 범

람하면서 나고야시 등 인근 지역에서 피해가 막대했기 때문에 이세만 태풍이라고 불렀다. 기이반도의 오다이가하라도 수목이 뽑혀나가 삼림이 파괴된 대표적인 산악 지역이다.

나라현과 미에현의 경계에 자리 잡은 오다이가하라는 해발 1,695미터의 히노데가타케가 가장 높은 봉우리인 산악지대로, 태평양으로부터 유입되는 습한 공기가 가파른 경사면을 쓸고 오르기 때문에 야쿠시마섬에 견줄 만한 호우지대라고 알려져 있다. 풍부한 강우량이 만들어낸 비취색 계곡에서 깎아지른 듯한 히노데가타케로 이어지는 등산 코스는 내가 좋아하는 루트이기도 하다.

해발고도가 높은 오다이가하라에는 긴키 지방에서는 보기 드문 가문비나무 단순림(동쪽)과 너도밤나무 원시림(서쪽)이 있다. 아니, 있었다라고 해야 옳은지도 모르겠다. 이제 가문비나무 단순림은 풍전등화다. 예전에는 히노데가타케 주변에도 가문비나무 단순림이 펼쳐져 있었지만, 지금은 온통 조릿대뿐이다. 가끔 해골같이 말라 죽은 가문비나무 도목을 발견할 수 있는데, 그 모습을 보고 나서야 60년 전에는 이곳이 숲이었음을 알 수 있을 정도다(그림 8-5).

이세만 태풍은 히노데가타케 주변의 가문비나무를 모조리 쓰러뜨렸다. 나무가 쓰러져 햇빛이 든 땅에 일본조릿대*Sasa nipponica*라는 조릿대의 일종이 무성하게 자라난 결과, 일본조릿대가 주식인 대륙사슴*Cervus nippon hortulorum*의 개체 수도 늘어났다. 늘어난 사슴은 조릿대뿐 아니라 가문비나무의 나무껍질도 먹었다. 나무껍질이 많

그림 8-5 이세만 태풍을 계기로 가문비나무 숲이 파괴된 기이반도의 오다이가하라 지역. 도목이 갈색부후했고, 지표면은 조릿대가 점령한 상태였다.

이 벗겨지면 통도조직의 기능에 문제가 생겨 가문비나무는 말라버린다. 식물의 수분이나 양분 등의 통로가 되는 통도조직에는 관다발을 구성하는 물관, 헛물관, 체관 등이 있다. 사슴은 가문비나무의 어린나무도 먹는다. 가문비나무가 사라질수록 조릿대가 무성해지면 그 사이를 돌아다니는 쥐가 늘어난다. 쥐도 가문비나무 씨와 열매를 먹는다. 결국 땅을 빽빽하게 채운 조릿대는 지면을 어둡게 만들어 가문비나무 씨앗은 발아하기조차 어려워진다.

이렇게 여러 요인이 겹치면서 히노데가타케 주변에는 가문비나무 숲이 쇠퇴하고 조릿대밭이 펼쳐졌다고 상상할 수 있다. 여기서 가문비나무 고목은 어떻게 부후했을까? 바싹 건조한 것으로 보이는 무너져내린 도목의 일부에는 짙은 갈색의, 블록 모양으로 갈라진 틈새를 볼 수 있다. 분명히 갈색부후다.

오다이가하라에는 지금도 가문비나무가 고밀도로 자라는 장소가 조금 남아 있다. 삼림이 쇠퇴한 정도에 따라 고목의 부후가 어떻

그림 8-6 오다이가하라의 사슴 진입 방지용 펜스. 사슴은 가문비나무의 나무껍질이나 어린나무를 먹기 때문에 오다이가하라에서는 펜스나 철조망을 둘러친 식생 보호구역이 곳곳에 만들어져 있다.

게 다른 모습을 보이는지 오다이가하라 안에서 비교해보기로 했다.

얼마 안 남은 가문비나무 단순림은 바람이 많이 부는 산 정상에서 약간 서쪽으로 내려간 곳에 있었다. 1헥타르도 안 되는 그 구획은 환경성이 설치한 사슴 진입 방지용 철제 펜스로 둘러싸여 있었다(그림 8-6). 안으로 들어가 보니 지표면이 온통 이끼로 뒤덮여 있었다. 이끼 숲으로 유명한 기타야쓰가타케의 시라코마노이케 연못 주변이나 야쿠시마 같은 분위기가 물씬 풍겼다. 풍부한 강우량 때문일 것이다. 히노데가타케 주변에서도 예전에는 이런 광경을 볼 수 있었던 걸까.

배터리식 전기드릴로 도목에서 목재 샘플을 채취해보니 히노데가타케의 바싹 마른 도목과는 전혀 달랐다. 희고 폭신폭신하며 물기가 많다. 백색부후다. 또 한 곳, 중간 정도로 가문비나무 숲이 쇠퇴한 곳에서도 샘플을 채취해 세 곳을 비교한 결과 가문비나무 숲이 쇠퇴함에 따라 갈색부후의 빈도가 증가함을 알 수 있었다.

어떤 균류가 고목을 분해했을까? 도목 표면에는 버섯이 별로 보이지 않았다. 목재 샘플에서 DNA를 추출한 다음 DNA 메타바코딩(6장 참조)을 이용해 고목 속에 어떤 균류가 있는지 조사했다. 가문비나무 숲이 쇠퇴한 히노데가타케의 고목에는 붉은목이과 *Dacrymycetaceae*의 황소아교뿔버섯*Calocera cornea*이 높은 빈도로 서식하고 있음을 알 수 있었다. 붉은목이과의 유사종은 갈색부후균이므로 이들이 우점하여 분해함으로써 히노데가타케에서는 가문비나무의 도목이 갈색부후한 것인지도 모른다. 체코의 독일가문비나무나 캐나다의 로지폴소나무와는 균종이 다르지만, 일본의 가문비나무 숲 쇠퇴지에서도 고목에 갈색부후가 일어나고 있었다.

🎤 기타야쓰가타케의 삼림 파고 지역 🎤

이세만 태풍으로 나무가 뿌리째 뽑혀나간 지역은 오다이가하라만이 아니다. 오다이가하라에서 300킬로미터 정도 북동쪽에 있는 나가노현 기타야쓰가타케의 아고산대 침엽수림에서도 같은 피해가 발생했다. 베이트크전나무*Abies veitchii*와 마리에스전나무*Abics mariesii*의 파상갱신波狀更新으로 알려진 시마가레야마도 마찬가지였다. 파상갱신은 일본어로는 시마가레 현상(시마는 줄무늬, 가레는 말라 죽음이라는 뜻)이라고 부른다. 베이트크전나무와 마리에스전나무 숲이 띠 모양으로 고사했다가 다시 살아나는 과정을 반복함에 따라 멀리서 보면 띠무늬가 숲 여기저기를 옮겨 다니는 것처럼 보이는 현상이다. 대형 경기장의 파도타기 응원처럼 보여서 영어로는 웨이브 리제너레이션wave regeneration이라고 한다. 파상갱신의 띠무늬는 경사면의 아래에서 위로 이동한다.

시마가레야마에서 남쪽으로 무기쿠사토게를 사이에 두고 시라코마노이케 주변까지 펼쳐진 산악지대도 이세만 태풍으로 곳곳에서 나무가 뿌리째 뽑혔다. 오다이가하라와 다른 점은 태풍 후 살아 남은 베이트크전나무와 마리에스전나무의 어린나무가 성장했기에 조릿대밭이 펼쳐지지는 않았다는 것이다. 다만 삼림을 구성하는 수종은 태풍 전과 태풍 후에 다소 변화가 생겼다. 태풍 전에는 베이트크전나무와 마리에스전나무뿐만 아니라 좀솔송나무, 가문비나무, 사스래나무도 섞인 전형적인 혼슈의 아고산대 숲이었다. 그러나 태풍 후에는 베이트크전나무와 마리에스전나무가 피해 지역의 대부분을 차지했다. 이곳 도목은 어떻게 부후했을까?

오다이가하라와 마찬가지로 나무가 뿌리째 뽑혀나간 장소와 그렇지 않은 장소에서 가문비나무 도목의 부후형과 균류 군집을 비교했다. 그 결과 이세만 태풍으로 발생한 삼림 파괴 피해는 현재 가문비나무 도목의 부후형이나 균류 군집에 영향을 주지 않은 것 같았다. 나무가 뽑혀나간 숲에서 지름이 큰 가문비나무는 살아남지 못했을 테니, 조사 대상으로 삼은 도목은 이세만 태풍 때 쓰러졌거나 그 이전부터 쓰러져 있었던 것으로 생각된다. 지름이 큰 침엽수는 분해에도 시간이 걸리는 것이다. 어쨌든 가문비나무 도목은 태풍 후 환경의 격변을 경험했을 것이다. 그런데도 시마가레야마 주변의 산악지대에는 왜 태풍 피해의 영향이 없었던 것일까?

베이트크전나무와 마리에스전나무가 아주 빠르게 성장함으로써 삼림 환경도 급속히 회복된 덕분에 태풍 피해의 영향이 단기간에 억제되었을 가능성을 생각해볼 수 있다. 예를 들어 도목 위로 수관(몸통에서 나온 줄기)이 뻗어 햇빛이 차단됨으로써 도목이 건조되거나 온도가 상승하는 현상을 막을 수 있었던 것이다. 온도나 수분은 균류의 성장과 군집 구조에 많은 영향을 준다. 따라서 이들이 유지되면 균류 군집도 태풍의 영향에서 벗어날 수 있으니 부후에 아무런 영향을 주지 않았을 수 있다.

그렇다면 삼림이 파괴된 후에 갈색부후가 많아진 것은 햇볕이 잘 들게 되어 도목에 직사광선이 닿았고, 그 덕에 도목의 온도가 올라가 건조해진 탓이 아닐까? 갈색부후균은 백색부후균보다 고온에서 빠르게 성장하는 경향이 있으며, 성장이 가능한 최고 온도도 높다.[8] 또 건조한 환경을 좋아하는 경향도 있다.[9] 고목이 잘 마르면 썩지 않는 것은 당연하다. 건조해지면 갈색부후균이 우점하고 목재가 갈색부후하면 한 번 더 습기가 차게 된다. 분해가 재개된다고 해도 리그닌이 축적되어 있으므로 유기물로서 숲에 탄소를 저장하기 쉬울 수도 있다. 하지만 이것만으로는 아직 사례가 적어 일반화할 수가 없다. 좀 더 다양한 유형의 대량 고사 사례를 연구해야 한다.

🌱 소나무재선충병 🌱

일본에서도 병으로 인한 수목의 대량 고사가 발생했다. 소나무재선충병은 북미에서 들어온 소나무재선충이라는 몸길이 1밀리미터 정도의 선충(그림 8-7 위)이 일본 토종 솔수염하늘소*Monochamus alternatus*를 매개충으로 하여 퍼지는 병이다. 이 역시 북미에서 소나무가 고사한 사례나 유럽에서 가문비나무가 고사한 사례와 마찬가지로 수목의 통도조직의 기능이 떨어져 발생한 고사다. 1970년대부터 피해가 늘어나 1979년경에는 일본 전역에서 정점에 달했다. 그후에는 감소 추세를 보였는데, 간사이 지방을 중심으로 소나무가 거의 말라 죽어버렸기 때문이다. 일본 전역의 소나무는 소나무재선충에 약한 데다 적송과 흑송은 분포 범위도 넓어서 피해 규모도 컸다(그림 8-7 아래).

내가 박사 학위를 받은 직후 점균을 조사한 도목이나 스기우라 씨가 점균과 갑충을 연구한 도목은 모두 적송 도목이었다(2장 참조). 적송은 마을 근처의 그리 높지 않은 언덕에 자라는 경우가 많다. 전국 삼림공원 같은 곳에는 반드시 자라고 있으며, 대개는 도목도 있다. 연구비가 없는 가난한 연구자에게는 가장 좋은 연구 대상이다. 학회 등으로 멀리 갈 때는 반드시 그 근처의 삼림공원을 확인해두었다가 적송 도목을 보러 갔다. 그런 식으로 꾸준히 전국의 소나무 고목을 찾아다니다가 언젠가부터는 연구비에서 여비도 부담할 수 있게 되면서 여러 장소를 방문했다. 그 덕에 아키타현에서 미야자키현까지 전국 서른 개 장소에서 총 2,000그루에 가까운 적송의 부후형을 조사할 수 있었다.

소나무재선충으로 고사한 소나무는 선충이나 선충을 매개하

그림 8-7 소나무재선충병을 일으키는 소나무재선충의 수컷(위 왼쪽)과 암컷(위 오른쪽)
(다케모토 슈헤이 박사 제공). 몸길이는 0.6~1.0밀리미터이다. 북미에서 들어와
일본 토종 솔수염하늘소에 기생하면서 일본 전역에 퍼졌다. 아래는 소나무재
선충병으로 말라 죽은 적송이다(야마가타현). 적송은 소나무재선충에 약해 넓
은 범위에서 손실이 컸다.

는 솔수염하늘소의 확산을 막기 위해 짧게 자른 뒤, 쌓아올리고 비닐로 덮어서 약재로 훈증한다. 훈증 후 시간이 흘러 벌써 비닐이 너덜너덜해진 곳도 있었다. 이런 소나무재선충병의 상황 증거와 소나무재선충병의 분포, 공원의 작업 기록 등 다양한 정보를 수집했다. 그 후 소나무가 소나무재선충병으로 말라 죽었는지 아니면 다른 수목과의 경쟁 같은 또 다른 원인으로 시들었는지 조사지별로 추정하고, 부후형과의 관계를 해석해보았다. 그랬더니 갈색부후와 백색부후 모두 소나무재선충병과 관련해 높은 빈도를 나타냈다. 예상과 다르게 '대량 고사해서 갈색부후가 늘었다'는 경향은 찾아볼 수 없었다.

이 전국 조사에서는 새롭고 흥미로운 사실을 알 수 있었다. 남쪽으로 갈수록 갈색부후의 빈도가 높았다는 점이다. 역시 갈색부후균은 더운 곳에서 활기를 띠는 것 같다. 가설을 확인하기 위해 소나무 고목에서 배양한 백색부후균과 갈색부후균 각각 여러 종의 균주를 사용해 섭씨 5도에서 40도까지 8단계의 온도에서 균사의 성장 속도를 조사했다. 그 결과 재미있게도 양쪽 다 성장 속도가 최대치를 보이는 온도는 섭씨 25도 전후였다. 그러나 25도 이상의 고온에서는 백색부후균보다 갈색부후균의 성장 속도가 빨랐고, 섭씨 40도에서는 갈색부후균만 성장했다. 더우면 갈색부후균이 늘어나 갈색부후가 일어난다는 법칙은 적송에서도 성립하는 것 같다.

야외 조사에서 소나무재선충병과 갈색부후의 관계를 볼 수 없었던 이유는 이렇게 추측해볼 수 있다. 적송이 단순림을 이루는 경우보다 다른 활엽수와 섞여 자라는 경우가 많았기에 적송이 고사해도 숲은 사라지지 않아서 고목이 직사광선에 노출되지 않았기 때문일 수 있다. 기타야쓰가타케에서 가문비나무 도목의 부후형이 태풍으로 인해 뿌리째 뽑혔는지, 아닌지와 무관했던 것과 같은 이치다. 그러면 다른 수종은 어떨까?

🍄 참나무시들음병 🍄

일본에서 전국적으로 수목의 대량 고사를 일으킨 소나무재선충병과 견줄 만한 수목 병은 참나무시들음병이다. 졸참나무 *Quercus serrata*, 물참나무 *Quercus crispula var. crispula* 등 참나무속 *Quercus* 수목이 차례로 고사했다. 기후온난화, 수목의 지름 증가 등으로 일본 토종 나무좀과 그 공생균에 의한 고사가 늘어났기 때문이라고 생각된다. 이 장 초반에 소개한 북미 지역의 소나무 대량 고사와 같은 패턴이라고 본다.

졸참나무는 예로부터 표고버섯을 재배하는 원목이나 땔감으로 쓰이는 등 인간 생활과 밀접한 수종이다. 뿌리에 바짝 붙여 베어내더라도 남은 그루터기에서 새로운 줄기가 여럿 자라나기 때문에 10년 정도만 지나면 또다시 통나무를 수확할 수 있다. 이렇게 수십 년

그림 8-8 그루터기에서 줄기가 새로 난 아가리코 수형의 너도밤나무. 영국에서는 잎을 뜯어 먹는 양들의 키가 닿지 않는 높이에서 줄기를 재생시키므로 일본보다 나무를 자르는 위치가 높다.

동안 반복해서 통나무를 베어낸 졸참나무는 하나의 굵은 뿌리 위에 여러 줄기가 올라온 특징적인 형태를 이룬다. 일본어로 아가리코라고 부른다(아가루는 올라가다라는 뜻. 그림 8-8). 아가리코가 발견되는 숲은 과거 신탄림, 즉 땔나무와 숯을 생산하기 위한 숲으로 이용되었다. 1950년대 중반부터 1960년대 중반 일본의 고도 경제 성장기에 가정에서는 기존에 쓰던 장작을 버리고 석유나 천연가스 등의 화석 연료를 쓰기 시작했다. 연료가 바뀌자 신탄림의 이용도 줄었다. 줄기를 베어내는 사람이 사라지면서 졸참나무는 그대로 성장해 지름이 마구 늘어나게 되었다. 참나무시들음병을 옮기는 나무좀은 바로 그런 굵은 나무에 구멍을 뚫었는데, 이것도 참나무시들음병의 한 원인으로 본다.

참나무시들음병을 옮기는 나무좀은 참나무긴나무좀이라는 몸길이가 긴 나무좀이다(그림 8-9). 이 나무좀은 기존에 등장한 소나무재선충이나 가문비나무좀처럼 나무껍질 아래를 파먹는 나무좀과 다르게 변재부 깊숙한 곳까지 구멍을 낸다. 게다가 암컷 성충은 유충의 먹이가 되는 균을 넣어둘 전용 주머니(균낭)를 몸에 지니고 있다가 터널 벽에 심어둔다. 이 점은 소나무재선충과 비슷하지만, 주머니가 있는 곳이 위턱이 아니라 등 쪽이다. 심어놓은 균은 터널 벽에서 점성 물질로 번식하고, 알에서 부화한 유충은 이를 먹으

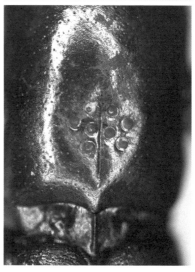

그림 8-9
참나무긴나무좀의 암컷 성충(위). 등 쪽의 균낭(아래)에 유충의 먹이가 되는 균을 넣어두었다가 구멍을 낸 터널 벽에 심는다. 몸길이는 약 5밀리미터이다(마스야 하야토 박사 제공).

면서 성장한다.

1836년 이 점성 물질을 발견한 연구자는 암브로시아(그리스 신화에 등장하는 불로불사의 신의 음식)라고 불렀다.[10] 당시에는 이것이 균인 줄도 몰랐다. 터널 안에 솟아난 희한한 먹거리를 발견한 연구자의 놀라움이 전해진다. 현재는 이 점성 물질을 만드는 여러 종의 균을 통틀어 암브로시아균Ambrosia fungi이라고 한다. 또 암브로시아균과 공생관계를 형성하는 나무좀 그룹을 암브로시아나무좀이라고 한다. 참나무긴나무좀은 이 그룹에 속한다.

참나무긴나무좀은 유충의 먹이가 되는 암브로시아균뿐 아니라 몇몇 균을 운반하는 것 같다. 그중 한 종이 수목을 고사시키는 일본참나무시들음병균Raffaelea quercivora이다. 이 균도 지금까지 소개한 예와 마찬가지로 수목 내 통도조직의 기능을 방해해 고사시킨다. 일본에서 참나무시들음병으로 인한 피해는 2010년에 정점을 맞은 뒤 감소세를 보였으나, 2020년부터 다시 증가 조짐이 나타나고 있다. 지금까지 피해가 비교적 적었던 도호쿠 지방 등으로도 퍼지고 있다. 대량 고사가 현재 진행되고 있는 것이다. 이 정도로 생태계가 대규모로 뒤집히는 상황을 직접 볼 기회는 거의 없다. 이번 기회에 참나무시들음병이 고목의 분해에 어떤 영향을 미치는지 야외 실험을 해보기로 했다.

일본 전국에서 참나무시들음병이 발생한 삼림 네 곳과 참나무시들음병이 발생하지 않은 삼림 세 곳을 골랐다. 각 삼림에서 졸참나무를 베어내 1미터짜리 통나무로 만들어 땅바닥에 놓고 정기적으로 샘플링한다. 그리고 통나무 안에 자리 잡은 균류 군집과 통나무의 분해를 모니터링한다는 계획이다. 참나무시들음병이 생긴 장소에서는 참나무시들음병으로 시든 직후의 졸참나무와 고사하지 않은 건강한 졸참나무를 각각 통나무로 만들어 조사지 안에서도 참나무시들음병과 그렇지 않은 통나무를 비교할 수 있도록 했다.

졸참나무를 여러 그루 베어내 지름이 30센티미터나 되는 통나무 여럿을 숲 안에 두고 장기간 모니터링하는 대규모 실험이기에 관리가 잘되는 곳에서 진행해야 했다. 전국의 대학 연습림과 국립 시험지에 부탁했다. 다행히 모든 시험지에서 그곳을 관리하는 연구자들에게 정기적인 샘플링도 부탁할 수 있었다.

프로젝트는 지금도 계속되고 있다. 데이터는 아직 다 정리되지 않았지만, 지금까지 알아낸 사실을 소개하면 다음과 같다. 우선 분해가 시작되는 시점, 졸참나무를 베어낼 때의 균류 군집을 참나무시들음병이 생긴 조사지 네 곳과 생기지 않은 조사지 세 곳에서 비교했다. 실험 대상으로 삼은, 살아 있는 동안에 잘린 건강한 통나무는 조사지 일곱 곳 모두에 있다. 그러나 참나무시들음병으로 고사한 통나무는 네 곳의 조사지에만 있어 비교할 수가 없었다.

살아 있는 나무 안에도 인간의 피부에 있는 상재균처럼 균류가 존재한다는 점은 3장에서 설명했다. 그때 소개한 것이 잎의 내생균인데, 줄기 안에는 또 다른 내생균이 있다. 그중에는 백색부후균과 갈색부후균 같은 강력한 목재부후균도 있다. 전기드릴로 채취한 목재 샘플로 DNA 메타바코딩을 해 균류를 나열하자, 참나무시들음병이 생긴 조사지와 참나무시들음병이 생기지 않은 조사지에서 균류 군집이 완전히 다른 것으로 나타났다. 특히 갈색부후균의 종 수(정확히는 OTU 수, 6장 참조)가 참나무시들음병이 생긴 조사지에 더 많다는 사실이 밝혀졌다.

졸참나무와 물참나무는 거의 단순림을 이루지 않는다. 다른 활엽수나 침엽수와 섞여 자라므로 졸참나무나 물참나무가 고사한다고 해서 숲 자체가 사라지지 않는다. 그런 점에서 앞서 소개한 북미의 소나무나 유럽의 독일가문비나무보다는 소나무재선충병으로 인한 고사와 상황이 비슷하다. 따라서 갈색부후균의 종 수가 참나무시들음병이 생긴 조사지에서 많아졌는지에 관해서는 이유를 알기 어렵다. 다만 통나무가 분해됨에 따라 균류 군집은 변해갈 것이므로 참나무시들음병이 고목의 균류 군집 발달과 목재 분해에 어떤 영향을 줄지는 모니터링을 계속하면서 앞으로 확인하게 될 것이다.

🌷 삼림 화재로 생긴 목탄화의 영향 🌷

7장과 이 장에서 소개했듯이 지구온난화의 영향으로 세계 각지에서는 대규모 삼림 화재도 늘고 있다. 이 또한 수목 대량 고사의 원인이다. 탄화한 나무는 썩기 어렵고, 타다 남은 나무에는 특징적인 균류 군집이 발달한다. 또 다공질의 숯은 양분을 흡착하거나 미생물의 보금자리가 되어 생태계 안에서 독특한 역할을 한다.

　고목을 태우면 어떤 변화가 일어날지 실험으로 알 수 있다. 목재를 가열하면 섭씨 120도부터 140도 사이에서 중량이 감소하기 시작해 섭씨 200도부터 300도 사이에서 셀룰로스가 분해되며, 섭씨 350도부터 450도 사이에서 리그닌이 분해된 뒤 목탄으로 변한다. 이보다 높은 온도에서 불탄 목재에는 원래 성분인 셀룰로스와 리그닌이 없다. 목재부후균이 고목을 분해하는 이유는 셀룰로스와 리그닌을 분해해 당을 먹기 위해서다. 목탄이 되어버리면 분해할 이유가 없다 보니 목탄은 숲속에 방치되어도 분해되지 않는다. 캠프장 등에서 숯을 방치하지 말라고 하는 이유이다.

　반대로 집을 지을 때 목재 표면을 불로 그을려두면 방부제 등을 쓰지 않아도 어느 정도 부패를 방지할 수 있다. 우리 집 외벽에도 그을린 삼나무 판자를

그림 8-10
그을린 삼나무 판자를 이용한 건물 외벽. 목탄은 부후균이 분해할 수 없어서 벽이 잘 썩지 않고 보기에도 좋다.

사용했다. 거무스름한 것이 꽤 멋있다(그림 8-10). 삼림에 화재가 발생하면 생기는 대량의 목탄은 분해되지 않고 장기간 남게 된다. 일본 조몬시대(기원전 1만 3,000년경~기원전 300년경) 유적이나 나라시대(710~794년) 공방 터에서 완전한 형태의 숯이 발견되고, 지층에 태고의 삼림 화재 흔적이 검게 남아 있는 것도 그 때문이다.

이렇게 오랫동안 남는 목탄은 삼림의 회복에도 크게 영향을 준다. 목탄의 흡착력 때문이다. 목탄이 되어도 원래 고목의 세포 구조는 보존되기에 세포였던 곳은 무수한 구멍으로 남는다. 다시 말해 목탄은 다공질이다. 다공질은 표면적이 크다는 말로도 바꿀 수 있다. 1그램짜리 목탄의 표면적을 계산하면 테니스 코트 일곱 개 면적에 해당한다고 한다. 목탄은 무수한 구멍으로 이루어진, 그 엄청나게 넓은 표면에 온갖 물질을 흡착한다. 빗물에 쓸려나가기 쉬운 질소나 인 등의 양분을 토양으로부터 흡착해서 토양 안에 유지시키는 효과가 있다. 목탄 속에 보관된 양분은 균근균에 흡수되어 수목의 성장을 촉진한다(《숯과 균근에 의해 되살아나는 소나무》[11]).

숲에는 지름이 큰 나무도 있기 때문에 화재가 발생한다고 해서 모든 고목이 타버리는 것은 아니다. 고목은 내부의 무수한 세포가 공기를 품고 있어 열전도율이 매우 낮으므로 표면이 불타고 있어도 내부 온도는 오르지 않고 타다 멈추는 경우가 많다. 하지만 잎이나 줄기 표면에 가까운 형성층 등의 살아 있는 부분은 타버리기 때문에 고목임은 틀림없다. 표면이 타서 분해되기 어려워도 내부에는 셀룰로스가 남아 있으니 곧 목재부후균이 정착해 분해될 것이다.

불탄 흔적은 상당히 특수한 환경이다. 삼림 토양이나 고목은 보통 산성을 띠지만, 목탄은 알칼리성을 띤다. 연소가 진행되어 재가 되면 알칼리성은 더욱 강해진다. 연소되면서 탄소는 날아가지만, 미네랄 성분은 재 속에 남기 때문이다. 그래서 산성이 강한 밭의 토양 개량제로 재를 쓴다. 또 내부에 셀룰로스가 있다고 해도 표면은 분해할 수 없는 목탄으로 덮인다. 이처럼 삼림에 화재가 발생한 뒤의 고목은 어떤 부후균이 분해할까?

화입은 생태계를 어떻게 변화시킬까

대규모 삼림 화재를 예방하기 위해 정기적으로 화입을 시행한다는 내용은 이 장 처음에 설명했다. 9장에서도 나오겠지만, 북유럽에서는 오랜 임업 역사에서 생태계가 잃어버린 고목을 사람 손으로 되찾는 하나의 수단으로 화입을 한다고 한다. 최근에는 이러한 화입지의 생물다양성 조사가 많이 이루어지고 있으며, 목재부후균에 대한 조사도 함께 이루어지고 있다. 핀란드와 스웨덴의 연구 사례를 소개한다.

대상지는 러시아와의 국경 근처에 있는 핀란드 동부 북방림이다. 구주소나무*Pinus sylvestris*와 독일가문비나무가 우점하는 삼림에서 2001년에 화입을 시행했고, 그 후 10년에 걸쳐 목재부후균류를 조사했다.[12] 조사 대상은 목재부후균 중에서도 딱딱한 버섯을 만드는 구멍장이버섯과의 버섯들이다. 화입을 하지 않은 삼림을 비교 대상으로 삼아 비교하면, 기록된 78종 중 14종의 균류가 화입한 산림을 특히 선호하는 것으로 나타났다. 재미있는 점은 이 14종 중 절반 이상인 8종이 갈색부후균이었다는 사실이다.

스웨덴 북부 우메오 근교, 구주소나무와 독일가문비나무가 우점하는 삼림에서는 2001년에 화입이 이루어지기 전후로 고목에 발생한 구멍장이버섯과 그 종류를 비교했다. 화입한 삼림에서는 백색부후균의 비율이 60퍼센트에서 40퍼센트까지 감소한 반면 갈색부후균의 비율은 20퍼센트 전후로 변화가 없었다.[13] 균류뿐 아니라 고목의 부후형 조사도 필요하다. 삼림 화재로 타다 남은 고목은 화재가 일어나지 않은 산림에 비해 갈색부후가 쉬울 수 있다.

삼림 화재가 일어나면 이산화탄소가 방출된다. 그러나 목탄은 쉽게 분해되지 않으며, 장기간 삼림 토양에 탄소로 저장되어 수목의 생육을 촉진함으로써 이산화탄소 흡수를 촉진하는 역할도 할 것이다. 또 타다 남은 고목이 갈색부후하기 쉬운 경향이 있다면 그것도 유기물 축적에 도움이 될 수 있다. 삼림 화재는 매우 역동적인 사건인 만큼 감정적으로 받아들이기 쉽지만, 미래의 기후변화나 생물다양성에 어떤 영향을 주는지 신중하게 평가해야 한다.[14]

≪ 현장 관찰 기록 ≫

2002년 여름, 미국 서부 캘리포니아주의 요세미티 국립공원에 등반 여행을 갔다. 1,000미터도 넘는 수직 벽을 오르는 경험도 물론 짜릿했지만, 붉은 나무껍질의 소나무 거목이 우뚝우뚝 솟은 광경도 캘리포니아의 건조한 공기와 함께 인상 깊이 남아 있다. 그때 남긴 메모를 보니 8장에서 대량 고사한 사례로 소개한 폰데로사소나무다. 요세미티 국립공원에서는 2000년대 들어서도 가뭄과 나무좀으로 인한 수목의 대량 고사가 종종 발생하고 있다. 그 소나무 거목들은 지금 어떻게 되었을까?

외국산 소나무는 일본 국내에도 들어와 있어 특이한 모양의 솔방울을 주울 수 있다. 신슈대학교 농학부 튤립나무*Liriodendron tulipifera* 가로수에서 스트로브잣나무*Pinus strobus* 같은 긴 솔방울을 주웠다. 이 녀석도 고향인 미국에서는 나무좀 때문에 대량 고사했지만, 마찬가지로 미국에서 온 소나무재선충이 일본에서 일으킨 소나무재선충병에는 내성이 강한 것 같다. 따지고 보면 백합나무 가로수의 백합나무도 원산지는 미국이다. 인간의 이동을 따라 외국에서 들어온 병해충은 전 세계에서 수목의 대량 고사를 일으킨다. 전 세계 항공기나 선박의 경로를 나타낸 세계지도에 병해충으로 발생한 수목의 대량 고사 지점을 표시해보면 인간 이동의 중심지인 미국, 유럽, 그리고 일본 주변에서 대량 고사가 빈번하게 발생한다는 사실을 알 수 있다. 세계 3대 수목 병으로 불리는 느릅나무시들음병, 잣나무털녹병, 밤나무줄기마름병은 모두 아시아에서는 크게 피해를 주지 않는 균이 유럽과 미국으로 건너가 큰 문제를 일으켰다.

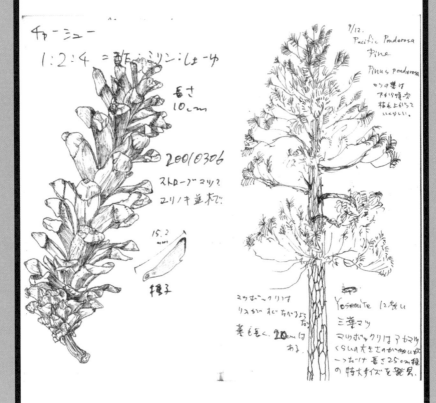

🍂 왼쪽: 스트로브잣나무의 솔방울
🍂 오른쪽: 대량 고사한 사례로 소개한 폰데로사소나무

9장

고목이 사라진다!

되찾을 수 있을까

🎋 엘턴의 고목 연구 🌿

영국의 생물학자 찰스 엘턴은 먹이연쇄나 생태적 지위 같은 생태학의 중요한 개념을 정착시켜 박물학으로부터 생태학이 갈라져 나오는 데 중요한 역할을 했다. 영국 옥스퍼드 인근 와이텀 숲에서 생물의 상호작용을 소상하게 관찰한 엘턴은 그 성과를 《동물 군집의 양식》[1]이라는 두꺼운 책으로 정리했다. 이 책에서 엘턴은 고목의 생물 군집과 균류에 관해 두 장을 할애해 해설했다. 그 첫머리에 고목의 중요성이 간결하게 나와 있어 여기에 인용해둔다.

현대 임업의 악습으로 인해 삼림은 매우 지루하고 질서 정연해졌다. 예를 들어 햄프셔주 뉴포레스트 국립공원의 잘 관리된 임업 용지 안을 돌아다녀 보면, 죽어가는 나무나 이미 말라 죽은 나무 정도가 자연림 안에서 살아가는 동물에게 최대 자원이라는 사실을 알 수 있다. 만약 땅에 떨어진 나뭇가지나 몇몇 썩은 수목을 누군가 치워버린다면 필시 그곳 동물의 5분의 1 이상이 사라지고, 삼림 전체가 심각한 불모지로 변할 것이다. 하지만 아무도 그러한 사실을 믿으려 들지 않을 수도 있다.

엘턴은 와이텀 숲의 동물 목록을 작성하면서 고목에 사는 456종의 동물을 기록했다. 세계자연보호기금WWF의 2004년 보고서에도 유럽 삼림에 서식하는 생물종 가운데 무려 3분의 1이 고목에 의존해 산다고 적혀 있다.'

엘턴이 드나들던 와이텀 숲에는 나도 가보았다. 런던에서 세계생태학대회INTECOL가 열렸을 때, 학회 관련 투어 방문 장소 중 하나가 와이텀 숲이었다. 엘턴을 좋아하는 한 사람으로서 그 투어는 절대 빠질 수 없었다. 실제 방문한 와이텀 숲은 초가지붕의 민가와 인접한 동네 뒷산이었다(경관으로 보존되고 있는 것 같았다). 영국에도 초가집이 있다는 사실에 놀랐는데, 100여 년 전까지는 영국 시골도 초가집이 주류였다고 한다. 의외의 공통점을 발견하고 얼마나 기뻤는지 모른다. 이런 친근한 환경에서 생태학의 중요한 역사가 만들어진 것에 감회가 남달랐다.

▌ 《Deadwood-living forests》, WWF, 2004년 10월.

엘턴이 아니었어도 생물을 좋아하는 사람, 특히 벌레를 좋아하는 사람에게 고목은 친근한 존재다. 고목 아래를 뒤엎어보면 반드시 뭔가를 발견할 수 있다. 개미나 흰개미 무리에 놀라기도 하고, 거대한 지네가 똬리를 틀고 있기도 하다. 나는 여러 나라를 다니면서 고목을 조사할 때마다 반드시 도목을 뒤집어 그 아래를 들여다본다. 그때마다 나타나는 생물이 지역마다 달라서 재미있다(그림 9-1, 권두그림 ㉔).

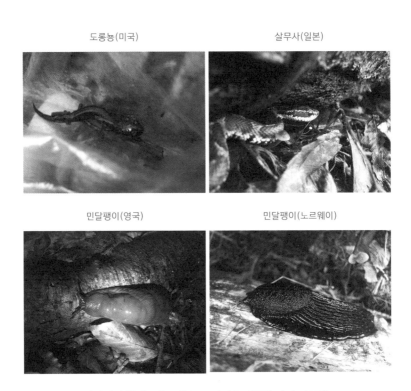

도롱뇽(미국)   살무사(일본)

민달팽이(영국)   민달팽이(노르웨이)

그림 9-1 도목 아래에서 볼 수 있는 생물. 그 면면은 지역에 따라 다르다.

미국 애팔래치아산맥의 그레이트스모키산맥 국립공원에서는 안개 낀 숲속 도목 아래에서 귀여운 도롱뇽을 여러 마리 발견했다. 영국과 유럽에서는 오렌지색과 시커먼 색의 거대한 민달팽이가 앉아 있기 일쑤였다. 고목의 표면이나 내부에도 식물과 점균, 버섯과 곤충 등 여러 종류의 생물이 살고 있다는 것은 1부에서 소개한 대로다. 고목이 사라지면 수많은 생물이 살 곳과 먹을 것을 잃는다는 사실을 쉽게 상상할 수 있다.

고목 상실과 생물 멸종

오래전 인간이 삼림을 개발해 농지를 만들던 시절부터 고목에 의존해 살던 생물은 멸종되기 시작했다. 농경 역사가 오래된 유럽에서는 지금으로부터 약 3,000년 전인 청동기시대 후기에 이미 경작이 가능한 평지에서 삼림이 소실되었다. 영국에서는 아직 완전히 화석이 되지 못한 생물 사체의 화석인 반화석subfossil 곤충에 관한 연구가 많이 진행되고 있다. 그런데 5,000년 전부터 3,000년 전까지의 청동기시대 말 이후로는 고목에 의존한 갑충의 반화석을 볼 수 없게 되었다고 한다. 확실히 영국에서는 끝없이 펼쳐진 초지가 인상적이다. 영국의 웨일스에 살 때 험준한 산들로 유명한 스노도니아 국립공원조차도 산기슭에서 정상에 이르는 지역에 교목이 전혀 없는

그림 9-2 영국 웨일스 북부의 스노도니아 국립공원. 꽃가루를 분석해보니 이곳도 청동기시대 이전에는 삼림이었지만, 지금은 산꼭대기까지 초지로 뒤덮여 있다.

초지가 펼쳐져 있고, 양 떼가 놀고 있는 장면에 놀란 기억이 있다(그림 9-2).

숲이 남아 있어도 관리된 숲, 특히 목재 생산을 목적으로 한 인공림에서는 목재를 수확해 반출하기 때문에 사람들이 원치 않는 가지와 잎을 제외하고 숲속에 고목이 남지 않는다. 거대한 고목의 존재는 숲의 자연도가 얼마나 되는지를 드러내는 지표이기도 하다. 또 인공림은 '팔리는 나무'의 단순림으로만 구성되는 경우가 많다. 줄기가 곧게 자라 목재로 사용하기 쉬운 수종만 심고, 그런 나무가 크면 벌채해서 수확하기 때문에 다양한 수종의 고목은 찾아볼 수 없게 된다.

임업 활동 때문에 숲속에 다양한 수종의 고목, 무엇보다 지름이 큰 고목이 전혀 없는 상태가 장기간 지속되면 고목에 의존하는 생물은 멸종하고 만다. 잔가지나 잎이 아무리 많이 떨어져 있어도 지름이 크고 잘 썩는 고목이나 수동이 파인 굵은 나무에서만 살 수 있는 생물이 많다. 그 결과 고목에 의존하는 생물은 현재는 농경에 부적절하고 임업도 활발하지 않은 산악지대 천연림 여기저기에 분포한다. 근대적인 임업이 비교적 일찍부터 활발히 이루어진 북유럽에서는 고목에 의존하는 균류와 곤충 대부분이 멸종위기종으로 적색목록에 올라와 있다. 한편 핀란드와 러시아의 국경에 인접한 카렐리야 지방처럼 임업이 그다지 번성하지 않은 지역에서는 고목에 의존하는 희소 곤충이 지금도 다수 존재한다(《고사목 속 생물다양성》2).

멸종 부채

고목의 부재가 생물군에 미치는 영향이 현실로 드러나려면 시간이 걸린다는 점에는 주의해야 한다. 극단적으로 말하자면 고목이 풍부한 천연림이었던 곳을 개발하느라, 가령 일본에서 삼나무 등을 심어 인공림으로 만들더라도 고목에 의존하는 생물이 모두 곧바로

멸종하는 것은 아니다. 멸종을 확인하려면 시간이 걸린다. 임업의
역사가 짧은 북미는 인공림과 천연림의 고목에 의존하는 갑충의 종
수에서 아직 눈에 띄는 차이는 보기 어렵다고 한다. 다만 고목이 없
는 상황이 장기간 지속되면 고목에 의존하는 종은 머지않아 멸종한
다. 이처럼 적합한 서식지가 장차 더 이상 감소하지 않더라도 이미
일어난 환경 변화로 인해 개체군은 서서히 멸종하기에, 시간이 흐른
뒤 생물종이 멸종하는 현상을 생태학 용어로 멸종 부채extinction debt
라고 한다.[3] 멸종 도중에 있는 생물은 현재 서식지의 상태가 아니라
과거 서식지의 상태 때문에 멸종 상황을 맞는다는 것이다.

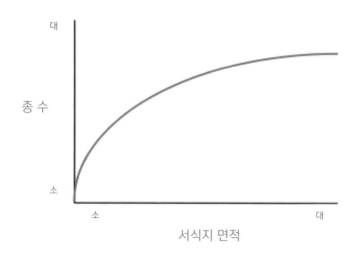

그림 9-3 생물의 종 수와 서식지 면적의 관계를 나타낸 종수면적곡선. 서식지 면적이
커지면 그곳에서 관찰되는 생물의 종 수는 증가하지만, 증가세는 점차 완만
해진다.

도대체 얼마나 많은 생물종이 멸종을 향해 가고 있는 걸까? 이런 예측은 늘 어려워서 멸종 부채를 지나치게 강조하는 데 대한 비판은 있다. 어느 정도 면적의 서식지(고목의 경우는 부피도 좋다)가 상실되면 어느 정도 종이 멸종하는지를 예측하기 위해서는 실제 조사 데이터를 통해 만들어진 종수면적곡선을 사용한다(그림 9-3). 넓은 면적의 조사지에서 수종의 분포를 기록한 데이터 등을 통해 조사 면적과 그 안에 기록된 종 수의 관계를 그림으로 나타낸 것이다.

조사 면적이 작을 때는 면적이 조금만 늘어나도 기록되는 종 수는 대폭 증가하지만, 애초에 면적이 넓을 때는 그 면적이 조금 늘어나더라도 종 수는 거의 증가하지 않을 수 있다. 이를 면적이 클 때부터 작을 때로 거꾸로 더듬어가면, 서식지의 면적이 감소할 때 그곳에 서식할 수 있는 종 수(반대로 말하면 그동안 멸종할 종 수)를 추정할 수 있다고 생각해도 된다.

🎐 멸종 속도를 추정하는 법 🎐

그런데 2011년 드넓은 열대우림 지역에서 생물의 분포를 조사하던 중국과 미국의 연구자가 이 추정 방법으로는 멸종이 과대 평가된다는 논문을 발표했다.[4] 그들은 우선 그림 9-4와 같이 네모난 서식지 속 회색 지대에 어떤 생물이 서식하고 있었다고 가정했다. A라

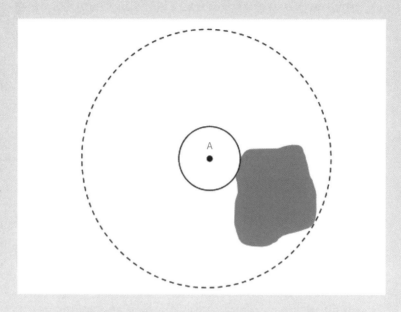

그림 9-4 종수면적곡선을 사용한 멸종 종 수 추정 방법이 실제 서식 상황과는 다르다는 것을 보여주는 그림. 네모난 서식지 안의 회색 영역에 어떤 생물이 서식할 때, A라는 장소로부터 조사 면적을 동심원상으로 넓혀가면 실선 원 부분까지 조사 면적이 넓어졌을 때 비로소 이 생물이 기록된다(종수면적곡선에서 종수가 한 개 증가한다). 그런데 A 장소로부터 서식지를 동심원상으로 지우면, 이 생물이 멸종하는 것은 점선 원이 있는 곳까지 서식지를 지웠을 때가 된다. 이렇게 '생물이 최초로 기록되는 면적'과 '멸종하는 면적'의 차이에 따른 종을 기록할 때의 곡선과 종이 멸종할 때의 곡선에 차이가 생긴다. 즉 그림 9-3의 곡선을 오른쪽에서 왼쪽으로 따라가는 것만으로는 서식지 면적의 소실에 따른 정확한 멸종 종 수는 예측할 수 없다.

는 장소로부터 조사 면적을 동심원상으로 넓혀간다고 하면, 실선의 원 부분까지 조사 면적이 넓어졌을 때 비로소 이 생물이 기록된다. 그런데 똑같이 서식지를 A에서부터 동심원까지 지워가면, 이 생물이 멸종하는 것은 점선의 원 부분까지 서식지를 지웠을 때다. 이렇게 생물이 최초로 기록되는 면적과 멸종하는 면적의 차이에 따라 종을 기록할 때의 곡선과 종이 멸종할 때의 곡선에 차이가 생긴다. 조사지 속 생물이 완전히 무작위로 한 개체씩 무관하게 분포할 경우에는 종수면적곡선을 역으로 따라가면 멸종 곡선을 이끌 수 있지만, 그런 상황은 자연에서는 있을 수 없다. 같은 종의 생물은 집단으로 뭉쳐 분포할 수도 있다. 그럴 경우 종의 멸종 속도는 종수면적곡선을 단순히 역으로 따라갔을 때 추정되는 것보다 더 느려진다. 어떤 논문에는 160퍼센트 이상 다른 경우도 있었다고 발표했다.

이처럼 멸종 속도 추정의 정확도에 관한 논란은 있지만, 서식지(고목)가 사라지면 그에 의존하는 생물이 해를 입는 것은 확실하다. 2010년 세계자연보전연맹IUCN의 유럽판 적색 목록을 보면 고목에 의존하는 갑충류 436종 중 11퍼센트에 해당하는 46종이 멸종위기종으로 올라 있다.[5] 적색 목록은 멸종위기에 놓인 야생생물종의 목록이다. 특히 북유럽 스칸디나비아반도 국가에서 고목과 생물다양성 연구가 많이 이루어지고 있다. 노르웨이와 스웨덴, 핀란드 같은 북쪽 나라에서는 삼림의 교목층도 수종이 극히 한정되어 있다. 침엽수로는 독일가문비나무와 유럽적송, 활엽수로는 백자작나무*Betula*

*pubescens*와 사시나무*Populus davidiana*, 유럽참나무*Quercus rubra* 등이 삼림의 주요 수종이다. 원래 수종의 다양성이 낮고 임업 대상인 독일가문비나무는 넓은 단순림으로 관리되고 있다.

🌱 북유럽의 멸종위기종 균류 🍄

고목에 의존하는 곤충의 종 조성과 수종의 관계를 노르웨이에서 20년 동안 조사한 데이터에 따르면 멸종위기종은 대부분 유럽참나무와 깊은 관계가 있었다.[6] 유럽참나무는 사람이 사는 마을에서도 가축 방목지에 그늘을 만드는 나무 등의 역할을 하기 때문에 아주 오래된 큰 나무가 잘 보존된 경우가 많다. 그런 노목에는 수동이 파여 있어 고목에 의존하는 곤충의 중요한 보금자리가 된다.

그중 은둔자색호랑꽃무지*Osmoderma eremita*가 유명하며, 유충이 수동 안에 쌓인 부엽토에서 자란다. 수컷 성충은 살구처럼 달콤한 향기를 내뿜는다고 한다. 데카락톤*Decalactone*이라는 화합물 때문에 나는 이 향기는 암컷을 유인하는 페로몬으로 작용한다. 일본에도 있는 같은 속의 자색호랑꽃무지*Osmoderma opicum* 역시 희귀한 종으로 알려져 있다. 그 꽃무지의 냄새를 맡아보고 싶다. 은둔자색호랑꽃무지 같은 상징적인 생물종이 생육할 수 있는 환경을 보전하면 비슷한 생육 환경을 이용하는 다른 생물도 보전할 수 있다.

고목에 사는 균류도 마찬가지이다. 핀란드에서 백자작나무나 사시나무 같은 활엽수와 독일가문비나무나 유럽적송 같은 침엽수 도목에 발생한 균류(버섯)를 조사한 논문을 보면, 균류의 종 조성은 활엽수와 침엽수가 크게 달랐다.[7] 고목의 수종에 따라 그곳에 사는 균류의 종이 상당히 다르므로 인공림을 조성해 침엽수 단일 수종으로만 채우면, 침엽수 고목에 사는 균류만 남게 된다. 더욱이 임업 등 산림 관리가 계속되면 지름이 큰 고목이 숲에서 사라지게 되고,

그림 9-5 지름이 큰 독일가문비나무 고목에 의존해 사는 원심아교고약버섯속의 버섯 (루체 지바로바 씨 제공). 포자 대부분은 버섯으로부터 10~20미터 이내 거리에 떨어지므로 삼림이 단절된 현재는 멸종위기에 처해 있다.

그런 나무에 의존하는 균류는 살아남을 수 없다.

균류는 미세 포자가 바람을 타고 대단히 멀리 날아갈 수 있으니 어디에나 있을 것이라고 생각하기 쉽지만, 사실 포자는 대부분 버섯 바로 근처에 떨어진다. 핀란드에서 원심아교고약버섯속*Phlebia centrifuga*이라는 지름이 큰 독일가문비나무 고목에 의존하는 균종 포자의 살포 거리를 조사한 연구가 있다. 이에 따르면 포자는 대부분 버섯으로부터 10~20미터 이내의 거리에 떨어진다.[8] 바람을 타고 멀리 날아갈 때도 있지만, 햇빛이 닿으면 포자의 생존율은 급속히 떨어지기 때문에 멀리까지 날아가 그곳에서 포자가 살 확률은 상당히 낮을 것이다.[9] 균류는 어디에나 있지만, 특정 균종이 지속해서 생존할 수 있는 장소는 서식지로 한정된다.

원심아교고약버섯속은 굵은 아름드리 고목이 많은, 자연도가 높은 삼림에만 서식할 수 있다(그림 9-5, 권두그림 ㉕). 스칸디나비아반도에서는 자연도가 높은 삼림의 소실이나 분단으로 급속히 감소하고 있다. 이에 따라 핀란드, 스웨덴, 노르웨이에서는 가까운 미래에 멸종위기에 처할 수 있는 준위협종으로 지정되어 있다.

🍄 일본의 멸종위기종 균류 🍄

일본도 제2차 세계대전 후 확대 조림 정책을 시행하면서 전국에 삼나무와 편백나무 등의 침엽수를 심었다. 그 덕에 지금은 전국 삼림의 전체 면적 중 약 40퍼센트가 인공림이다. 긴키 이남에서는 인공림 비율이 60퍼센트를 넘는 현도 많다. 인공림 조성으로 멸종에 처한 균류도 많으리라고 상상할 수 있다. 일본 환경성의 적색목록 중에서 고목에 의존하는 균류를 꼽아보겠다. 세계자연보전연맹 기준으로 멸종 가능성이 높은 카테고리인 멸종위기 I급으로 지정되어 있는 리모수스진흙버섯*Phellinus rimosus*은 발견된 뒤로부터 80년 넘는 시간 동안 고치현 요코쿠라산에 나는 망개나무*Berchemia berchemiifolia*(갈매나무과)에서만 발견되었다.[10] 망개나무도 여러 현에서 멸종위기종으로 지정된 희귀 수종이다. 마찬가지로 멸종위기 I급으로 지정된 거짓자작구멍장이버섯*Polyporus pseudobetulinus*은 홋카이도 고원 지역 몇 곳에서 자라는, 버드나무과 수목의 생목과 고목에서만 발견된다. 열대 버섯인 콜로쑴불로초*Ganoderma colossum*는 활엽수나 야자류에 자란다고 하는데, 일본에서는 1947년 미야자키현에서 한 번 채집된 것이 전부라 멸종된 것으로 생각된다.

건강식품으로 유명한 목질진흙버섯*Phellinus linteus*(상황버섯)은 한국과 중국에서 재배되는데, 자연조건에서는 뽕나무*Morus alba*나 중국뽕나무*Morus australis*(뽕나무과)의 노목에 발생한다. 일본에서는 자연조건에서는 극히 드물게 발생하며, 멸종위기가 높아지고 있다는 뜻의 멸종위기 II급으로 지정되어 있다. 뽕나무 노목의 감소와 남획이 원인이다. 마찬가지로 멸종위기 II급으로 지정된 시루뻔버섯

*Inonotus cuticularis*과 파토윌랄디시루뻔버섯*Inonotus patouillardii*은 일본에서는 몇몇 곳의 난온대, 아열대 노령림의 활엽수 고목에서만 발견된다. 이들 균종이 멸종에 처한 원인은 난온대림의 벌채와 개발로 생육지가 감소했기 때문이다.

준위협종 중에도 고목에 의존해 사는 균종이 있다. 다변흑자변색버섯*Ionomidotis irregularis*과 덩굴산호침버섯*Hericium cirrhatum*은 냉온대의 노령 계곡부 수변림에서만 발견된다. 저령*Polyporus umbellatus*은 차갑고 서늘한 지역의 활엽수 고목이나 고목으로 이어진 균핵에서 발생한다. 원래 희귀한 균종이지만, 식용·약용으로 남획되어 감소하는 중이라고 한다. 반디애주름버섯*Mycena lux-coeli*은 난온대림의 모밀잣밤나무류(참나무과) 노목이나 부후재에서만 발생한다. 오래된 조엽수림이 벌채로 감소하면 멸종위기에 처할 가능성도 있다고 한다.

이처럼 일본에서 고목에 의존하는 균종 중 적색 목록에 오른 균종은 모두 활엽수 노령림, 노목, 고목에 발생하는 것뿐이다. 숲을 개발하고 침엽수를 심으면서 활엽수 노령림은 줄어든 것이 이들 균종이 감소한 요인임은 확실하다. 이외에도 아직 여러 종류의 생물이 조용히 멸종되고 있다. 다만 어떤 생물이 사라졌는지를 명확히 말하기는 어렵다. 멸종한 종을 알기 위해서는 아마추어 연구자들의 연구 결과까지 포함해 많은 관찰 기록을 모으고 분석하는 구조가 필요하다고 생각한다.

🍄 포자 산포 거리 🍄

핀란드에서 원심아교고약버섯 연구와 관련해 발표했던 균류 포자가 날아간 거리, 즉 산포 거리는 야외에서 어떻게 알아낼 수 있을까? 공기 중의 포자를 에어 샘플러air sampler 등으로 모았다고 하더라도 포자의 종명을 동정하기는 쉽지 않다. 특히 목재부후균으로서 중요한 담자균류의 포자는 형태가 단순해 형태적 특징을 보고 종명을 판단하기란 거의 불가능하다. 설사 종명을 동정할 수 있었다고 해도 어디에나 있는 균종이라면 곳곳에 포자 발생원이 있으니 어디서 날아온 포자인지를 동정하기는 어렵다. 반대로 포자의 발생 지점이 한정되는 멸종위기종을 대상으로 삼으면 동정하기 쉽다는 말이다. 동정한 균류는 그 균종의 보전에 도움이 되는 데이터가 되기도 한다.

원심아교고약버섯을 대상으로 한 연구에서는 균류 교배를 이용한 독특한 방법으로 포자의 산포 거리를 검증했다.[8](그림 9-6) 우선 포자 하나에서 발아한 균사체를 준비한다. 7장 '과자로 만든 집 이야기'에서 소개한 대로 포자에서 막 발아한 균사체 세포에는 핵이 하나씩 들어 있다. 그 핵은 감수분열의 결과이며, 반수의 염색체를 지닌 세포 혹은 개체를 뜻하는 반수체이다. 즉 유전정보를 부모의 절반밖에 갖고 있지 않다. 이 반수체 균사체끼리 교배해 세포 융합을 일으키면 완전한 유전정보를 가진 균사체가 될 수 있다. 반수

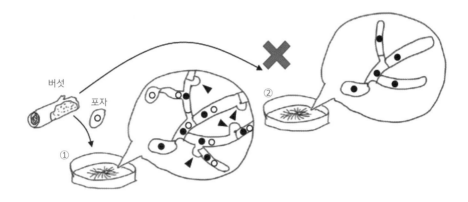

그림 9-6 포자 산포 거리를 확인하는 실험. 도목 위 버섯으로부터 퍼져나간 포자에서 뻗어나온 균사체가 배지의 균사와 교배되고 나면 이핵균사가 생기고, 돌기(클램프연결, 삼각 화살표)가 나타난다. 검은 원과 흰 원은 각각 유전형이 다른 핵을 나타낸다. ①번 배양기에서는 버섯에서 포자가 날아와 이핵균사가 되었는데, ②번 배양기에서는 포자의 산포 범위 밖이라 일핵균사인 채로 남아 있다.

체 균사체끼리의 세포 융합은 동물의 수정에 해당한다고 생각하면 이해하기 쉽다. 동물은 수정란 안에서 정자의 핵과 난자의 핵이 융합해 하나의 이배체(배우자의 염색체 수가 기본 수의 두 배인 세포나 개체) 핵을 이룬다. 균류에서는 두 균사체의 핵이 융합하지 않고, 원래 반수체의 핵 그대로 한 세포 안에서 공존하는 상태가 된다는 점이 다르다. 하나의 세포 안에 핵이 두 개 이므로 교배 후 균사를 이핵균사, 교배 전 핵이 하나인 균사를 일핵균사라고 한다. 그리고 이핵균사에는 클램프연결이라는 독특한 돌기가 있다.

여기서 교배 전 균사체는 핵이 하나이고, 교배 후 균사체는 핵이 둘, 그리고 이핵균사에는 돌기가 있다는 것이 이 실험의 관건이다. 현재 포자를 날리는 원심아교고약버섯에서 0~1,000미터 거리 안에 일핵균사체를 배양한 배양기를 거리별로 여러 장 놓아둔다. 배양기의 뚜껑을 열어두면 날아온 원심아교고약버섯의 포자가 배양기 속 일핵균사와 교배해 이핵균사가 된다. 잠시 뚜껑을 열어둔 배양기 안의 일핵균사가 이핵이 되면 그곳으로 포자가 날아왔다는 뜻이다. 이핵균사가 됐는지는 현미경으로 균사에 돌기가 있는지를 보면 쉽게 확인할 수 있다. 꽤 간단한 실험이다.

일핵균사에도 교배하기 쉬운 것과 어려운 것이 있다고 하니 교배하기 쉬운 일핵균사를 선발하는 등의 궁리는 필요하다. 또 1,000미터까지의 거리를 모든 방향에서 확인하려면 풍향에 따라 포자가 어느 쪽으로 날아갈지 모르기 때문에 상당수의 배양기가 필요하다. 원심아교고약버섯 실험에서는 2만 장 가까운 배양기를 사용했다고 한다.

🍄 고사목 벌채의 장단점 🌱

고목이 사라지면 고목을 거처로 살아가는 생물도 사라진다. 포자를 멀리 날릴 것으로 생각되는 균류조차 그렇다. 반대로 8장에서 소개한 대로 수목이 대량 고사하면 고목에 의존해서 사는 생물에게는 은혜로운 환경이 펼쳐진다. 실제로 곤충이나 딱따구리 등 고목에 의존하는 생물이 늘어난다.[11] 그중에는 멸종위기종도 많다.

그런데 수목이 대량 고사하면 산림 관리자가 고목을 벌채해서 반출하는 일이 다반사다. 이러한 고사목 벌채·반출을 영어로는 샐비지 로깅salvage logging(구조벌채)이라고 한다. 고사목 벌채는 고목이 썩기 전에 목재로 활용하겠다는 경제적인 이유나 병충해의 발생원을 줄이려는 위생적인 이유도 있지만, 공원 등에서는 단순히 미관상 좋지 않아 정리가 필요하다는 이유로 이루어질 수도 있다. 그 결과 고목에 의존하는 생물의 다양성이 위협받는다. 삼림의 회복이 늦어질 수도 있다.

지상에 여러 겹 포개진 고목은 자연 바리케이드가 되어서 수목의 실생이나 어린나무가 사슴 등에게 먹히지 않게 막아준다. 또 지표 환경이 고르지 않아서 다양한 식물이 자랄 수 있다. 가령 그늘이 생기면 직사광선을 좋아하지 않는 식물도 생육할 수 있다. 한편 고목이 제거되어 깔끔해지면 단숨에 외래식물이 번식하기도 한다.[12] 외래식물의 침입은 식생 변천 과정에 영향을 주어 삼림 회복이 늦춰질 수도 있다.

고목과 노목의 분포는 그 자리에 어떤 수목이 자랐었는가 하는 '숲의 기억'이라고도 말할 수 있다. 침엽수 인공림이 펼쳐진 곳에 거대한 활엽수 노목이 있는 것을 보면 과거에는 훌륭한 활엽수림이 펼쳐져 있었다는 사실을 알 수 있다. 이 같은 노목의 존재는 침엽수

인공림 속에서 과거의 생물상이 남아 있는, 생물다양성이 활발한 장소로서의 기능도 한다.[13]

수목이 서 있으면 그 줄기 주위에서는 바람이 흐트러지기 때문에 밑동에 눈이 잘 쌓이지 않는다. 설산에 오르면 입목(서 있는 나무)의 밑동 주변은 쌓인 눈이 적어서 구멍처럼 비어 있는 모습을 볼 수 있다. 또 봄이 오면 줄기 주변부터 눈이 녹는다(그림 9-7). 서 있는 고목에서도 같은 일이 일어난다. 그러면 밑동 주변에 수목의 실생이 자라기 쉬워져 다음 세대 삼림의 수목 분포는 과거 수목의 분포를

그림 9-7 나무 밑동 주변에 눈이 쌓이지 않아 생긴 구덩이(미야기현). 입목 줄기 주변에서는 바람이 흐트러지기 때문에 뿌리 주위에 눈이 잘 쌓이지 않으며, 녹기도 빨리 녹는다. 고목 밑동에도 이런 구덩이가 생겨 실생이 자라기 쉽다.

어느 정도 반영하게 된다.[14] 다시 말해 8장에서 소개한 대규모 수목 고사가 발생하더라도 고목이 그대로 남아 있으면, 나중에 비슷한 수목 분포로 삼림이 회복되기 쉽다는 말이다.

이 밖에도 차세대 수목의 분포나 성장에 대한 효과는 그루터기 위, 도목 위가 수목의 실생이 생육하기 좋은 장소라는 점과도 관련 있다. 이에 관해서는 11장에서 자세히 설명하겠지만, 썩은 그루터기나 도목 위에서는 수목의 실생이 살아남아 성장하기 쉽다. 도목을 치워버리면 수목의 실생이 살아남기 어렵다는 뜻이다. 홋카이도의 삼림을 가정한 시뮬레이션 결과에서도 알 수 있다. 고사목 벌채로 도목을 제거한다면 도목 위에서 실생이 새로 자라는 가문비나무나 글레니가문비나무*Picea glehnii* 같은 수종은 수십 년 후에 삼림에서 사라질 것으로 예상되었다.[15]

고목에는 대량 고사한 뒤의 토양생물상에 끼치는 손실을 떨어뜨리는 효과도 있다. 수목이 대량 고사해서 지표를 덮고 있던 수관(나뭇가지와 잎)이 없어지면 직사광선이 내리쬐어 지표 환경이 건조·고온 상태로 바뀐다. 기존에 서늘하고 그늘진 흙 속에서 조용히 살던 토양생물에게는 가혹한 환경이다. 스트레스에 강한 생물만 살아남을 것이다. 고목이 많이 남아 있으면 이야기는 달라진다. 거대한 도목 아래는 직사광선이 차단되어 눅눅한 상태이므로 건조·고온 환경에 약한 생물의 피난 장소가 된다.

체코 슈마바 국립공원(나무좀에 의해 독일가문비나무 대량 고사가 일

287

어난 곳. 8장 참조)에서 이루어진 최신 연구에 따르면 대량 고사 후에 고목이 남아 있을 경우 토양의 미생물 군집에 끼치는 손실도 적어진 다는 사실이 밝혀졌다.[16] 대량 고사가 일어나 살아 있는 수목이 줄 어들면 수목과 공생하는 균근균도 토양 속에서 대부분 자취를 감 춘다. 그러나 고목이 남아 있기만 해도 토양 속 균류 바이오매스의 감소가 완화되고, 살아남는 균근균이 많아진다.[17] 토양 속 균류의 효소활성과 양분 농도도 삼림의 본래 수준에 가까운 상태로 유지 된다. 고목이 있어야 균근균이 살아남는다는 것이 이상할 수도 있 으나, 수목의 실생이 정착하기 쉬워서 삼림 회복이 촉진되는 것도 관계가 있는 것 같다.

고사목 벌채가 이런 숲의 기억을 끊어버리기만 하는 것은 아니 다. 고목을 반출하는 만큼 삼림의 탄소저류량 감소로도 이어진다. 8장에서 소개한 일본의 기타야쓰가타케에서 이세만 태풍으로 나무 가 뿌리째 뽑혀나간 뒤, 고목이 반출된 장소와 반출되지 않은 장소 의 고목 양을 2010년대에 조사한 적이 있다.[18](그림 9-8) 그 결과 나무 가 뿌리째 뽑혀나가 대량 고사한 다음 반세기 이상 지나도 고목은 별로 분해되지 않고 삼림 안에 남아 있었다. 살아 있는 수목과 고목 을 합한 탄소량은 1헥타르당 약 100톤이었는데, 태풍 피해가 발생하 지 않은 삼림과 거의 같은 수준이었다. 고목이 반출되지 않았던 장 소에서는 50년 넘는 장기간에 걸쳐 삼림의 전체 탄소량은 나무뿌리 가 뽑힌 사태의 영향을 받지 않은 것이다. 기타야쓰가타케는 아고

그림 9-8 이세만 태풍으로 나무가 뿌리째 뽑힌 뒤 반세기가 지난 기타야쓰가타케 침
엽수림의 고목을 반출한 삼림(위)과 반출하지 않은 삼림(아래). 고목은 분해되
지 않고 남아 있었기에 고목을 그대로 남긴 삼림에서는 태풍 피해가 발생하
지 않았던 삼림과 같은 양의 탄소를 저장하고 있었다.

산대라서 차갑고 서늘한 기후가 장기간 고목을 보존하는 데 도움을 주었을 것이다. 그런 장소에서는 고목을 방치하면 탄소저류와 생물 다양성 보전에 도움이 될 수 있다.

한편 고목이 반출된 장소에서는 탄소저류량은 1헥타르당 약 70톤으로 상당히 적었다. 반출된 목재가 가구나 건자재 등으로 사용되어 장기간 보존된다면 당장 대기 중으로 탄소가 방출되지는 않겠지만, 대량 고사 후 반출된 수목 가운데 실제로 가구나 건자재로 쓰인 것은 일부다. 나머지가 연료 등에 사용되었을 경우는 대기 중 탄소 방출로 직결된다.

그 밖에도 고사목 벌채가 삼림의 생태계 기능에 미치는 나쁜 영향으로 토양 침식이 빨라질 수 있고, 산림의 용수력(흙이 수분을 보존하는 힘)이 낮아질 수 있다. 그럼에도 수목 병충해로 대량 고사가 발생할 경우 병의 확산을 막기 위해 발생원이 될 수 있는 고목을 제거해야 한다는 주장도 있다. 방재벌채sanitary logging라는 용어도 있으니 말이다. 정말 그렇게까지 해서 병의 확산을 막을 필요가 있는가 하는 점은 깊이 생각해보아야 한다. 삼림의 병을 인간의 병에 빗대어 감정적으로 보는 것은 정상적인 판단을 방해할 수도 있다. 방재벌채가 왕왕 수목 벌채에 면죄부를 주는 점은 문제다.

자연재해로 나무뿌리가 뽑히는 사태와 나무좀이 대규모로 발생해 독일가문비나무가 대량 고사한 사례를 연구한 유럽 연구자들 사이에서는 새로운 인식이 퍼지고 있다. 수목의 나이테 해석 등을 이용해 삼림의 장기 동태를 추정한 결과, 독일가문비나무 삼림이 200년 정도의 주기로 대량 고사와 재생을 반복하며 유지되고 있다는 것이다.[19] 이는 나무좀의 대규모 발생을 억제할 것이 아니라 자연적인 과정으로 지켜보자는 의미이기도 하다.

고사목 벌채는 인간 생활과도 직결된다. 따라서 수목이 대량 고사한 후 삼림 관리를 어떻게 할지 판단해야 할 때는 여러 요소가 관련되어 있기에 일률적으로 결론을 내기 어렵다. 상황과 조건에 따라 유연하게 대응해야 한다. 고사목 벌채가 삼림의 생태계 기능에 미치는 영향에 관해서도 아직 깊이 있는 연구가 더 필요하다.[20] 단지 나무가 아깝다거나 깔끔하게 정리한다 같은 감각적 접근이 아니라 과학적 데이터를 토대로 논의해야 할 것이다.[21]

🌱 고목과 노령목을 만들어내는 유지 임업 🥄

숲속에 고목이나 노령목이 없을 때는 삼림 관리를 통해 적극적으로 만들어내야 한다는 개념은 이미 널리 퍼져 있다. 어쩔 수 없이 천연림을 개발해 새로 인공림을 만들 기회가 선진국에서는 적겠지만, 개발도상국에서는 종종 있는 일이다. 그때도 택벌(나무를 골라서 벌채함)하거나, 천연림 당시에 존재하던 수목을 곳곳에 남겨놓기만 하면 100퍼센트 인공림만 조성할 때보다 생물다양성을 높게 유지할 수 있다. 남은 수목은 이전에는 없었던 건조, 온도 변화, 풍압 같은 스트레스에 노출되기에 말라 죽기 쉽지만, 그때도 고목에 의존하는 생물의 거처로서 중요한 역할을 한다. 살아남으면 인공림의 성장과 함께 노령목이 되어 수동 등에 의존해 살아가는 생물의 중요한 보금자리가 될 것이다. 물참나무 노령목이 낙엽송 인공림의 곳곳에 남아 있기만 해도 고목에 의존하는 갑충류에는 중요한 구명보트가 될 수 있다.[13]

도쿄대학교의 홋카이도 연습림에서는 100년 넘게 천연림 택벌이 계속되고 있다. 대략 10~15년에 한 번, 삼림 축적(일정한 면적 내에 있는 나무의 양)의 7~17퍼센트의 수목을 선택적으로 베어낸다. 삼림 축적은 순조롭게 증가시키면서도 수동이 파인 지름이 큰 나무와 고목을 유지함으로써 까막딱따구리나 올빼미류도 많이 서식하고 있다고 한다. 이렇게 선택적으로 베어내면서도 자연의 힘을 유지하게 하는 임업을 근자연형 임업close to nature forestry이라고 한다. 나무를 한 그루씩 베어내기 때문에 작업 효율은 낮고 비용이 많이 들지만, 작업하기 쉬운 평탄한 입지라면 생물다양성은 유지하면서 목재도 생산할 수 있는 좋은 방법이다.

이미 인공림이 조성된 곳을 벌채해 목재를 수확할 때도 몇 그루를 곳곳에, 또는 일정 면적 남겨놓거나 지상 약 4미터 높이에서 잘라내는 적극적인 방법으로 서 있는 고목을 만들 수 있다. 서 있는 고목에는 도목과는 다른 생물이 살기 때문에 의도적으로 서 있는 고목을 남기는 것이 중요하다. 대표적인 예가 딱따구리류다. 도목에서는 먹이를 얻을 수는 있어도 둥지를 틀 수는 없다.[22] 서 있는 고목은 도목보다 탄소 농도가 높은 만큼 삼림의 탄소 저장에도 도움이 될 것이다(10장 참조).

이처럼 벌목할 때 살아 있는 입목과 서 있는 고목, 일정 면적의 삼림을 남김으로써 생물다양성과 탄소저류 같은 생태계 서비스를 최대한 손상하지 않는 방식으로 삼림을 관리하는 방법을 유지 임업 retention forestry이라고 한다(《유지 임업―나무를 베어내면서도 생물을 지킨다》[23]). 생물다양성 보전과 목재 생산이 균형을 이루도록 하는 방법으로, 주로 북미와 유럽에 보급되어 있으며 연구 사례도 많다. 유지 임업은 작업 전 삼림의 생물다양성이나 생태계 서비스를 최대한 손상하지 않도록 할 뿐, 이들을 완전히 보전할 수는 없다는 점에 유의해야 한다. 대형동물 등 유지 임업으로는 보전할 수 없는 생물도 있다. 곳곳에 나무 한 그루씩을 남기는 보존 방식과 일정 면적을 남기는 군상 보존은 효과도 다르다. 목적이나 상황에 따라 보잔율保殘率이나 보잔 형태(살아 있는 입목/서 있는 고목)도 바꾸어나가야 한다.[24]

일본에서도 홋카이도의 분비나무 인공림에서 2013년부터 대규모 실증 실험이 시작되었다. 현재는 차례차례 생물다양성과 생태계 서비스 효과에 관한 연구 성과가 나오고 있다. 최근 논문을 대략 살펴보면 벌목지에 활엽수를 곳곳에 남기기도 하고, 분비나무를 일정 면적으로 남기기도 함으로써 지표 배회성 벌레인 먼지벌레

Anisodactylus signatus·딱정벌레[25]나 죽은 동물의 고기를 먹는 송장벌레·쇠똥구리[26], 박쥐[27], 균근균[28]의 종 다양성 보전에 효과를 보는 것 같다.

무엇을 얼마나 남기는 것이 효과적인지는 생물에 따라 다르다. 예를 들어 활엽수를 곳곳에 남기면 곤충이나 박쥐의 종 다양성 보전에는 효과가 있지만, 균근균에는 별 효과가 없다. 또 지금까지 얻은 결과는 작업 후 수년 동안 미치는 단기적인 영향이다. 분비나무 벌채 주기인 50년 후까지 모니터링을 지속한다고 하니 계속해서 조사하면 장기적인 영향을 알 수 있을 것이다. 앞으로 연구 진전이 기대된다.

높게 자른 그루터기나 서 있는 고목 등 고목을 적극적으로 만들어내는 작업과 그에 관한 대규모 실증 실험은 일본에서는 이루어진 적이 거의 없다. 아마도 고목에 의존하는 생물의 멸종에 관해 일본에서는 그다지 위기감을 느끼지 못하기 때문일 것이다. 다행인지 불행인지 값싼 외국 목재가 수입되어 일본 전역의 삼나무나 편백나무 인공림에서는 간벌재를 팔려고 해도 수지가 맞지 않는다. 그래서 베어낸 간벌재를 숲속에 방치해 자연적으로 썩히는 처리법을 널리 이용하고 있다. 또 소나무재선충병이나 참나무시들음병 등으로 인한 대량 고사도 발생하기에 일본 삼림에는 고목이 비교적 풍부하다. 고목에 의존하는 생물에게는 호시절일지도 모른다.

그러나 간벌 후 버리거나 수목 병 때문에 생긴 고목은 가느다란 삼나무·편백나무와 소나무, 참나무류 등뿐이다. 지름이 큰 고목이나 노목은 적어서 그에 의존하는 생물종은 아무도 모르게 멸종했을지도 모른다. 수목 병으로 말라 죽은 고목의 경우는 그것을 이용할 수 있는 생물 군집이 편중되어 있을 가능성이 크다. 나무좀으로 고사한 독일가문비나무에는 소나무잔나비버섯이라는 갈색부후균이 우점한다는 사실은 이미 설명했다. 멸종위기종으로 국가 특별천연기념물로도 지정된 딱따구리의 유사종 오키나와딱따구리는 평소에는 구실잣밤나무*Castanopsis sieboldii* subsp. *luchuensis*의 살아 있는 입목 줄기에 뚫은 구멍에 둥지를 만든다. 그런데 소나무재선충병으로 고사한 류큐소나무*Pinus luchuensis*의 서 있는 고목이 있으면 가공하기 쉬워서인지 그곳에 둥지를 만들어버린다. 서 있는 소나무 고목은 무너지기 쉬워서 육아에 실패하는 경우도 있는 것 같다.[29] 이처럼 언뜻 풍부해 보이는 고목이 함정이 되어 생물종에 따라서는 부정적인 영향을 줄 가능성도 있다.

내 연구팀에서는 8장에서 소개한 대로 참나무시들음병으로 고사한 졸참나무의 분해 과정을 계속해서 조사하는 대규모 프로젝트를 진행하고 있다. 아울러 간벌해서 버린 삼나무 도목이 어떤 균류에 의해 분해되는지를 연구하는 전국 조사도 최근 시작했다. 삼나무는 일본인의 생활권 가까이에 많아서 친근하게 여기는 사람이 많다. 일본 고유 수종으로 전국에 30여 곳의 천연림이 남아 있다. 이들 천연림에서도 도목의 균류 군집을 조사해 간벌 후 버린 인공림의 도

그림 9-9 가슴높이지름이 2미터가 넘는 거목이 즐비한 삼나무 천연림(고치현). 활엽수도 섞인 혼교림을 이루고 있다.

목과 비교해보려 한다. 이 프로젝트는 2022년에 시작해 얼마 되지 않았지만, 평소에 자주 보는 가느다란 삼나무와 다르게 가슴높이지름(땅끝으로부터 1.3미터 높이의 지름)이 2미터를 넘는 거목이 들어찬 숲을 여행하면서 벌써 내 머릿속 삼나무 숲의 개념이 와르르 무너진 느낌이다(그림 9-9). 어떤 차이가 나타날지 그 결과가 기대된다.

🌱 어린나무를 늙게 만드는 베테랑화 🌱

고목은 나무를 베어내기만 하면 만들 수 있다. 그러나 고목에도 여러 종류가 있다. 지름이 크고 부후가 진행된 고목은 살아 있는 나무를 베어낸다고 해서 하루아침에 생기는 것이 아니다. 시간이 필요하다. 그리고 부후가 진행된 고목이 신선한 고목보다 생물의 종 다양성이 높고 희귀한 생물종이 서식하는 경우가 많다.[30]

마찬가지로 노목에 수동이 생기는 데에도 시간이 걸린다. 수동은 가지의 부러진 부분이나 나무껍질에 난 상처를 통해 목재부후균이 침입한 다음, 줄기의 심재까지 도달해서 부후가 진행되었을 때 생긴다. 변재는 살아 있으므로 균류에 대한 저항성이 있어서 목재 조직이 썩는 부위는 균류가 침입한 근처로 한정된다. 그러나 심재는 이미 죽은 세포로 이루어져 있으므로 일단 균류의 침입을 허용한 뒤에는 썩는 부위가 넓어진다. 그러다가 곧 썩은 심재는 무너져내려서 아래에 쌓이고, 윗부분은 텅 비게 된다. 이것이 수동이다(7장 참조). 수동 안에는 부후한 목재가 흙처럼 변한 부식질이 쌓여 있으며, 그 속에 자색호랑꽃무지 등의 희귀종이 서식한다는 이야기는 앞서 설명했다.

유럽이나 북미에서는 비교적 어린나무에 인위적으로 상처를 입히거나 때에 따라서는 부후균을 심어 노목화를 유도하는 작업이 20여 년 전부터 이루어지고 있다. 이를 베테랑화veteranization라고 한다. 나무를 베테랑으로 만든다는 뜻이다. '뭘 그렇게까지 하지?'라고 생각할 수도 있지만, 사태는 절박하다.

유럽에는 원시림이 거의 남아 있지 않다. 그래서 노목도 적다. 아니, 있기는 하나 목축의 역사가 오래된 만큼 반대로 원시림이 아닌 민가 근처에 조금씩 남아 있다. 방목지의 그늘나무로 남겨놓은 졸참나무와 단풍나무, 물푸레나무, 땅의 경계에 울타리 대신 심은 너도밤나무와 서어나무 등이다. 이런 노목들은 주변에 경쟁 상대가 될 나무가 없기에 마음껏 가지를 뻗는다. 또 몇 번이고 잘렸다 재생되기를 반복한 아가리코 줄기는 바오바브나무처럼 굵고 옹이가 많아 울퉁불퉁하며, 일부는 무너져내려 요괴처럼 보인다. 수령이 200년, 400년, 때로는 1,000년 가까이 추정되기도 한다(그림 9-10).

그 외의 나무는 어리다. 방목지에서 어린나무는 가축에게 먹히는 탓에 기본적으로 살아남을 수가 없다. 일본과 마찬가지로 1960년경 연료 혁명 이후 방치된 채 뒷산에서 자라고 있는 나무도 있지만, 기껏해야 50년 정도 된 나무들이다. 어린나무와 노목 사이의 수목이 빠진 것이다. 노목은 시들어가는데, 현재 어린나무는 노목이 되는 속도가 느리다 보니 앞으로는 노목 수가 적어질 것이다. 그래서 어린나무의 노목화 속도를 높이려는 것이다.

영국에 체류하던 2017년에 이러한 노목 보호 활동을 하는 사람들의 모임에 참가한 적이 있다. 참가자의 연령대는 매우 다양했으며, 모두가 온화하게 노목을 사랑하는 모습에 깊이 공감했다. 관

그림 9-10 거대한 구멍이 생긴 단풍나무 노목(영국 브리스틀). 여러 번 잘라내고 재생되기를 반복하는 사이에 일정한 높이에서 다수의 가지가 뻗은 아가리코가 되었다. 웃고 있는 악역 캐릭터처럼 보이기도 한다(매튜 웨인하우스 씨 제공).

런 연구 발표와 활동 보고회는 '왕실의 어느 분이 방문했던 노목은…… 다음 해 고사했습니다' 같은 영국인다운 냉소적인 유머까지 선보이는 등 활발한 분위기였다. 보고회 자리에서는 노목의 엽서나 사진집, 회화, 서적 등도 판매했다.

영국에 있을 때 내가 소속되어 있던 보디 교수의 연구실은 고목이나 노목 안에 어떤 균류가 있는지를 연구함으로써 베테랑화에 학술적 근거를 제공했다. 줄기에 구멍을 뚫어 목재부후균을 심는다고 해서 아무 균이나 심어도 되는 것은 아니다. 균이 줄기 안에 정착해

그림 9-11 심재부후균을 살아 있는 나무에 접종해 베테랑화시키는 실험. 전기톱으로 어린 너도밤나무(수령 약 50~80년) 줄기에 공동을 만든 뒤 목재부후균을 심은 각목을 끼워넣는다(위). 끼워넣은 각목에서 자라난 아비에티스산호침버섯(아래)은 영국에서는 멸종이 우려되는 종이라서 보전에도 도움이 될 것이다(둘 다 매튜 웨인하우스 씨 제공).

적절히 썩게 하되 나무를 말라 죽게 해서는 안 된다. 자연의 노목에서 볼 수 있는 균류 중에서 가장 적합한 현지 균을 선택해야 한다. 기존의 연구를 보면 너도밤나무는 아비에티스산호침버섯*Hericium abietis*이 좋은 것 같다. 내가 머무는 동안에도 연구실 학생이 벽돌 모양의 각재에 부후균을 침투시킨 것을 나무줄기에 뚫은 구멍에 넣어 정착시키는 실험을 했다. 이 역시 오랜 시간을 두고 실시하는 실험이다(그림 9-11).

참고로 이 모임을 주최한 전영국수목재배협회는 세계 균류의 날이라는 이벤트를 2021년부터 개최하고 있다. 보디 교수가 이전부터 하던 영국 균류의 날을 전 세계에 확산시킨 것 같다. 세계 균류의 날에는 균류와 친숙해질 수 있는 여러 이벤트가 열린다. 개인적으로는 풍선과 화장지로 광대버섯*Amanita muscaria* 모양을 만드는 놀이를 가장 좋아한다. 보디 교수 말로는 저렴한 화장지일수록 잘 만들어진다고 한다. 이외에 온라인에서 강연회도 열었고, 나도 제1회 강연자의 한 사람으로서 균류의 지능에 관해 이야기했다.

일본에서도 만화 《모야시몬》(균을 맨눈으로 볼 수 있는 특이한 체질의 주인공과 동료들의 농대 생활을 그린 애니메이션)이 TV 드라마로 만들어지는 것을 기념해 7월 8일이 균류 감사의 날로 제정되었다. 식용버섯 재배로 유명한 주식회사 호쿠토는 5월 24일을 균 활동의 날로 제정해 버섯을 먹는 건강한 식생활을 권장하고 있다. 가나가와현립 생명의 별·지구 박물관에서는 2006년에 균류 감사의 날이라는 이벤트(강연회+발효 식품 잔치)가 열리기도 했다.[31] 최근에는 각지의 박물관과 식물원에서 버섯 전시회가 개최되고 있다. 대중적인 내용도 많다. 이런 활동이 더 널리 퍼져서 일본에서도 균류가 더 널리 알려지면 좋겠다.

이야기를 노목으로 되돌리자. 일본에는 사찰 소유의 숲이 있고, 그곳에 노목이 남아 있는 경우가 많다. 메이지(1868~1912년) 말엽부터 당시 내각이 추진한 신사 합사(여러 신사를 지역별로 통합해 지자체 하나에 신사 하나만 남긴 정책)가 귀중한 생물을 멸종시킨다며 반대 운동을 벌였던 미나카타 구마구스의 선견지명에는 절로 고개가 숙여진다.

그리 오래된 나무는 아니지만 더 가까운 곳에도 노목이 있다. 1960년대 무렵까지 신탄림으로 쓰였던 뒷산 졸참나무 숲의 아가리코다. 도쿄 근교의 졸참나무 숲에서도 밑동이 이상하게 부풀어 오른 졸참나무를 본 적이 있는데, 그곳이 과거에 신탄림이었다는 증거다. 신탄림으로 이용되지 않은 졸참나무는 크게 성장했고, 이것이 참나무시들음병의 원인인 참나무긴나무좀의 대규모 발생 요인 중 하나라고도 한다.

과거 신탄림 관리법을 재현해 뒷산 생태계를 부활시키고자 졸참나무 벌채와 맹아갱신(나무를 베어낸 후 그루터기에서 발생한 싹을 성장시켜 숲을 변화시키는 일)을 실시하는 시민단체도 많다. 좋은 일이라고 생각하지만, 졸참나무를 베어낼 때 지면 가까이에서 자르지 말고 지상에서 1~2미터 정도 높이에서 높게 잘라내는 것은 어떨까? 낮은 위치에서 벌채하고, 낮은 위치에서 싹을 틔우게 하면 싹이 튼 가지의 생존율은 높을지 모른다. 그러나 현대에는 벌채한 줄기를 신탄으로 이용하는 것보다 뒷산의 생물다양성 보전이 주목적인 경우가 많다. 오히려 다양한 생물의 거처가 될 노목을 만들기 위한 '졸참나무의 베테랑화'를 목표로 한 관리가 현대의 뒷산에는 더 필요하지 않을까 싶다. 혹시 굵은 줄기 부분을 남기면 긴나무좀을 유인해서 그런 걸까? 실험해볼 가치가 있다.

《 현장 관찰 기록 》

우리 집 근처에 있는 적송도 한 그루, 한 그루 시들고 있다. 소나무는 서 있는 고목일 때도 졸참나무처럼 화려하게 버섯이 많이 자라는 것은 아니지만, 그래도 보고 있으면 재미있다. 우선 말라 죽은 직후(아직 사람 눈에는 시들었는지 잘 모르는 수준)에는 줄기에서 한입버섯이라는 둥그스름한 귀여운 버섯이 쏙쏙 모습을 드러낸다. 한입버섯은 특유의 강한 냄새 때문에 눈에 들어오지 않아도 냄새로 그 존재를 알게 되는 경우도 많다. 시간이 조금 흐르면 줄기 위쪽으로 구름송편버섯이 겹겹이 모습을 드러낸다. 시간이 더 지나면 뿌리 부근에서부터 소나무잔나비버섯이 올라오기도 한다. 높은 가지에는 갈색부후균인 꽃잎우단버섯 *Pseudomerulius curtisii*이 자란다. 가지가 건조하니 꽃잎우단버섯은 건조 스트레스에 강한지도 모른다. 부후가 진행된 그루터기 부분에는 이끼살이버섯과 애주름버섯속 버섯이 많이 난다.

서 있는 고목에는 지상으로부터의 거리에 따라 여러 종류의 다른 버섯이 난다. 여기에 영향을 주는 것은 수분 조건과 균종마다 다른 정착 방법이다. 축축한 흙에서 멀어질수록 목재는 건조해진다. 또 흙에서 균사를 통해 정착하는 균은 밑동 쪽에, 공기 중에서 포자로 정착하는 균은 땅과는 거리가 있는 곳에 정착한다. 이렇게 서 있는 고목 내부의 균류 분포는 보디 교수가 너도밤나무를 통해 자세히 조사했었다. 그 결과에 따르면 나무가 살아 있을 때부터 수목에 정착한 내생균도 고사 직후 넓게 정착한다고 한다. 적송에도 그런 균이 있을까?

● 왼쪽 위: 적송 도목에 난 버섯
● 왼쪽 아래: 서 있는 졸참나무 고목과 그 안에 있던 사슴벌레
● 오른쪽: 서 있는 적송 고목(높이 약 10미터)

10장

고목이 주는 혜택

생태계 서비스

🌳 삼림 바이오매스는 친환경적일까 🌱

고목이 생물다양성에 중요하다는 사실은 알았다. 그런데 인간 생활과는 어떤 관계가 있는 걸까? 일본 정부는 2020년 10월, 지구의 기후변화를 막기 위해 전체 탄소 배출을 제로로 만드는 넷제로 Net-Zero(탄소중립)를 이루겠다고 선언했다. 2050년까지 이산화탄소, 메탄 같은 온실가스 배출량과 수목의 성장 등으로 발생하는 이산화탄소 흡수량의 균형을 맞추겠다는 것이다. 이 목표를 이루기 위한 구체적 대책을 대략 두 가지로 요약하면 화석연료를 최대한 재생에너지로 대체하기(부족분은 원자력), 삼림의 탄소 축적 늘리기이다.

인류는 그동안 석탄, 석유, 천연가스 같은 화석연료를 땅속에서 파내 마구 태웠다. 그러자 대기 중으로 방출되는 온실가스의 대기 중 농도가 상승했다. 앞으로는 재생에너지 이용을 늘리고, 화석연료의 채굴량을 줄여야 한다. 온실가스 농도를 산업혁명 이전 수준으로 되돌리려면 탄소 흡수량이 탄소 방출량을 웃돌게 해야 하는데, 일단은 탄소중립을 목표로 삼겠다는 것이다. 재생에너지란 태양열이나 풍력, 지열, 수력, 바이오매스 등을 말한다. 이 중 바이오매스는 생물체를 에너지원으로 이용한 에너지이다. 고목을 포함한 나무, 꽃, 풀, 가지, 잎, 뿌리, 열매 등 광합성으로 생성되는 모든 식물이 바이오매스의 대상이다. 삼림으로 말하자면 나무를 벌채해서 연료로 쓰고 다시 나무를 심어 숲을 재생시키며, 그 나무가 자라면 다시 벌채해 연료로 사용하기를 반복한다.

탄소중립을 이루겠다는 목표를 위해 최근 삼림 바이오매스가 떠오르고 있다. 구체적 방법으로는 첫째 이전에 벌채하고 버린 간벌재를 연료로 사용하기, 둘째 다 자라 쓸 만한 나무를 이용하기 위해 40~60년 된 인공림을 목재로 베는 주벌 후 남은 가지와 잎을 연료로 사용하기, 셋째 건축, 가구 등에 사용된 목재는 최대한 오래 사용해 탄소를 고정해두었다가 수명이 다 되면 연료로 사용하기 등이 있다.

그런데 정말 이 산림 이용 주기가 잘 굴러갈 것인지는 걱정이다. 나무를 연료로 태우는 건 한순간이지만, 나무가 자라는 데는 수십 년이 걸린다. 건자재나 가구처럼 장기적으로 보존할 수 있는 비율이 높으면 수목의 성장과 수확이 균형을 이룰지도 모르지만, 현재 주택 사정과 소비 속도를 보면 목조주택이나 가구가 100년이나 보존될 것이라고 생각하기는 어렵다(그림 10-1). 수목을 20년 만에 태울 경우 탄소 방출 속도와 수목이 성장해 다시 탄소를 고정하는 속도로는 도저히 균형을 이룰 수 없다. 그나마 수확한 목재를 건자재나 가구 등 보존할 수 있는 용도로 쓰고, 그 후 연료로 쓸 경우를 가정한 것이다. 처음부터 연료로 수확한 목재는 곧 태울 것이기에 삼림 재생은 점점 더 늦어질 수밖에 없다.

그림 10-1

1170년 무렵에 지어졌다는 노르웨이의 롬 스타브 교회. 지붕도 나무판자로 만들어진 목조 건물이다.

    일본에서는 현재 매년 0.7억~1억 세제곱미터의 목질 바이오매스가 증가하고 있다고 한다. 그러나 이 1억 세제곱미터의 증가분을 모두 태워 발전을 해도 일본 전체 화석연료 소비량의 6.6일 분량밖에 되지 않는다. 만약 일본의 삼림을 전부 벌채해 태워서 전기를 만든다고 해도 화석연료의 0.9년 분량밖에 되지 않는다. 그런데 한 번 쓰고 나면 삼림이 원래대로 돌아오는 것은 수십 년 후이다(《그때, 일본은 몇 명이나 부양할 수 있을까?─식량 안보로 생각하는 사회 구조》1).

    일본 임야청이 발표한 자료에 따르면 간벌재 등을 이용한 연료 이용량은 최근 10년간 열 배 이상 증가했다. 주벌 면적도 증가하고

그림 10-2

중국이 원산지인 넓은잎삼나무(고치현 마키노 식물원). 성장이 빨라 임야청이 식재를 추진 중이지만, 삼림 생태계에 어떤 영향을 줄지 깊이 생각해야 할 것이다.

있다. 그러나 벌채 후 다시 심는 작업은 그리 잘되고 있지 않으며, 벌채한 땅을 방치하는 것도 문제다. 모처럼 나무로 고정한 탄소를 태워서 도로 방출하는 꼴이다. 삼림 바이오매스가 재생되지 않는다면 지금 하는 일은 단순히 석유 대신 목재를 태우는 것뿐이라서 대기 중 이산화탄소가 부지런히 증가하는 상황에 변화를 일으킬 수 없다.

인위적 방법으로 숲을 조성하는 식림 작업이 미비한 이유는 임업이 산업으로서 제대로 굴러가지 않는 상황, 노동력의 만성 부족과도 관련 있다. 일본의 임업 종사자 수는 1980년 16.6만 명에서 2020년 4.4만 명으로 급감했으며, 고령화도 심각해지고 있다.

일본 임야청은 임업 비용을 줄이고, 목재를 이른 시기에 수확하기 위해 성장이 빠른 정영목(유전적 우수성이 인정된 선발목)을 키우거나, 넓은잎삼나무*Cunninghamia lanceolata*(그림 10-2)처럼 성장이 빠른 외래수종을 추진 중이다. 수확 시기가 빨라지면 임업 산업에는 좋을 수도 있다. 하지만 삼림의 사이클을 앞당기는 일은 생태계, 나아가 우리 삶에 좋은 일일까? 성장이 빠르다고 해서 중국이 원산지인 넓은잎삼나무를 마구 심으면 생태계를 더욱 파괴하지 않을까? 이 장에서는 고목이 주는 혜택을 다시 한번 짚어보려 한다.

🎐 모두에게 도움 되는 생태계 서비스 🎐

우리 인간이 생태계로부터 받는 여러 가지 혜택을 생태계 서비스라고 한다. 매일 먹는 음식과 마시는 물도 생태계가 공급해주는 서비스다. 숲이 있으면 기온이 조절돼 살기 쾌적해지는 것도 생태계 서비스라고 할 수 있다. 미야기현의 숲속에 있는 우리 집에서는 여름에도 에어컨 없이 살 수 있다. 그런데 한 걸음만 숲을 벗어나면 같은 미야기현이라도 한여름에 에어컨 없이는 살기 힘들다. 등산 같은 레크리에이션, 휴양이나 교육, 관광 같은 문화 서비스도 생태계 서비스에 포함된다. 매일 너무나 당연하게 누리는 것들이 많다 보니 새삼 서비스라고 부르기에 거부감이 들 수도 있다. 그러나 생태계가 가진 복잡한 기능을 체계적으로 정리해 경제적 가치로 환산할 때 필요한 개념임은 틀림없다. '만에 하나라도 이 생태계(예를 들어 삼림)가 없어지면 잃어버리는 것'이라고 생각하면 좋겠다.

지금 당장 고목이 사라진다고 가정해보자. 자신과는 별 상관없다고 생각할 수도 있다. 하지만 고목이 없으면 표고버섯, 느타리버섯, 나도팽나무버섯Pholiota microspora을 재배할 수 없다. 여름에 사슴벌레나 장수풍뎅이를 잡을 수도 없다. 노목을 사랑하는 마음을 담은 그림을 그리거나 시를 지을 수도 없다. 이 책을 여기까지 읽은 독자라면 생물다양성이 사라질 경우 다양한 생태계 서비스까지 사라질 가능성이 있음을 쉽게 상상할 수 있을 것이다. 그중에는 아직 알려지지 않은 것도 많다. 고목에만 서식하는 어떤 균류가 암이나 세계적 감염증의 특효약 개발로 이어질지도 모른다. 그 밖에도 생물다양성은 다양한 기능을 한다는 사실이 알려져 있다(권두그림 ㉖).

식물의 종 다양성이 높으면 식물 군집 전체의 생산성이 향상된다(7장 참조). 식물의 생산성(탄소저류)은 중요한 생태계 서비스 중 하나다. 작물 생산이라는 생태계 서비스에 도움이 될 수도 있다. 지상에서 식물을 생산하려면 지하에서 양분을 흡수해야 한다. 토양으로부터 양분의 유출을 막는 생태계 서비스도 식물의 종 다양성과 함께 증가한다. 또 부후균의 종 수가 많으면 고목 분해가 느려져 탄소가 저류된다. 더 중요한 것은 이들 하나하나의 생태계 서비스만 보면 생물의 종 수가 조금만 증가해도 곧바로 기능이 포화 상태가 되는데, 복수의 생태계 서비스를 고려하면 생물의 종 수가 증가할수록 서비스도 향상된다는 점이다.[2]

🍃 전 세계 삼림의 탄소저류량 🍃

탄소저류는 고목의 중요한 생태계 서비스이다. 현재 삼림에는 861기가톤의 탄소가 비축되어 있다고 추산한다(7장 참조).[3] 그중 고목은 73기가톤으로 전체 산림의 약 8퍼센트를 차지한다. 많은 순서대로 나열하면 토양이 383기가톤, 살아 있는 나무가 363기가톤, 나머지가 낙엽으로 43기가톤이다. 고목은 산림 전체 탄소량의 8퍼센트밖에 안 되니 대수롭지 않다고 생각할 수도 있다. 하지만 방대한 토양 속 탄소도 원래는 고목이나 낙엽이었다. 고목이나 낙엽의 양이 적은 것은 조사에 이용하는 기술적 한계 때문이다. 고목의 형태를 띠고 있는 것, 낙엽의 형태를 띠고 있는 것만 고목이나 낙엽으로 측정할 수 있고, 부후되어 무너져버린 것은 토양으로 측정되는 탓이다(그림 10-3, 권두그림 ㉗). 고목과 낙엽의 비율을 보더라도 토양 속 탄소의 절반 이상은 원래는 고목이었다고 추정할 수 있다.

또 고목은 분해될수록 탄소 농도가 높아진다.[4] 이는 분해가 진행됨에 따라 점점 셀룰로스와 헤미셀룰로스가 분해되어 리그닌이 축적되는 것과 관련 있다. 셀룰로스와 헤미셀룰로스의 탄소 농도가 40~44퍼센트인데 반해 리그닌의 탄소 농도는 60~70퍼센트로 상당히 높다. 리그닌이 축적된, 오래된 고목은 새로운 고목보다 탄소 저장 효율이 높다. 더욱이 분해가 진행된 고목은 분해 속도 자체가 매우 느리다. 고농도 탄소를 장기간에 걸쳐 저장해주는 것이다.

그림 10-3
완전히 썩은 도목(폴란드). 형태가 없
어질 때까지 무너져도 고농도의 탄
소를 저류한다.

리그닌의 탄소 농도가 높은 것은 리그닌이 고농도로 축적되는 갈색부후의 경우, 리그닌이 분해되는 백색부후보다 탄소가 축적되기 쉬워서라고 볼 수 있다. 데이터를 보면 활엽수 고목보다 침엽수 고목의 탄소 농도가 높은 경향을 알 수 있다. 이것도 침엽수 고목이 활엽수 고목보다 갈색부후균에 분해되기 쉬워서인지도[5] 모른다.

일본에서는 아고산대 침엽수림에서 볼 수 있는 갈색부후한 오래된 고목이 대량으로 축적된 장소는 탄소저류의 관점에서 매우 소중하게 보전해야 할 생태계다. 9장에서 소개한 기타야쓰가타케 연구가 보여주듯이 아고산대 침엽수림에서는 60년 전 도목도 별로 분해되지 않은 상태로 탄소저류에 기여하고 있다. 구조벌채로 인한 수목 반출만 없으면, 이세만 태풍 때 쓰러진 나무까지 지속해서 탄소를 저류하니 삼림 전체의 탄소저류량은 건강한 삼림과 다름없는 수준으로 유지된다.

세계의 삼림을 기후대로 구분해보면(그림 10-4) 일본이 포함된 온대 고목의 탄소저류량은 다른 기후대에 비해 적다.[3] 고목의 탄소저류량이 가장 큰 기후대는 열대로 53.6기가톤이다. 그다음은 한대로 16.1기가톤이고, 온대가 3.3기가톤이다. 열대에 고목이 많은 이유는 살아 있는 식물 바이오매스가 많아서(262.1기가톤)이기도 할 것이다. 온대의 살아 있는 식물 바이오매스는 46.6기가톤이다. 살아 있는 식물 바이오매스에 대한 고목의 비율을 탄소량으로 계산해보면 한대 30퍼센트, 열대 20퍼센트, 온대 7퍼센트다. 한대에서는 열대보다 유기물 분해가 느리므로 고목의 비율이 열대보다 큰 것은 이해할 수 있다. 그러나 온대에서는 분해 속도가 한대와 열대의 중간값일 테니 고목의 비율도 중간값을 나타낼 것 같지만, 그렇지 않다. 온대는 다른 기후대보다 고목의 탄소저류량이 극단적으로 적다. 아마도 온대에서는 집약적인 임업이 많이 이루어지기에 고목이 남아 있는 삼림이 적은 것 같다. 가장 고목이 많은 곳은 극동 러시아, 그다음이 캐나다. 예로부터 사람 손이 닿은 유럽에는 거의 남아 있지 않다. 일본을 포함한 온대는 다른 기후대보다 고목의 탄소저류를 늘릴 여지가 있는 생태계라고 할 수 있다.

만일 지금 온대에서 잠재적으로 저류할 수 있는 고목의 탄소

기후대와 지역	살아 있는 식물	고목	낙엽·떨어진 가지	토양	전체 탄소
한대					
극동 러시아	27.9	8.8	10.5	120.1	167.3
유럽 러시아	9.6	2.3	3.3	26.7	42
캐나다	14	5	11.7	19.7	50.4
북유럽	2.5	0.1	1.4	7.9	11.8
합계(한대)	53.9	16.1	27	174.5	271.5
온대					
미국	19.4	2.7	4.8	16	42.9
유럽	10.5	0.3	2	16.3	24
중국	6.5	0.1	1.2	16.3	24.2
일본	1.6	–	–	–	1.6
한국	0.2	–	–	–	0.2
오스트레일리아	6.6	0	3.9	5.6	16.1
뉴질랜드	1.3	0.1	0.1	0.7	2.2
기타 국가	0.5	–	0.1	1.8	2.3
합계(온대)	46.6	3.3	12.1	56.7	118.6
열대					
동남아시아	43.2	9.1	0.4	29.8	82.4
아프리카	79.2	18	12	42.5	140.9
남아메리카	139.8	26.5	2.4	79.1	247.8
합계(열대)	262.1	53.6	4	151.3	471
총 합계	362.6	72.9	43.1	382.5	861.1

그림 10-4 2007년의 삼림 탄소저류량(참고문헌 3에서 발췌). 고목이나 낙엽·떨어진 가지의 값이 작은 것은 이들이 무너져내린 뒤(그림 10-3 참조)에는 토양으로 계산되기 때문이다. 일본을 포함한 온대에서 고목의 탄소저류량이 적은 것은 집약적 임업으로 인해 고목이 남은 삼림이 적은 것도 이유 중 하나일 것이다. 한대에서는 살아 있는 식물보다 토양에, 열대에서는 토양보다 살아 있는 식물에 탄소가 더 많이 저류됨을 알 수 있다.

량을, 살아 있는 식물 바이오매스 탄소량의 20퍼센트라고 하면 약 47기가톤의 20퍼센트이므로 9.4기가톤이다. 이는 현재 고목으로 축적되는 탄소량 3.3기가톤의 2.8배에 해당한다. 온대에는 현재 축적된 고목의 세 배 가까운 양을 잠재적으로 축적할 수 있다는 말이다.

일본은 어떨까? 일본은 삼림율 70퍼센트, 살아 있는 식물 바이오매스의 탄소량은 1.6기가톤이다. 그 양의 20퍼센트는 0.3기가톤이다. 2012년에 발표된 일본의 고목 탄소량 추정치[6]에 따르면 삼림 면적당 고목 탄소량의 전국 평균은 1제곱킬로미터당 0.42킬로그램이라고 한다. 임야청 데이터에 따르면 일본의 삼림 면적은 약 2,500만 헥타르다. 이를 통해 계산하면 일본 삼림에 축적된 고목의 탄소량은 약 1기가톤이 된다. 대략적인 추정이지만 앞에서 계산한 0.3기가톤의 3분의 1밖에 축적하지 못한다. 즉 일본의 삼림에는 고목을 방치하기만 해도 적어도 0.2기가톤의 탄소를 저류할 잠재력이 있는 것이다. 물론 0.3기가톤이 잠재력의 최대치라고 생각할 이유는 어디에도 없다. 더 많이 저류할 수도 있다.

🐜 온난화는 흰개미의 고목 분해를 촉진할까 🐛

온대와는 반대로 현재 고목의 저류량이 많은 열대에서는 그 수준을 유지하기 위해 노력해야 한다. 하지만 어려울 수도 있다. 삼림

그림 10-5 왼쪽은 적송 고목의 나무껍질 아래에 펼쳐진 흰개미 집(나가노현)이고, 오른쪽은 적송 고목에서 나온 날개 달린 흰개미이다(야마가타현).

벌채도 문제이지만, 애당초 흰개미가 있기 때문이다(그림 10-5).

보통 분해 과정에서 고목의 탄소 농도가 높아진다는 설명은 앞에서 했다.[4] 하지만 재미있게도 아열대의 몇몇 수종은 고목이 분해될수록 눈에 띄게 탄소 농도가 감소했다. 논문 저자는 이 결과가 흰개미가 고목 속에 흙(미네랄)을 늘여오기 때문일 수도 있나고 밝혔다.

흰개미는 전 세계 열대와 아열대를 중심으로 분포하며, 고목이나 낙엽 등 식물 사체를 강력히 분해한다. 나도 본가에서 오랫동안 책장에 넣어두기만 한 책이 벽으로 침입한 흰개미에 완전히 점령당

그림 10-6 흰개미에 점령당한 책. 책장 옆 벽에서 침입한 것으로 보이며, 완전히 책을 뒤덮고 있다(야마나시현).

한 경험을 하고 깜짝 놀란 적이 있다(그림 10-6).

　최근 실시된 대규모 야외 실험에 따르면 온난화가 진행될수록 흰개미에 의한 고목의 분해 속도는 더 빨라질 것으로 예상되었다.[7] 흰개미는 따뜻한 지역에 많으니 온난화가 진행되면 그 영향이 커질 것은 쉽게 상상할 수 있지만, 그동안의 영향을 세계적으로 정량 조사한 예는 의외로 적다. 실험은 소나무 각재를 남극대륙 외 모든 대륙의 20개국 133개 장소에서 2년간 야외에 방치해 분해되도록 했다. 이때 흰개미가 침입할 수 있는 그물주머니에 넣은 것과 흰개미가 들어갈 수 없는 그물주머니에 넣은 것을 준비해 분해 속도를 비교했다.

　일본인 연구자도 몇 명 참여한 이 실험에서는 몇 가지 재미있는 사실이 드러났다. 우선 기온이 올라가면 흰개미가 소나무 각재를 발견할 확률이 기하급수적으로 높아진다. 특히 연평균 기온 섭씨 21도 부근에서 발견율이 증가하는 현상이 눈에 띄었다.

　다음으로 기온 상승에 따른 소나무 각재 분해 속도는 흰개미에게 발견되면 더욱 가속도가 붙는다. 온도가 섭씨 10도 올라가면 일반적으로 분해 속도는 두 배가 된다는 것이 경험적으로 알려져 있다. 이 실험에서도 흰개미가 들어갈 수 없는 그물주머니에 넣은 소나무 각재는 온도가 섭씨 10도 상승할 때 분해 속도는 약 두 배가 되었다. 이미 알려진 미생물에 의한 분해 때문이다. 그런데 흰개미가 들어갈 수 있는 그물주머니에서는 온도가 섭씨 10도 상승할 때 분해 속도가 무려 일곱 배나 되었다.

강수량도 흰개미가 소나무 각재를 발견할 확률에 영향을 주었다. 기온이 높은 열대에서는 강수량이 적은 곳이 강수량이 많은 곳보다 발견 확률이 높았지만, 기온이 낮은 온대에서는 반대로 강수량이 많은 곳에서 발견 확률이 높았다. 그 결과 강수량이 많은 열대 우림보다 다소 건조한 아열대림과 열대 계절림에서 흰개미에 의한 분해 촉진이 잘 나타났다. 고목의 분해에 따른 탄소 농도 감소(아마도 흰개미가 반입한 흙 때문일 것)가 아열대 종에서만 나타났던 것과 일치하는 결과다.

이 실험 결과에서 우려되는 점은 온난화가 진행되면 흰개미에 의한 고목의 분해가 급격히 진행되고, 대기 중으로 방출되는 이산화탄소량이 증가해 온난화가 한층 심각해질 수 있다는 것이다.

이 실험으로 알 수 없는 점도 있다. 하나는 흰개미가 갉아 먹은 각재 전부가 분해되어 대기 중으로 방출된 것은 아니라는 점이다. 이 실험에 이용된 작은 각재 안에 흰개미가 집을 만들었다고 생각하기는 어려우니 집 본체는 땅속 등 다른 장소에 있을 것이다. 흰개미는 그곳에서 소화되지 않은 유기물을 분변으로 배설할 테니 흰개미가 갉아 먹은 각재의 일정 비율은 단지 흙으로 이동했을 뿐이라는 의미가 된다. 이 점을 생각하면 분해 속도가 일곱 배라는 숫자는 조금 과대평가되었을 수도 있다.

또 하나는 크기가 큰 고목의 분해다. 이 실험은 손바닥만 한 작은 각재를 분해하게 했을 때의 이야기이다. 지름이 2미터나 되는 거대한 고목일 때는 이야기가 달라질 수 있다. 실험에 사용된 현재 유통되고 있는 목재는 변재가 많다. 임업 현장에서 수확하는 나무가 그리 굵지 않아서다. 변재에는 분해 저해 물질 등이 별로 없어서 쉽게 분해된다(7장 참조).

줄기의 지름이 커지면 분해 저해 물질이 많이 포함된 심재가 발달한다(그림 7-2). 더욱이 고목의 크기가 커지면 중심부는 산소가 부족하기 때문에 손바닥만 한 각재와는 상황이 전혀 다를 것이다. 거대한 통나무는 운반하기 힘들고 통째로 건조하기도 어려워서 수목병을 매개할 우려가 있고, 작은 각재처럼 전 세계에 뿌려 실험하기도 어렵다. 그래도 지름이 큰 노목이나 고목의 탄소저류가 해내는 역할은 매우 크다고 생각된다. 이어지는 내용에서는 거목이나 노령림의 탄소저류에 관해 강조하려 한다.

🌳 거목과 노령림의 엄청난 탄소저류 능력 🌱

식물은 광합성을 통해 대기 중 이산화탄소를 흡수하고 몸을 만든다. 그리고 산소를 방출한다. 하지만 식물은 호흡도 하므로 야간에는 산소를 들이마시고 이산화탄소를 방출한다. 이처럼 광합성에 의한 탄소고정과 호흡을 통한 방출의 차이가 식물의 성장량, 즉 바이오매스다.

연간 성장량은 어린나무가 노목보다 크다. 그래서 삼림의 탄소 흡수력을 높이려면 성장이 느린 노령림은 벌채하고, 성장이 빠른 어린나무 숲으로 갱신해야 한다는 거친 의견을 듣기도 한다. 하지만 잘 생각해보아야 한다. 노령의 거목에는 지금까지 오랜 세월 축적해온 엄청난 양의 탄소가 들어 있다. 해당 거목이 살아 있는 한 그 탄소는 계속 저류되는 것이다.

해당 거목이 잘려나가면 탄소가 방출되기 시작된다. 해당 거목을 소중하게 다루어 가구 등으로 가공함으로써 목재 대부분을 장기간 보존한다면 이야기는 다르겠지만, 분해되는 상황이라면 탄소는 방출된다. 좋은 방법은 숲속에 남겨두고 자연분해되도록 하는 것이다. 거목의 심재는 잘 썩지 않고 고목으로서도 장기간 탄소를 계속 저류할 것이며, 분해하기 어려운 성분은 토양유기물이 되어 더 장기간에 걸쳐 안정적으로 탄소를 저류할 수 있다. 연료로 사용되는 것이 최악이다. 수목이 수백 년 걸려 축적한 탄소가 순식간에 대기 중으로 방출되니 말이다.

또 삼림의 탄소 축적은 살아 있는 수목뿐 아니라 고목과 낙엽, 토양유기물에 의한 축적까지 포함한 것이다. 이미 소개한 대로 삼림의 탄소 대부분은 토양에 축적되어 있다. 북방림일수록 그런 경향이 강하다. 북방림에서는 고목이나 낙엽의 분해가 느려서 유기물이 토양에 축적되기 쉬운 탓이다. 반대로 열대에서는 고목이나 낙엽이 신속하게 분해되므로 토양 속에 유기물이 별로 남지 않고, 오히려 살아 있는 식물에 탄소가 축적된다. 열대에서 삼림이 벌채되어 표토가 비 등에 쓸려가면 땅이 순식간에 황무지로 변하는 것은 이 때문이다.

노령림이 잘려나가면 직사광선으로 온도가 상승하고 건조되어 토양에 축적된 유기물의 분해가 촉진될 수 있다. 특히 영구동토 위에 펼쳐진 북방림에서는 벌채 효과가 매우 두드러진다. 지표의 온도 상승은 동토를 녹이고, 때로는 화재도 유발해 토양 탄소의 대기 중 방출을 촉진한다.[8]

토양에 축적되는 탄소량이 적은 열대림에서도 마찬가지로 벌채 후에는 토양유기물의 분해가 촉진된다. 전 세계 열대에서 천연림을 개발한 뒤 팜유를 채취하기 위해 기름야자를 심는 경우가 많다. 천연림을 개발하고 나면 식물 사체가 급속히 분해된다. 식재 후 30년 된 기름야자 농장에서는 삼림 전체의 탄소저류량이 천연림의 35퍼센트밖에 되지 않는다.[9]

일본에서는 벌채 후 신속하게 나무를 심고, 그 나무들이 잘 크면 수십 년 후에는 벌채에 따른 탄소 방줄분을 회복할 수노 있다. 55년 된 삼나무 숲은 이웃 천연림(전나무나 좀솔송나무가 우점)보다 토양 탄소량이 많은 곳도 존재한다.[10] 그러나 이는 벌채 후 나무를 심을 때 토양 교란이 적은, 좋은 조건이 겹칠 경우에 한해서다. 벌채한 뒤에 새로 심는 것보다 기존의 삼림을 보전하는 편이 탄소저류에

도움이 된다는 점에 관해서는 세계자연보호기금 저팬이 잘 해설해 두었으니 추천한다.'

고목 저장고 우드볼트

화석연료 사용으로 증가한 대기 중 온실가스의 농도를 낮추려면 탄소중립 정책만으로는 충분하지 않다. 어떻게든 방출량을 웃도는 양의 탄소를 고정해야 한다. 대기 중에서 이산화탄소를 고정하는 기술은 다양하게 고안되었다. 그중 누구나 쉽게 생각해내는 방법은 나무를 썩지 않게 보존하는 것이다. 이에 대해 진지하게 생각하는 사람들도 있다. 고목을 생태계 속에서 보전하려는 이 책의 의도와는 어긋나지만, 관련 있는 화제라 소개한다.

미생물의 활동을 억제해 사물을 썩지 않게 하려면 건조, 저온, 저산소 중 어느 하나의 조건은 필요하다. 목재도 마찬가지이다. 일본에서는 예로부터 목재 수확은 추운 겨울에 이루어졌고(목재에 수분이 적어 건조 후에 뒤틀림이 적다는 이유도 있지만), 벌채 후의 목재는 말리거나 물에 담가 저산소 조건에 둠으로써 썩지 않게 보존했다.

▌〈탄소만 봐도 새로 심기보다 기존의 삼림을 지키는 편이 나은 이유〉, 세계자연보호기금 저팬, 2022.9.30.

편백나무로 지은 일본 호류사 5층탑은 적절한 건조 관리를 한 덕에 1,300년 이상 유지되고 있다. 수분이 많은 점토, 화산재 재질의 땅속에 묻힌 목재는 저산소 조건 때문에 2,000년 이상 썩지 않고 보존된다. 이런 목재가 도로 공사나 하천 공사를 하다가 땅속에서 발견되기도 한다. 독특한 색상이 워낙 아름다워서 귀하게 여긴다(그림 10-7, 권두그림 ㉘).

그림 10-7
수분이 많은 점토나 화산재 재질 땅속에 묻혀 보존된 목재. 위는 삼나무(아키타현 니베쓰 삼림박물관), 아래는 왼쪽부터 밤나무, 하나 건너 삼나무, 느티나무이다. 왼쪽에서 두 번째는 현대 목재인 스키아도필로이데스오갈피나무이다(도호쿠대학 가와타비 필드 센터).

우드볼트wood vault(목재저장고)는 죽은 나무의 분해를 빠르게 하는 산소와 물을 차단해 나무에서 온실가스가 새어나가지 않도록 하는 기술이다. 우드볼트를 시도할 때는 이러한 프로세스를 인공적·집약적으로 실시한다.[11] 땅속, 수중, 사막, 극지 같은 분해가 어려운 장소에 둔덕을 만들어 통나무를 대량으로 저장한다(그림

10-8). 둔덕은 점토로 밀폐하기 때문에 통나무에서 방출되는 이산화탄소로 인해 금방 산소 결핍 상태가 되어 분해를 멈춘다. 논문 저자들은 바로 이때 탄소가 저류되는 동시에 장래를 위한 목재 자원도 비축된다고 설명했다. 분명 통나무 벌채와 수송, 둔덕 조성 등에 필요한 에너지보다 많은 양의 탄소를 저장할 수 있다면 탄소저류에 도움이 될 것이다.

우드볼트로 탄소를 효과적으로 저류하려면 그 지역에서 얻을 수 있는 목재의 양을 추정하고, 수송 비용과 둔덕 조성 비용을 고려해 둔덕의 크기를 적절하게 설계해야 한다. 방치된 광산 부지 등을 이용할 수 있다면 굴착 비용을 줄일 수 있을지도 모른다. 논문 저자들은 1헥타르 정도가 기본적인 둔덕의 단위라고 말한다. 대규모 둔덕이 완성되면 그 위는 공원이나 농지, 태양광 발전소 등으로 사용할 수 있다.

그러나 땅이 좁고 지진이 많은 일본에서 대규모 둔덕을 만드는 일은 현실성이 떨어진다. 우드볼트에는 몇몇 옵션이 고려된다. 사방이 바다로 둘러싸인 일본은 아쿠아볼트aqua vault를 활용할 수도 있다. 바닷속으로 통나무를 가라앉혀 퇴적물 아래에 묻는 것이다. 단이 방법은 육상에 둔덕을 만드는 것보다 비용이 많이 들고, 기술도더 발전시켜야 한다.

논문에도 나와 있지만, 우드볼트는 석탄 생성 과정이라고 생각되는 과정의 초기 단계를 모방한 것이다. 땅속에서 얻은 화석연료를

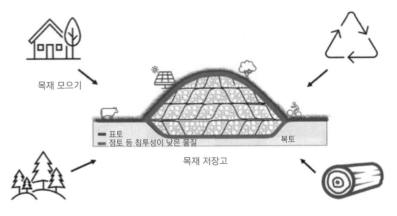

목재 모으기

표토
점토 등 침투성이 낮은 물질

복토

목재 저장고

그림 10-8 우드볼트를 이용한 탄소 격리. 삼림에서 수확한 목재나 폐목재를 모아서 둔
덕을 만들고, 그 위를 점토나 토양으로 덮음으로써 내부를 산소 결핍 상태
로 만들어 장기간 보존한다(참고문헌 11을 수정함).

태워서 발생한 탄소를 지하로 되돌리는 것은 어떻게 보면 매우 자연
스러운 방법이다. 비용과 노력을 생각하면 거대한 구덩이에 통나무
를 대량으로 묻는 일이 그리 달갑지는 않을 것이다. 하지만 대기 중
이산화탄소 농도는 10년 단위로 상승하는(태우면 탄소는 한순간에 방출
된다) 데 반해, 인류의 노력(실제로는 식물의 힘)으로 이산화탄소 농도
를 낮추는 데는 100년 단위의 시간이 걸리는(탄소고정에는 시간이 걸린
다) 점을 생각해야 한다. 지금은 주저하고 있을 때가 아니다.

🌳 생태계의 안정성과 바이오매스 이용 🍂

고목으로 탄소를 숲속에 저류하는 개념은 목질 바이오매스를 효율적으로 이용하는 동시에 재생산해 순환시키는 개념과는 방향성이 다르다. 전자는 탄소가 장시간에 걸쳐 대기로 돌아가는 동시에 일부는 더 장기간에 걸쳐 토양 탄소로 저류된다. 고목의 분해에는 다양한 생물이 관련되기에 생태계의 종 다양성은 높아질 것이다. 반면 후자의 바이오매스는 대부분이 순식간에 대기로 돌아와 성장이 빠른 수목에 고정되고, 곧바로 다시 바이오매스가 되어 태워진다. 이렇게 되면 숲속의 고목은 사라지고, 고목에 의존하는 생물도 사라지므로 생태계의 종 다양성은 낮아진다.

벌채와 어린나무의 성장이 반복되는 숲은 밝아서 나비나 메뚜기처럼 식물을 먹고 사는 곤충과 그 포식자로 구성되는, 이른바 뒷산 생물 군집이 발달할 것이다. 이렇게 눈에 띄기 쉬운 생물의 다양성은 높아진다. 하지만 고목에 의존하는 방대한 수(삼림 생물의 3분의 1은 고목에 의존한다)의 생물종은 사라진다. 또 7장에서 소개했듯이 나비나 메뚜기처럼 살아 있는 식물 조직을 먹는 생물에서 시작되는 초식 먹이연쇄와 고목 등의 죽은 식물 조직을 먹는 생물에서 시작되는 유기물잔재 먹이연쇄 중에서는 후자가 종의 다양성이나 생물 간 상호작용의 복잡성이 높다(그림 10-9).

구체적으로 생각해보자. 초식 먹이연쇄에서는 잎이 박각시나방

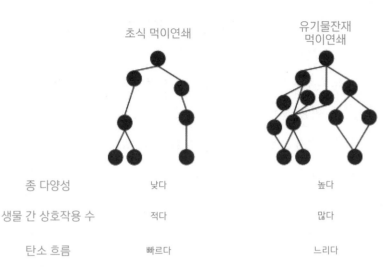

	초식 먹이연쇄	유기물잔재 먹이연쇄
종 다양성	낮다	높다
생물 간 상호작용 수	적다	많다
탄소 흐름	빠르다	느리다

그림 10-9 살아 있는 식물 조직을 먹는 생물에서 시작되는 초식 먹이연쇄와 죽은 식물 조직을 먹는 생물에서 시작되는 유기물잔재 먹이연쇄의 차이. 후자가 영양 단계와 관련된 생물종이 많아서 생물 군집의 안정성이 높다.

에게 먹힌다. 박각시나방은 작은 새에게 먹힌다. 작은 새는 매에게 먹힌다. 먹이연쇄 속 생물들의 연결 하나하나를 영양단계라고 부르는데, 식물까지 포함해 네 단계밖에 되지 않는다. 잎의 즙을 빨아 먹는 잎응애에서부터 시작된다고 해도 거미, 작은 새, 매까지 따지면 영양단계는 다섯 단계다.

유기물잔재 먹이연쇄에서는 고목이 균류에 먹힌다(분해된다). 균류는 톡토기에 먹힌다. 톡토기는 거미에게 먹힌다. 거미는 도마뱀에게, 도마뱀은 뱀에게, 뱀은 매에게 먹힌다. 영양단계가 일곱 단계이다. 균류가 들어 있는 만큼 영양단계가 많다.

물론 각 영양단계에는 다양한 생물종이 포함된다. 영양단계가 많은 만큼 유기물잔재 먹이연쇄에는 초식 먹이연쇄에 비해 다양한 생물종이 관여하고 관계도 복잡해진다. 또 유기물잔재 먹이연쇄에는 초식 먹이연쇄보다 다양한 생물을 먹는 생물종이 많다. 호랑나비 유충은 귤잎만 먹지만, 달팽이는 여러 종류의 버섯을 먹는다. 이러한 완만한 생물종 간 관계가 많다 보니 유기물잔재 먹이연쇄는 초식 먹이연쇄에 비해 생물종 간 연결이 심하게 복잡해진다. 게다가 고목은 분해에 시간이 걸리므로 유기물잔재 먹이연쇄의 탄소 흐름은 초식 먹이연쇄에 비해 느려진다.

유기물잔재 먹이연쇄는 생물종의 다양성이 높고, 생물 간 상호작용의 연결이 완만하면서 복잡하며, 탄소의 흐름이 느리다. 그래서 반대의 성질을 가지는 초식 먹이연쇄보다 생물 군집의 안정성이 높다는 사실이 밝혀졌다.[12]

다음과 같이 생각하면 이해하기 쉽다. 우선 생물종의 다양성이 높다는 것은 먹이의 선택지가 많다는 것을 의미한다. 어느 한 종류의 먹이가 사라져도 위기에 빠지는 일이 없다. 더욱이 먹이에 대한 취향이 강하지 않아 무엇이든 먹을 수 있어야 선택지가 제한될 때도 살아남을 확률이 높아진다. 그리고 탄소의 흐름이 느리면 눈앞에 먹이가 늘 존재하기에 먹을 기회도 많아진다.

먹이연쇄의 안정성이 높다는 것은 그 생태계의 안정성이 높다는 의미이다. 생태계 안정성이 높으면 안정적으로 생태계 서비스를 계속 받을 수 있을 것이다. 우리가 거목이 들어찬 숲이나 이끼가 낀 도목을 보면서 왠지 안심하는 이유는 본능적으로 그 생태계의 안정성을 느끼기 때문인지도 모른다.

이런 점들을 생각하면 성장이 빠른 수종으로 이루어진 삼림을 만들고, 거기서 늘 바이오매스를 수확하면 생태계의 안정성을 떨어뜨릴지도 모른다. 빠르게 성장한 목재는 나이테의 간격이 넓고 밀도가 낮아 분해되기 쉽다. 고목의 '천천히 분해되는' 특성이 손상되는 것이다. 성장이 빠른 식물은 낙엽도 분해되기 쉽다. 분해되기 쉬운 유기물은 분해자인 균류의 양과 종 다양성이 모두 떨어지므로[13] 먹이연쇄의 복잡성도 떨어질지 모른다. 다만 세균의 종 다양성은 증가한다.

또 바이오매스를 늘 수확하면 생태계의 물질순환이 끊어지므로 비료나 유기물을 주의 깊게 뿌리지 않는 한, 재생 가능한 기간은 그리 오래가지 않을 것이다. 삼림이 밭으로 변하는 것이다. 삼림과 밭은 탄소의 순환 속도가 완전히 다르다(《지상과 지하의 연결 생태학—생물 간 상호작용에서 환경 변동까지》[14]). 산림은 분해되기 어려운 유기물이 균류에 의해 천천히 분해되고 순환되는 생태계다. 밭은 분해되기 쉬운 유기물이 세균에 의해 신속하게 분해되는 생태계다. 물론 밭에도 균류는 있고 숲에도 세균은 있다. 숲은 균류가 분해하고 밭은 세균이 분해한다는 말은 어디까지나 상대적인 이야기이다. 밭이 환경의 변화에 불안정하고, 비료나 농약을 뿌리는 데 비용이 드는 것은 두말할 나위가 없다. 삼림이 밭으로 변하면 그런 비용이 들게 될 것이라는 점도 생각해야 한다.

유기물잔재 먹이연쇄는 소화되기 어려운 먹이에서 시작하기에 마지막에 먹다 남는 먹이도 많다. 언뜻 낭비가 많아 보이지만, 안정성이라는 매우 중요한 성질을 생태계에 부여한다.

≪ 현장 관찰 기록 ≫

아내가 니가타에서 전통가옥에 살 때 그 집에 가면 집 안을 자주 탐험했다. 내부를 현대적으로 뜯어고친 방도 있었지만, 2층 복도 끝에 있는 작은 문으로 한 걸음 나가면 온갖 도깨비가 나올 것 같은 어둑어둑한 공간이 펼쳐져 있었다. 올려다보면 굵은 적송을 이리저리 조합한 대들보가 지붕을 받치고 있었다. 그걸로 수평을 잡아 폭설이 내리는 지붕의 하중을 제대로 분산하다니, 매번 대단한 기술이라고 감탄했다. 탄소중립을 달성하려면 수확한 목재를 바로 연료로 쓰지 말고, 건축용 자재 등 가급적 장기 보존할 수 있는 용도로 쓰는 것이 바람직하다. 탄소저류를 위한 새로운 기술을 개발하는 것도 중요하지만, 예로부터 이어져 내려오는 이런 기술을 제대로 계승하는 것도 중요하지 않을까?

나도 와카야마에서 전통가옥에 살았던 적이 있다. 초가지붕을 함석으로 덮은 형태였다. 안타깝게도 다락을 들여다본 적이 없어 대들보 구조를 관찰할 기회는 없었다. 가끔 발소리가 나서 무서워서 들여다볼 엄두가 나지 않았다. 애니메이션에나 나오는 또 다른 세계가 펼쳐져 있었을지도 모른다. 벽에 틈이 많아 다다미 위를 사마귀와 베짱이, 심지어 가재가 돌아다닌 적도 있다. 일을 마치고 돌아왔다가 큰 구렁이가 봉당에 놓아둔 음식물 쓰레기통에 대가리를 박고 달걀 껍데기를 삼키려 하는 광경을 본 적도 여러 번이다. 거북이등거미가 바퀴벌레를 잡아먹는 모습을 처음 관찰한 곳도 그 집이었다.

📍 지은 지 100년이 넘은 전통가옥의 다락. 휘어진 적송 대들보가 놓여 있었다.

11장

차세대 숲으로

도목갱신

🌲 도목갱신과의 만남 🌱

박사 학위를 받은 직후 도쿄 근교 공원을 조사할 때, 도목의 부후형이 점균과 이끼의 종 조성에 영향을 준다는 사실을 알아냈다는 것은 2장에서 썼다. 당시 깨달은 사실이 있다. 도목 위에는 땅 위와는 또 다른 여러 수목의 실생이 자란다는 것과 도목의 부후형이 그 실생에도 영향을 준다는 것이었다.

도목 위에 수목의 실생이 성장해 다음 세대 삼림을 형성할 수목으로 갱신되는 과정을 도목갱신이라고 한다. 북미와 유럽의 침엽수림, 특히 가문비나무속 수목이 우점하는 삼림에서는 잘 알려진 현상이다. 일본에서도 홋카이도의 가문비나무와 글레니가문비나무가 도목갱신으로 유명하다. 이들 나무의 노령림에 가보면 도목 위에 수많은 실생이 난 모습을 볼 수 있다. 조금 더 크면 도목 표면을 타고 길게 뻗은 뿌리가 땅에 도달하며, 그 후에는 토양으로부터 양분을 빨아들여 굵어지면서 도목을 완전히 감싸게 된다(그림 11-1, 권두그림 ㉙).

　고개를 들어 주위를 둘러보면 밑동이 여러 갈래로 갈라져 마치 장수가 땅을 딛고 늠름하게 선 것 같은 형상의 거목이나, 사람이 심은 것도 아닌데 일직선으로 줄지어 자라고 있는 거목을 볼 수도 있다. 그런 나무의 밑동을 들여다보면 오래전에 베인 그루터기나 도목이 발견된다. 이미 다 썩어서 너덜너덜해진 것도 있지만, 의외로 단단한 것도 많다. 수백 년은 살았을 거목 밑동에서 썩어빠진 도목 조각을 발견하면 눈앞에 보존된 길고 긴 시간의 무게에 정신이 아찔해질 정도다.

　이러한 광경은 거목이 즐비한 천연림에 가야만 볼 수 있으니 도목갱신도 특정 수종에 한정된 이야기라고 생각했다. 그런데 조사할수록 도목갱신은 의외로 일반적인 현상이라는 사실을 알 수 있었다. 우리 주위에서 수목은 사람이 편하게 여기는 장소에 심거나 베느라고 원래 모습을 알 수 없는 경우도 많다.

　이 장에서는 삼림이 지속해서 존재하는 데 고목이 수행하는 역할인 도목갱신에 관해 소개한다.

그림 11-1 도목 위에 난 실생(위, 체코). 이런 실생이 크면 뿌리가 도목을 완전히 휘감게 되고(왼쪽 아래, 홋카이도), 도목이 분해되어 없어지면 고목이 있던 자리 만큼 뿌리가 들뜨게 된다(오른쪽 아래, 미야기현).

🔎 부후형과 도목 실생의 관계 🔎

2장에서 도쿄 도립 히가시야마토 공원의 적송 도목 2,000그루에 일일이 표시를 남기고 점균과 버섯을 조사한 결과를 소개했다. 히가시야마토 공원은 적송이 말라 죽은 후에 졸참나무와 서어나무, 산벚나무가 우점종으로 자리 잡은 전형적인 동네 뒷산이었다. 숲속에는 매화오리나무와 때죽나무, 동청목 Ilex pedunculosa 같은 관목이 자라고 있었다. 봄이 오면 땅에는 온갖 수목의 씨앗에서 싹이 터 발디딜 틈도 없을 만큼 자란다(권두그림 ㉚).

조사하던 도목 중에는 부후가 진행되어 부드러워진 끝에 반쯤 무너진 것도 많았다. 그런 도목 위에 실생이 자라난다는 사실은 조사를 시작하자마자 알아차렸다. 하지만 처음에는 그것이 도목갱신일 수 있다고는 눈곱만큼도 생각하지 못하고, 버섯과 점균과 이끼만 기록하기 바빴다. 도목갱신은 먼 북방림 이야기라고만 생각한 것이다.

그런데 봄이 와서 지상에 온갖 실생이 즐비한 시기가 되자 도목 위와 땅 위의 차이가 뚜렷해졌다. 땅 위는 북적거리는데, 도목 위에는 늘 보던 익숙한 실생만 조용히 고개를 들고 있었다. 그 실생은 땅 위를 빼곡하게 채운 식물들과는 분명히 달랐다. 매일 같은 도목을 둘러보다 보니 도목의 부후형에 따라 도목 위에 자라는 실생도 다르다는 점을 희미하게나마 느낄 수 있었다. 데이터를 뽑아보면 재미있을 것 같았다.

수목의 실생은 부모와는 조금도 닮지 않은 모습이었다. 어른이 되면 거목이 될 수종이라도 싹을 틔운 직후는 이끼보다 작은 경우가 흔하다. 작을 뿐 아니라 잎 모양이 부모와 전혀 다른 경우도 많다. 세상에 꽃과 잎에 관한 도감은 수도 없이 많지만, 실생 도감은 거의 없다. 하지만 매일 본 덕분에 모양이 다르기는 해도 왠지 부모 자식의 분위기가 비슷하다는 사실을 눈치채는 수준에 이르렀다. 잎에 난 털 모양이나 가지 끝에 난 겨울눈의 모양 등이 그랬다. 그래서 실생 데이터도 뽑아보기로 했다.

그림 11-2 매화오리나무의 실생(나가노현). 갈색부후한 도목 위에 많은 이유는 산성 토양에 강한 진달래목 식물이기 때문일지도 모른다.

도목 근처 지상에도 1제곱미터의 조사 구획을 만들어 지상에
난 실생을 도목 위와 비교했다. 지상에는 졸참나무나 서어나무의
실생이 많았으나, 도목 위에는 이들의 실생이 거의 자라지 않았고
매화오리나무의 실생이 많이 자라는 것을 알 수 있었다.

매화오리나무는 나무껍질이 백일홍을 닮은 관목으로, 초여름에
포도 모양의 흰 꽃을 피운다. 씨앗이 먼지같이 작아서 콧바람에도
쉽게 날아가 버린다. 싹도 매우 작아서 알아보기 쉽지만, 본잎도 들
쭉날쭉한 톱니 모양이라 알아보기에 편했다(그림 11-2). 흥미롭게도
매화오리나무의 실생은 갈색부후한 도목에 많이 자라고 있었다. 갈
색부후한 도목은 산성이 강하다. 이 점이 매화오리나무의 실생이 갈
색부후한 도목 중에 많다는 사실과 관계 있을 것 같았다. 매화오리
나무는 진달래목 식물로, 진달래목은 산성 토양에 강하다.

이 매화오리나무의 데이터를 《삼림의 생태와 관리Forest Ecology
and Management》라는 학술지에 발표했는데, 놀랍게도 같은 잡지 같
은 호에 체코 연구진의 비슷한 논문이 게재되었다. 대상 수종은 달
랐다. 체코 연구진의 연구 종은 지금까지 이 책에도 자주 등장한 독
일가문비나무였다. 독일가문비나무는 그야말로 도목갱신으로 유명
한 가문비나무의 유사종이다. 그 연구 결과에 따르면 독일가문비나
무의 실생은 갈색부후균이 난 도목보다 백색부후균이 난 도목에 더
많았다고 한다. 매화오리나무와는 반대다.

이 점이 도목갱신에 대한 나의 호기심을 갑자기 자극했다. 다른

수종의 실생은 부후형 취향에 어떤 차이가 있을까? 이 매화오리나무 연구는 내가 박사 학위를 딴 후에 처음으로 나 혼자 조사해 정리한 데이터를 논문으로 작성한 것이다. 그 논문이 국제 학술지에 게재되고, 더군다나 외국에도 현재 진행형으로 나와 비슷한 관심사를 연구하는 사람이 있다는 사실은 연구 주제 설정에 대한 자신감으로 이어졌다.

소나무재선충병에 걸렸던 도목은 실생의 천국

스기우라 씨도 점균에 모여드는 곤충을 조사할 때 적송 도목을 대상으로 삼았다(2장 참조). 당시 조사지였던 교토대학교 가미가모 시험지는 원래 적송과 편백나무가 섞여 자라고 있었다. 소나무재선충병으로 시들어버린 뒤 현재는 편백나무가 주를 이루는 천연림으로 변했다. 그곳의 적송 도목으로 조사하면, 편백나무의 실생이 도목의 부후형에 어떻게 응답하는지 알 수 있을지도 모른다는 생각이 들었다!

곧바로 교토의 게스트하우스에 묵으면서 조사를 시작했다. 도쿄 조사 때와 마찬가지로 지상과 도목 위 실생, 도목의 부후형을 조사했다. 조사해보니 편백나무의 실생도 지상보다는 갈색부후한 도목 위가 더 많았다.[2] 또 관목에 속하는 레티큐라툼진달래 *Rhododendron* *reticulatum*도 갈색부후한 도목 위에 많이 자라고 있었다. 도쿄에서 조사한 매화오리나무도 같은 결과였다. 그럼 다른 수종은 어떨까?

당시는 내가 도호쿠대학교로 자리를 옮긴 때라 도목의 부후형과 도목갱신이라는 연구 주제로 연구비도 받고 있었다. 그래서 연구비로 전국의 적송 도목을 둘러보는 조사 여행을 갔고, 도목 위 실생을 여러 장소에서 조사하기로 했다. 조사 여행을 다니며 전국의 삼림 열 곳에서 실생 데이터를 얻었고, 무려 59종이나 되는 수목의 실생이 도목 위에서 자란 내용을 기록했다. 물론 이 모두가 도목갱신으로 이어지는 것은 아닐 것이다. 보통은 지상에 자라지만, 도목 위에 우연히 자란 사례도 많을 것이다. 그럼에도 이 데이터를 보면 일본의 뒷산 숲에서는 소나무재선충병으로 생긴 적송의 도목이야말로 수목 실생의 천국이라는 사실을 알 수 있다.

도목 위 실생의 종 조성은 각 삼림의 식생을 반영해 다양했지만, 씨앗 크기가 작은 수종이 도목 위에 많다는 공통점이 있었다. 아마 도토리 크기 정도의 종자라면 굴러떨어져서 도목 위에 안착하지 못할 것이다. 열 군데 조사지 중 다섯 군데 이상에서 기록한 13종의 데이터를 사용해 도목 위에 실생이 정착하는 데에 도목의 부후형이 영향을 주는지 조사했다. 도목 위에 특정 수종의 실생이 많이 자라는 조사지가 있었다고 해도, 그 조사지에 특정 수종의 성목(다자란 나무)이 많았을 뿐일 수도 있다. 그래서 조사지별로 각 수종의 정착 지수라는 것을 생각해냈다. 이 정착 지수가 크면 성목의 양과

수종 A

수종 A의 실생

그림 11-3 정착 지수의 이미지 그림. 수종 A의 성목은 적은 데 비해 도목에 정착한 실
생이 많은 왼쪽 그림은 정착 지수가 크고, 성목이 많은데도 실생이 적은 오
른쪽 그림은 정착 지수가 작다.

는 무관하게 도목 위에 정착하는 실생이 많다(그림 11-3).

정착 지수와 부후형의 관계를 조사한 결과 적송의 실생은 갈
색부후 한 도목 위에는 자라기 어렵지만, 개옻나무의 실생은 갈색
부후 한 도목 위에 많이 자란다는 것을 알 수 있었다.[3] 역시 실생의
수종에 따라 부후형(특히 갈색부후)과의 관계가 다른 것 같다. 하지
만 적송 도목 위에 자라는 실생은 모두 작아서 이들이 그대로 성목
이 되는지는 알기 어렵다. 역사가 짧은 뒷산 숲 연구의 한계라고도
할 수 있다. 장기간 안정적으로 존재한 천연림이라면 달랐을 것이
다. 도목갱신한 수종의 경우 막 발아한 실생부터 도목을 감싸듯 뿌
리 내린 어린나무, 밑동 부위에 공간이 생긴 거목까지 온갖 생육 단
계의 수목을 볼 수 있었을 것이다(그림 11-1). 그에 비해 뒷산 숲은 신

탄림으로서의 이용이 멈춘 1960년대 이후 시간이 그리 오래 지나지 않았다. 소나무재선충병이 본격적으로 퍼지면서 대량의 도목이 발생하고, 그것이 실생의 정착에 적합한 상태로까지 부후한 것은 더 최근의 일이다. 도목 위에서 어린나무가 성장한 사례를 볼 수 없는 것이 당연했다.

나는 역시 실제 도목갱신이 이루어진 수종의 천연림에서 부후형과의 관계를 조사해보고 싶은 마음이 굴뚝 같았다. 그래서 일본의 아고산대 침엽수림에 자라는 가문비나무를 대상으로 조사를 시작할 계획을 세웠다.

🌱 도목갱신의 최고봉 가문비나무 🥄

아고산대란 산 정상 부근의 삼림이 없는 고산대보다 해발이 낮은 곳에 있는, 산림이 발달한 지역을 말한다(그림 11-4 위). 일본 혼슈 중부의 경우 해발 1,500~2,500미터 정도의 범위가 이에 해당한다. 가문비나무와 마리에스전나무, 베이트크전나무, 좀솔송나무 같은 침엽수가 우점하고 있어 아고산대 침엽수림으로 불린다. 이보다 해발이 낮고, 너도밤나무나 물참나무 등 활엽수가 우점하는 지역은 산지대라고 부른다(그림 11-4 아래).

혼슈가문비나무*Picea jezoensis var. hondoensis*는 홋카이도에서 러시

아 극동까지 널리 분포하는 가문비나무의 혼슈 변종(변종명 hondoensis는 '본토의'라는 뜻)이다. 북쪽으로는 오제에서 북알프스와 남알프스를 포함한 중부 산악 지대, 야쓰가타케, 후지산, 그리고 남쪽으로는 기이반도의 오다이가하라에 이르는 범위에 띄엄띄엄 격리 분포 중이다. 약 2만 년 전 빙하기에는 더 넓게 연속적으로 분포했지만, 그 후 현재에 이르는 온난한 간빙기가 오자 해발이 높은 아고산

그림 11-4
온타케산의 해발 1,500~2,500미터에 자리 잡은 아고산대 침엽수림. 도목이 풍부하게 남아 있다.

대로 점차 밀려난 것으로 생각된다. 가문비나무를 보고 싶다면 아고산대로 가야 한다. 나는 고등학교와 대학교 때 산악부였기 때문에 등산은 오히려 바라는 바다. 그런데 어디로 가야 가문비나무를 만날 수 있을까?

문헌을 찾아봤더니 우쓰노미야대학교의 아이자와 미네아키 박사가 오래된 문헌 기록을 바탕으로 답사를 진행해, 일본 아고산대 침엽수의 분포를 재확인한 엄청난 조사 결과가 있었다.[4] 물론 가문

비나무도 포함되어 있다. 즉시 아이자와 박사에게 연락해 가문비나무 조사지를 소개해달라고 부탁했더니 지도와 현장 사진까지 첨부해 매우 친절하게 알려주었다. 생면부지의 나에게 그렇게나 친절하게 대응해주신 아이자와 박사에게 정말 고마워하고 있다. 마침 이끼를 좋아하는 안도 학생(1장)이 연구실에 들어왔을 때라서 이끼를 휘감은 도목갱신에 관해 연구하기로 했다.

🌳 실생을 위한 이끼와 부후형, 균근균의 관계 🍄

모든 도목에 실생이 자라는 것은 아니다. 알맞게 썩어서 부드러워지고, 표면에 이끼층이 생겨 늘 촉촉하게 수분을 머금고 있어야 한다. 그렇지 않으면 도목 표면에서 씨앗이 싹을 틔우더라도 여름에 말라 죽고 말 것이다. 이끼는 도목갱신에 매우 중요하다.[5]

나가노현과 기후현의 경계선 부근에 솟은 온타케산에서 조사했을 때 보니 도목 위에 볼란데리엄마이끼와 겉창발이끼, 수풀이끼 같은 이끼가 녹색의 융단을 펼치고 있었다. 이 중 태류인 볼란데리엄마이끼는 다소 두툼한 다육식물 같은 잎을 도목 표면에 붙여 얇게 펼친다. 선류인 겉창발이끼나 수풀이끼는 끝이 가느다란 잎이 복슬복슬하게 난다. 수풀이끼는 풍성해서 두꺼운 매트를 깐 것 같은 느낌을 준다.

수풀이끼는 지상에도 많다. 도목의 분해가 끝나갈 즈음에 무성하게 모습을 드러내며, 분해 중인 도목에서는 볼란데리엄마이끼와 겉창발이끼, 수풀이끼가 치열한 경쟁을 벌이는 것처럼 보였다. 그리고 이 경쟁에는 도목의 부후형이 강력한 영향을 미쳤다. 갈색부후한 도목 위에는 볼란데리엄마이끼가 겉창발이끼보다 더 많이 자라났다(1장 참조).

　이 같은 이끼 매트 위에 가문비나무의 실생이 자랐다(그림 11-5). 처음에는 워낙 작다 보니 이끼로 보일 정도지만, 점차 방사상으로

그림 11-5 도목 위 볼란데리엄마이끼(왼쪽)와 수풀이끼(오른쪽)의 경쟁. 볼란데리엄마이끼 위에는 침엽을 펼친 가문비나무 실생이 자란다. 볼란데리엄마이끼는 갈색부후 한 도목에 많다(온타케산).

펼쳐지는 여섯 개의 대칭형 침엽은 이끼보다 훌쩍 키가 커서 자신이 이끼가 아님을 조용히 주장한다.

조사 대상으로 삼을 도목은 부후가 어느 정도 진행되어 부드러워진 것으로 범위를 좁혔다. 아직 썩지 않은 단단한 도목에는 애초에 실생이 자랄 수 없다. 도목 중에는 나무껍질이 모두 벗겨지고 이끼도 전혀 나지 않은 도목이 있었다. 아마 장기간 서 있는 채로 건조되었다가 최근에 쓰러졌을 것이다. 그런 도목에는 실생이 거의 자라지 않았다. 올해 막 싹을 틔운 실생이 도목 표면의 갈라진 틈 등을 통해 조금은 자라서 나온 것을 보면, 쓰러진 후의 시간이 짧은 것보다는 이끼가 생기지 않은 영향이 더 큰 것 같다. 이끼가 없으면 나무껍질이 벗겨진 도목 표면이 반들반들해져서 씨앗이 굴러떨어지고 말라버려 싹을 틔우기 어렵다.[5]

실생은 대부분 이끼 매트 위에 자랐다. 실생의 수는 볼란데리엄마이끼 위가 겉창발이끼 위보다 압도적으로 많았다. 볼란데리엄마이끼는 갈색부후한 도목을 선호하므로 갈색부후한 도목에는 볼란데리엄마이끼가 많고, 그 위에는 가문비나무의 실생이 자라기 쉬운 관계가 성립함을 알 수 있었다.

그런데 가문비나무 실생과 부후형의 직접적인 관계를 해석하면 오히려 백색부후한 도목에 더 많다는 사실을 알 수 있었다. 앞서 소개한 체코 연구진의 독일가문비나무 조사 결과와 일치한다. 그럼 이끼와의 관계는 어떨까? 아마 이끼가 나지 않은 도목은 갈색부후한 도목보다 백색부후한 도목에 실생이 자라기 쉬울 것이다. 이끼가 나기 시작하면 볼란데리엄마이끼가 생긴 갈색부후한 도목이 갑자기 인기가 높아지는 것 같다.[6]

왜 볼란데리엄마이끼 위에 실생이 많이 자라는지는 일단 이끼의 키가 영향을 끼칠 가능성을 생각해보았다. 볼란데리엄마이끼 매트는 두께가 1센티미터 정도지만, 겉창발이끼 매트의 두께는 4센티미터도 넘는다. 작은 가문비나무의 실생은 너무 두꺼운 매트 표면에 걸리면 말라버려 발아하지 못하거나 발아해도 뿌리에 수분이 닿지 못해 죽는다. 두꺼운 이끼 매트 속으로 파고든다 해도 발아한 후 광합성을 하지 못해 역시 죽는다. 발아하면 바로 이끼 매트 위에 잎을 펼 수 있는 비교적 얇은 두께의 이끼가 좋을 것이다.[7]

가문비나무 실생이 볼란데리엄마이끼를 좋아하는 또 하나의 이유는 이끼 매트 속 미생물 군집이다. 가문비나무는 외생균근인 ECM균과 공생하는 ECM 수종이므로 실생은 발아 후 신속하게 ECM균을 뿌리에 공생하게 만들어야 한다. 이끼 매트 안에도 다양한 균류가 있으니 이끼 종류에 따른 균류 군집 차이가 실생에 영향을 주는지도 모른다.

이 점을 검증하기 위해 볼란데리엄마이끼와 겉창발이끼 매트 속의 균류 군집과 각 매트에 생육하는 가문비나무 실생 뿌리의 균류 군집을 DNA 메타바코딩으로 조사했다.[8] 균류 군집은 이끼의 종에 따라 확실히 달랐고, 그 차이가 생육하는 가문비나무 실생 뿌리의 균류 군집에도 영향을 주고 있었다. 예를 들어 틸로스포라 피브릴로사*Tylospora fibrillosa*라는 ECM균은 볼란데리엄마이끼 위에 자라던 가문비나무 실생의 뿌리에서 가장 많이 검출됐다.

틸로스포라 피브릴로사는 도목 위 가문비나무속 실생의 뿌리에 잘 공생하는 ECM균이다. 유럽의 독일가문비나무 실생[9]이나 홋카이도의 가문비나무(가문비나무속) 실생에서도 발견되었다.[10] 또 리그닌 분해효소가 활성화되므로[11] 실생의 뿌리에 균근이 공생하는 동시에 말라 죽은 이끼나 도목을 분해할 수도 있다.

한 가지 흥미로웠던 점은 기가스포라 로세아*Gigaspora rosea*라는 수지상균근인 AM균도 볼란데리엄마이끼 위 가문비나무 실생에서 가장 많이 검출됐다는 것이다. 같은 가문비나무속의 실생, 북미의 가문비나무속 실생에서도 뿌리에 AM균이 정착한다는 보고가 있다.[10, 12, 13] 가문비나무는 ECM 수종이지만, 어쩌면 발아 직후에 AM균과도 공생하는 시기가 있을지도 모른다.

볼란데리엄마이끼 등의 태류는 육상식물 중에서는 가장 원시적인 계통에 속하며, 4억 년 전에 식물이 육상으로 진출했을 때의 모습을 보여준다. 최근 연구를 보면 태류의 헛뿌리(뿌리 모양 조직) 속에 AM균이 정착해서 균근 같은 구조를 만든다는 사실이 밝혀졌다.[14] 그렇다면 이끼와 가문비나무 실생이 균근균을 공유하고 있을지도 모른다. 결국 도목 위에 가문비나무 실생이 정착하려면 이끼와 부후형, 균류 사이의 밀접한 관계가 필요하다.

🌰 삼림 교란과 기후의 영향 🌱

온타케산에서 본 도목의 부후형과 이끼와 균류, 그리고 실생의 절묘한 관계는 삼림이 교란되면 쉽게 망가진다. 기이반도의 오다이가하라 지역에서는 1959년 이세만 태풍으로 인해 가문비나무 숲의 수목이 뿌리째 뽑히는 피해가 있었다. 그 후 도목 분해나 균류 군집을 살폈더니 피해가 발생하지 않은 곳과는 그 양상이 전혀 달랐다는 설명은 8장에서 했다. 그런데 이는 가문비나무의 실생에도 영향을 주었다. 오다이가하라 안에서도 가문비나무 숲이 붕괴된 히데가타케 주변에서는 고목이 갈색부후한 데다 삼림이 사라진 탓에 도목이 직사광선에 건조되어 이끼가 자랄 수 없었다. 갈색부후에 이끼까지 없으니 가문비나무 실생에는 최악의 조건이었다. 가문비나무의 성목도 약간은 남아 있었으니 씨앗도 어느 정도는 떨어졌을 테지만, 도목 위에는 가문비나무 실생이 거의 자라지 않았다.[15](그림 11-6 위)

오다이가하라에는 얼마 되지 않으나 가문비나무 숲이 남아 있다. 그곳에서는 도목이 백색부후 했고 이끼가 돋았으며, 가문비나무 실생이 자라고 있었다. 즉 히데가타케 주변에서는 도목의 부후와 이끼, 가문비나무 실생의 절묘한 관계가 무너져 가문비나무의 도목 갱신이 방해받는다고 볼 수 있다. 가문비나무 숲에서 조릿대밭으로 변한 뒤 그 상태로 안정된 것이다. 이를 생태학 용어로 대체 안정화 상태라고 한다. 환경 변화에 따라 생태계의 상태가 기존 상태에서 다른 상태로 변한 다음 안정되어서, 환경이 원래 상태에 가까워져도 이전 상태로는 돌아가기 어렵게 된다. 이를 이력현상hysteresis이라고 하며, 교란된 생태계가 쉽게 회복되지 않는 요인 중 하나다.

오다이가하라의 가문비나무 숲이 회복되리라는 희망도 있다. 가문비나무 숲이 쇠퇴하기 전에 싹튼 것으로 보이는 가문비나무의 어린나무가 도목 위가 아니라 지상에서 적은 수지만 건강하게 자라고 있다는 점 때문이다(그림 11-6 아래). 히데가타케 주변에서는 개체 수가 늘어난 사슴에게 먹히는 피해를 막기 위해 일본 환경성이 만든 철제 울타리가 곳곳에 조성되어 있다. 더불어 울타리 안에서는 몇 안 되더라도 가문비나무의 어린나무 주변에 있는 조릿대를 베어내 어린나무의 성장을 돕고 있다.

이세만 태풍으로 손실이 발생한 또 다른 조사지인 기타야쓰가타케에서는 8장에서 설명한 대로, 삼림이 신속하게 회복되었으므로 도목의 균류 군집이나 부후형에 미치는 영향이 없었다. 그럼에도 갈색부후한 도목 위에는 가문비나무의 실생이 적었다.[16] 참고로 기타야쓰가타케의 데이터를 보면 갈색부후한 도목 위에는 소나무과 침엽수인 솔송의 실생도 적다는 사실이 밝혀졌다.

가문비나무의 도목을 찾아가는 산행 때는 그 밖에도 나가노현의 노리쿠라다케, 야마나시현의 기타자와도게, 다이보사쓰도게, 후지산에도 갔다. 이들 장소에서 조사한 결과를 종합해보니 갈색부후한 도목 위에 가문비나무의 실생이 자라기 쉬운 장소와 자라기 어려운 장소가 있다는 사실을 알 수 있었다. 그리고 갈색부후와 가문비나무 실생의 관계는 기온의 영향으로 변하는 것 같았다. 연평균 기온이 높은 조사지에서는 갈색부후한 도목 위에 가문비나무 실생이 적었지만, 연평균 기온이 낮은 조사지에서는 갈색부후한 도목 위에 가문비나무 실생이 많았다. 하지만 실생과 기후 조건과의 관계를 해석하기에 조사지 일곱 군데는 그 수가 너무 적다. 아쉽게도 가문

그림 11-6
위는 이끼가 없고 건조한 갈색부후 도목 위에 열심히 싹을 틔운 가문비나무의 실생이고, 아래는 도목 위가 아닌 지상에서 왕성하게 성장하는 가문비나무의 어린나무이다(둘 다 오다이가하라).

비나무처럼 혼슈 아고산대에 띄엄띄엄 분포하는 수종의 경우는 더 이상 조사지 수를 늘리기 어렵다.

🎋 가문비나무를 찾아 유럽으로 🎋

가문비나무속 수종을 제대로 보려면 일본보다는 고위도 북방림이 제격이다. 가문비나무속은 아시아에서 탄생해 북미와 유럽으로 퍼졌다고 생각되며, 현재는 북반구 북방림에 널리 분포한다.[17] 35종 정도가 알려져 있는데, 그중 독일가문비나무는 러시아 서부에서 스칸디나비아반도, 유럽 대륙에 널리 분포한다. 스칸디나비아반도와 유럽 대륙의 독일가문비나무는 유전적으로 약간 다른 것 같다.

그래서 일본보다 위도가 높은 유럽에서 독일가문비나무의 도목갱신을 연구하고 싶었다. 독일가문비나무는 임업 수종으로서도 중요하기에 도목갱신에 관한 연구는 이미 많이 이루어져 있다. 하지만 도목 부후형과의 관계에 관한 설명은 매화오리나무의 도목갱신 때 소개한 체코 연구진의 논문밖에 없다. 유럽의 좀 더 넓은 지역을 대상으로 기후와 도목의 균류 군집, 부후형, 독일가문비나무의 도목갱신 사이의 관계를 비교할 수 있는 연구는 아직 아무도 한 적이 없다.

체코 논문의 저자 중에는 고목의 균류에 관한 논문에서 자주 이름을 본 사람이 포함되어 있었다. 아무래도 균류 연구자 같아서 메일을 보냈더니 체코에서의 공동연구를 흔쾌히 허락해주었다. 8장에서도 나왔던 바츨라프 포스카 박사다(나중에 이야기해보니 나와 동갑이었다). 그 밖에도 생면부지의 연구자에게 메일을 보내고, 학회에서 알게 된 사람에게 공동연구 요청을 반복한 결과 노르웨이, 폴란드, 체코, 루마니아, 불가리아, 그리스의 조사지와 공동연구자를 확보했다. 위도를 보면 그리스가 일본의 도호쿠 지방 정도다(그림 11-7).

그림 11-7

일본 도호쿠 지방과 위도가 비슷한 그리스는 독일가문비나무의 자연 분포에서 남방한계 중 하나다(로도피산맥 국립공원). 유럽너도밤나무 등 활엽수와도 섞여서 자란다. 대규모 고사가 발생한 체코의 슈마바 국립공원(그림 8-3)보다 건강한 모습이다.

마침 영국 보디 교수의 연구실에 체류하고 있었기에 영국에서부터 시작해 그 나라들을 둘러보기로 했다. 데이터를 논문으로 정리하고 있어 상세한 내용을 쓸 수는 없지만, 예상대로 독일가문비나무의 도목 균류 군집과 부후형에서 위도와 기후의 영향을 찾을 수 있었다. 그리고 독일가문비나무의 도목갱신도 갈색부후한 도목 위에서는 적다는 사실도 확인했다.

🌱 삼나무의 도목갱신 🌱

삼나무도 도목갱신을 한다. 인공림 속 삼나무는 사람이 묘목을 땅에 심기에 원래 생태를 상상하기 어렵다. 야쿠삼나무 숲을 방문한 적이 있는 사람이라면 삼나무 거목이 오래된 그루터기 위에 자라나 있거나, 밑동에 구멍이 난 상태로 마치 장군이 버티고 선 모양의 삼나무를 보았을 것이다. 아키타현에서도 도도와 사도 지역에 있는 삼나무 원시림은 삼나무가 도목이나 그루터기 위에서 새로 자라난다(갱신)는 사실이 보고되었다.[18]

내가 적송 도목 위의 실생을 조사할 때도 조사지에 따라서는 삼나무 실생이 잘 자라는 지역이 있었다. 코마가타 군과 조사하러 간 야마가타현의 치토세산은 백색부후한 도목보다 갈색부후한 도목이 삼나무 실생 수도 더 많았고, 성장도 더 활발했다.[19, 20] 그중에는 높이가 50센티미터 가까이 성장한 것도 있고, 성장 속도도 매우 빨랐으니 도목 위에서 그대로 커갈 것이다(권두그림 ㉛).

삼나무는 일본 고유종으로서 태평양 쪽 겉삼나무, 동해 쪽 속삼나무라는 말이 있는 것처럼 성질이 다른 몇 개의 집단이 존재한다. 삼나무 DNA를 조사하면 야쿠시마 집단, 태평양 쪽 집단, 동해 쪽 야마가타현 이남 집단, 동해 쪽 아키타현 이북 집단의 네 개 계통으로 나뉜다.[21] 삼나무는 도목 위에서 실생이 자라난다는 사실, 눈이 많이 내리는 동해 쪽에서는 줄기의 낮은 위치에 난 가지가 지

면까지 늘어진 뒤 뿌리를 내려 자가복제로 번식한다는 사실까지도 알려져 있다.[22]

분명 씨앗을 통한 유성번식과 자가복제를 통한 무성번식을 환경에 따라 잘 구분해서 사용하는 것이다. 일본 전국에서 조사하면 적송과 가문비나무, 독일가문비나무에서 나타난 도목의 부후형 및 균류와 기후의 관계를 삼나무 도목에서도 볼 수 있을지 모른다. 이렇게 도목에 나타나는 부후형의 지역성이 삼나무의 유전적 차이나 번식 양식의 지역성과 관계 있으면 재미있을 것 같아 현재 데이터를 모으고 있다.

🌱 도목갱신과 부후형의 관계 🌱

여기까지 여러 수종의 도목갱신과 도목 부후형의 관계를 살펴보았다. 정리하면 그림 11-8과 같다. 수종에 따라 부후형에 대한 반응, 특히 갈색부후에 대한 반응이 다르다. 수종에 따른 차이는 무엇 때문에 나타나는 걸까?

갈색부후한 도목은 산성이 강해지므로 그에 견딜 수 있는 종은 갈색부후한 도목 위에 자랄 수 있을 것이다. 삼나무처럼 백색부후한 도목 위보다 갈색부후한 도목 위에서 더 잘 자라는 수종도 있다. 그 이유는 무엇일까? 표를 보면 실생의 균근 유형과 관계 있는 것

도목의 수종	실생의 수종	실생의 균근 유형	도목 부후형과의 관계
적송	산철쭉	ERM	갈색(+), 백색(−)
	개옻나무	AM	갈색(+)
	매화오리나무	AM	갈색(+)
	삼나무	AM	갈색(+)
			백색(−)
	편백나무	AM	갈색(+), 백색(−)
	적송	ECM	갈색(−)
			백색(−)
가문비나무	가문비나무	ECM	갈색(+), 백색(−)
			갈색(−)
	베이트크전나무 / 볼란데리엄마이끼	ECM	갈색(−), 백색(−)
	좀솔송나무	ECM	갈색(−)
독일가문비나무	독일가문비나무	ECM	갈색(−), 백색(+)

그림 11-8 도목의 부후형과 실생 정착의 관계. AM은 수지상균근, ECM은 외생균근, ERM은 진달래균근이다. 갈색부후나 백색부후한 도목 위에 실생이 많으면 +, 적으면 −로 표시했다(참고문헌 23을 수정함).

처럼 보이기도 한다. AM 수종인 삼나무와 편백나무, 매화오리나무, 개옻나무, 진달래과 식물 특유의 진달래균근을 형성하는 산철쭉은 갈색부후한 도목 위에서 실생이 새로 자란다. ECM 수종인 적송이나 가문비나무, 전나무속(베이트크전나무와 마리에스전나무), 좀솔송나무, 독일가문비나무는 갈색부후한 도목 위에서는 실생이 새로 자라지 않는 경향이 있다. 진달래과 식물은 산성에 강하니 갈색부후한 도목에 잘 자라는 것은 충분히 이해된다. 그러나 AM 수종과 ECM

수종의 실생 정착과 도목의 부후형에 관계가 있다면 그 요인은 무엇일까?

AM 수종의 실생은 갈색부후한 도목에서, ECM 수종의 실생은 백색부후한 도목에서 자라기 쉽다는 가설을 세우고, 기타바타케 히로유키 학생과 함께 포트 실험으로 확인해보았다. 야외에서 채집해 온 갈색부후재·백색부후재(둘 다 적송)를 부수어서 거친 목분을 만들고, 팽창질석expanded vermiculite과 섞어서 포트에 담았다. 표면을 살균해 무균 상태에서 발아시킨 삼나무와 편백나무(AM 수종), 사스래나무와 베이트크전나무(ECM 수종)의 실생을 그 포트에 심고 200일 정도 인큐베이터 안에서 재배했다(그림 11-9, 권두그림 ㉜). 목분 속 미생물의 영향을 평가하기 위해 멸균한 목분으로도 같은 포트를 만들어 실생의 성장을 비교했다.

비교 결과 ECM 수종인 사스래나무의 실생은 갈색부후재보다 백색부후재 위에서 더 잘 성장했다. AM 수종인 삼나무의 실생은 백색부후재보다 갈색부후재 위에서 더 잘 성장하는 경향이 있었다. 이러한 결과는 가설을 뒷받침한다. 또 목분의 부후형에 따른 실생 성장의 차이는 삼나무든 사스래나무든 목분을 멸균하면 없어졌으니, 목분 속 미생물이 무언가 영향을 주었다고 생각할 수 있다. 재배 후에 수거한 실생의 뿌리를 관찰해보니 삼나무는 백색부후재보다 갈색부후재 위에서 AM균의 감염률이 높게 나타났다. 삼나무 실생의 성장이 갈색부후재에서 좋았던 원인일 수 있다. 목분에서 추

그림 11-9 위: AM·ECM 수종과 부후재의 조합으로 실생의 성장을 비교하는 실험 모습. 왼쪽 중간: 삼나무, 오른쪽 중간: 편백나무, 왼쪽 아래: 사스래나무, 오른쪽 아래: 베이트크전나무

출한 DNA의 메타바코딩에서 AM균이 검출되지 않아서 어떤 AM균이 있었는지는 수수께끼로 남아 있다.

아쉽게도 사스래나무 실생에서는 ECM균의 정착을 볼 수 없었다. 이 실험을 할 때는 사스래나무는 ECM 수종이라고 추측해 ECM균의 감염률만 측정했다. 하지만 온타케산의 가문비나무와 관련해서 소개한 것처럼 ECM 수종도 발아 직후의 실생은 AM균이 공생하는 사례가 많다고 한다. 자작나무속 실생도 AM균의 감염으로 성장이 좋아진다는 이론이 있었다.[24] 어쩌면 사스래나무 실생도 AM균의 감염률이 갈색부후재와 백색부후재 간에 다르고, 그것이 성장에 영향을 끼칠 가능성도 있다.

실험을 통해 사스래나무와 삼나무에서 가설을 뒷받침하는 결과를 얻었다고는 해도, 편백나무와 베이트크전나무의 실생 성장은 갈색부후재와 백색부후재 사이에 차이가 없었으므로 전체적으로는 가설이 뒷받침되었다고 보기 어렵다. 실험에 사용한 수종도 적다. 도목 위에서 실생이 다시 자라기 쉬운지, 어려운지는 실생 성장 말고도 도목 위 씨앗이 체류하기 쉬운 정도, 씨앗의 생존율과 발아율, 발아 후 실생 생존율 등 몇몇 항목이 영향을 준다. 더 많은 수종의 실생으로 이 항목들을 테스트해야겠다.

도목갱신은 비교적 오래전부터 알려진 현상이다. 그러나 도목에 서식하는 균류나 이끼와 관련된 메커니즘은 생각 이상으로 복잡하며, 아직 연구할 점이 많다.

《 현장 관찰 기록 》

씨앗에서 막 싹을 틔운 실생은 귀엽다. 작지만 부모와 쏙 닮은 잎을 단 수종도 있고, 부모와는 전혀 닮지 않은 잎을 단 수종도 있다. 단풍나무류의 성목은 잎이 손바닥 모양인 씨앗이 많지만, 실생이 처음 내놓는 본잎은 물방울 모양이다. 삼나무나 편백나무는 프로펠러 같은 세 장의 떡잎을 먼저 펼치고, 전나무나 소나무, 가문비나무 등 소나무과 실생은 더 여러 장의 침엽을 먼저 펼치는데, 풍차처럼 대칭적인 배치를 나타낸다.

실생의 이름을 외우는 방법으로는 직접 스케치하는 것이 최고다. 오른쪽 스케치는 내가 노력한 흔적 중 일부다. 학생 때는 점균과 버섯, 곰팡이밖에 몰랐지만, 취직한 뒤에 도쿄 근교 숲에서 식생 조사를 반복하는 사이에 수목을 어느 정도 동정할 수 있는 눈을 가지게 되었다. 이는 대학에 자리를 얻은 뒤에도 큰 도움이 되었다. 그 뒤부터 나는 첫 조사지에서는 일단 일정 면적 안에 자라는 모든 수목의 이름과 가슴높이지름을 기록한다. 그렇지 않으면 기분이 개운치 않다.

대학 교원이 되고 나서는 연구실 교수였던 세이와 겐지 선생님이 오랫동안 해온 파종 시험을 알게 되었다. 가을에 산에서 모아온 여러 나무의 씨앗을 숲 여기저기에 뿌린 뒤 발아와 성장, 생존에 미치는 영향을 알아보는 시험이다. 땅을 정성껏 다진 다음 씨앗을 한 알씩 구멍에 넣고, 시험을 준비하는 모습에 감동했다. 역시 좋은 연구는 꾸준한 준비를 바탕으로 이루어진다.

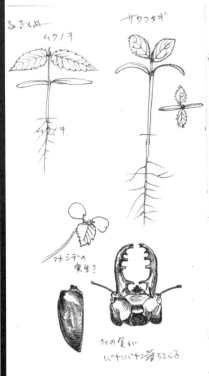

🌑 오른쪽: 부후한 적송 도목 위 쓴맛미치광이버섯 *Gymnopilus picreus*과 전나무속의 실생

🌑 왼쪽: 세 종의 실생. 사슴벌레는 덤이다.

에필로그

　나는 지금까지 약 20년 동안 고목에 모여드는 생물의 다양성과 상호작용, 생태계 내 역할 등에 관해 연구해왔다. 그 과정에서 고목에 사는 생물의 아름다움과 생태의 즐거움에 매력을 느꼈다. 이를 최대한 여러 사람에게 알리고 싶다. 이 책을 집필하려고 생각한 첫 번째 이유이다.

　한편 재생가능에너지로 목질 바이오매스를 이용하자는 논의 속에서 삼림에 방치되는 고목이 단순한 연료로만 인식되고, '아까우니까 적극적으로 사용해야 한다'는 풍조가 퍼지고 있는 현실에 놀랐다. 무엇보다 친환경적으로 살기를 원하는 사람들 사이에서 그런 생각이 퍼지고 있는 데에 위기감을 느꼈다. 이 책을 집필한 또 하나의 이유다.

　문제는 탄소중립을 달성하기 위한 두 가지 방향성, 목질 바이오매스를 화석연료의 대체 연료로 이용하는 것과 삼림의 탄소 축적을 나누어서 논의하는 상황이다. 목질 바이오매스는 분명 재생 가능한 에너지다. 단 수목이 광합성을 해서 탄소를 대기 중에 고정할 때 이야기다. 이 둘을 나누어 생각할 수는 없다. 둘을 나누면 한쪽은 무시하고, 다른 한쪽의 논리로만 흐를 우려가 있다. 예를 들어 목질 바이오매스를 연료로 이용하라고 권유하는 팸플릿 등에는 그것이 이론적으로 재생 가능하다는 말만 나와 있는 경우가 많다. 실제로 자신이 바이오매스를 태워서 방출한 이산화탄소를 누가 어디서 언제까지 목질 바이오매스로 재생시킬 예정인지, 그리고 실현 가능한지 아는 사람은 거의 없을 것이다.

수목이 성장하는 데는 시간이 걸린다. 수목의 성장에 따른 탄소고정은 재생 가능한 수준을 따라잡지 못한다. 단지 화석연료를 바이오매스로 바꾸어 태우는 행위에 불과하다는 말이다. 태울 목질 바이오매스도 삼림에 축적된 탄소다. 이를 어떻게 보전할지도 탄소중립을 달성하는 데 중요한 요소다. 이러한 내용을 함께 논의하지 않고, 목질 바이오매스 이용만 부르짖는다면 오히려 삼림에서 방출되는 이산화탄소의 양을 늘릴 수도 있다. 정책을 수립할 때는 동시에 논의하겠지만, 유감스럽게도 최종 사용자 단계에서는 별개로 취급되어 이용하는 데만 관심이 집중되는 것처럼 보인다. 그 결과 숲에서 고목이 사라진다(고목의 매력적인 생물들을 볼 수 없게 된다!).

2021년 2월, 42개 국가와 지역의 500명이 넘는 과학자가 미국,

유럽, 한국, 그리고 일본의 국가원수에게 목질 바이오매스를 사용한 발전은 탄소중립이 아니라고 주장하는 서한을 보냈다.

서한은 바이오매스를 발전에 이용하느라 삼림을 벌채해서 불태우면 삼림에 저장된 탄소가 대기 중으로 방출된다는 점, 삼림의 재생에는 시간이 걸리기에 수십 년에서 수백 년에 걸쳐 기후변화를 악화시킨다는 점, 바이오매스를 발전에 이용하면 화석연료를 사용했을 때보다 두세 배 많은 탄소를 방출할 가능성이 있다는 점을 지적했다. 또 각국 정부는 기후변화 대책으로 바이오매스를 연소하는 데 보조금이나 인센티브를 지급함으로써 실제로는 기후변화를 악화시키고 있다는 점, 그리고 진정한 탄소 배출 삭감을 위해서는 삼림을 태울 것이 아니라 보전과 재생을 위해 노력해야 한다는 점을 지적했다. 자세한 내용은 FoE Japan의 블로그를 참조하면 된다. 서한의 원문과 완역을 볼 수 있다.'

부끄럽게도 나는 이 서한 제출의 움직임을 몰랐다. 이번에 이 책을 쓰기 위해 조사하다가 우연히 발견했다. 적어도 이 책의 출판을 통해 조금이라도 그런 인식이 세상에 퍼지는 데 도움이 되기를 바란다.

▌ '과학자 500명 이상이 일본 정부에 서한을 제출: 삼림 바이오매스를 이용한 발전은 탄소 중립이 아니다.', FoE Japan 블로그, 2021년 2월 16일.

이 책에서는 생물의 다양성과 탄소저류에 있어 고목이 얼마나 중요한지를 소개했다. 내 주장은 숲속 고목은 가능한 한 그대로 두고 자연스럽게 분해되게 하자는 것이다. 그러나 모든 고목을 숲속에 남길 필요는 없다는 사실은 나도 알고 있다. 화석연료에 대한 의존에서 벗어나려면 목질 바이오매스 등 재생가능에너지를 이용해야 한다. 다만 이 한 가지에만 집중해서 '고목이 장작으로만 보이게 되어' 과도하게 이용되면, 결국은 삼림 생태계가 파괴되어 현재 삶이 위협받을 수도 있다는 점을 생각해야 한다. 우리 삶은 우리가 인식하지 못하는 사이에 삼림으로부터 많은 혜택을 받고 있다. 이 책에서는 삼림뿐 아니라 고목이 주는 혜택에 관해 생태계의 안정성까지 짚어가며 따져보았다.

고목에 관한 책을 쓰려고 조사하다가 원숙한 기술mature technology을 일본어로 말라 시든 기술이라고 부른다는 것을 알게 되었다. 널리 쓰이는 말인 것 같은데, 내 공부가 모자란 탓에 새롭게 다가왔다. 말라 시들었다는 것은 '해당 기술이 개발된 지 오랜 시간이 지나서 결함이 해소되고 기술로서 성숙·안정된 상태'를 나타낸다. 좋은 의미로 사용된 것이다. 물론 말라 시든 기술이 모두 안정적이지는 않을 것이다. 최신 기술이 효율적이고 안정적일 때도 많다. 새 기술과 오래된 기술을 균형 있게 사용해서 전체적인 안정성을 확보하는 것이 중요하다.

미래의 삼림 관리도 마찬가지다. 재생가능에너지로서의 목질 바이오매스를 새 기술을 동원해 이용되면서 생물다양성과 탄소저류에 중요한 기능을 하는 거목이나 고목은 보전해야 한다. 그 균형을 잡아야 하는데, 결과적으로 생태계나 우리 삶에 어떤 영향이 줄지에 관한 답도 가까운 미래에 나올 것이다. 따라서 생태계의 구조를 잘 파악하고, 과거에 일어난 일들을 통해 배우면서 잘 생각해야 한다. 이에 관해서는 정책을 결정하는 사람은 물론이고 일반인도 인식하고 있어야 효과를 거둘 수 있다.

영국의 대학교에서 연구할 때 출퇴근길에 다니던 뷰트 파크라는 인근 오래된 공원에 거목이 많이 자라는 모습을 보았다. 그런 거목도 바람이 많이 분 다음 날에는 뿌리째 쓰러져 있기도 했다. 자세히 보면 뿌리는 너덜너덜했고 버섯이 자라고 있었다. 그런 도목이 공원 안에 몇 개씩 자리를 잡고 있는데도 통행에 방해가 될 때만 잘라냈다. 산책 도중 도목에 걸터앉아 벤치로 이용하는 사람이나 도목 위에서 낮잠을 자는 사람도 자주 보았다. 전기톱 조각의 재료가 된 고목도 많았다.

고목이 당연하게 존재하는 공원이 더 많아지면 좋겠다. 고목이 많은 공원에서 놀아본 아이들은 고목이 있는 광경을 익숙하게 느낄 것이다. 고목 방치는 절대 이상한 일이 아니다.

이 책에 소개한 내용 대부분은 여러 공동연구자, 학생들과 함께 애쓴 연구를 바탕으로 한 것이다. 그중 몇 명은 본문 중에 이름을 언급했지만, 그 외에도 많은 분의 협력이 있었기에 여기까지 올

수 있었다. 모두의 이름을 거론하지는 않겠지만, 그분들께 진심으로 감사드린다. 이 책에 전개한 주장은 저자의 개인적인 것임을 덧붙여 알려둔다. 개중에는 논란이 분분한 내용도 있으나 고목과 관련한 문제에 많은 분이 흥미를 느꼈으면 좋겠다.

이 책의 출판과 관련해 그 가치를 인정하고 기획해주신 쓰키지 서관의 도이 지로 사장님께 감사드린다. 이 책의 기획은 내가 일본 균학회 뉴스레터에 쓴 서평을 도이 사장이 X(구 트위터)에서 언급한 것을 계기로 시작되었다. 그런 의미에서(약간 억지이긴 하지만) 《버섯과 동물》의 저자인 사가라 나오히코 선생님뿐 아니라 서평을 의뢰해준 일본균학회에도 감사하고 싶다. 적절한 조언과 함께 이 책을 읽기 쉽게 편집해주신 구로다 도모미 씨에게도 감사의 인사를 드린다.

다음은 바쁜 와중에도 원고에 도움이 되는 조언을 주신 분들이다. 이나가키 요시유키 씨, 오이시 요시타카 씨, 고바야시 마코토 씨, 고마가타 야스유키 씨, 스기우라 신지 씨, 스즈키 도모유키 씨, 다케모토 슈헤이 씨, 쓰지타 유키 씨, 마쓰오카 슌스케 씨, 모리 요코 씨.

다음 분들은 훌륭한 사진을 제공해주셨다. 캐나다 우드, 가토 도미오 씨, 캐서린 로우스크 씨, 고마가타 야스유키 씨, 사라 크리스토피데 씨, 스기우라 신지 씨, 센토쿠 다케시 씨, 다카시마 유우스케 씨, 다케시타 노리오 씨, 다케모토 슈헤이 씨, 쓰지타 유키 씨, 매튜 웨인하우스 씨, 마스야 하야토 씨, 야마다 아키요시 씨, 루지

위: 공원의 도목에서 쉬는 사람들
아래: 고목을 이용한 나무 조각(모두 영국 웨일스 카디프의 뷰트 파크)

에 지바로버 씨. 또 규슈대학교 미야자키 연습림의 구메 도모노리 연습림장을 비롯한 스태프 분들에게는 전시물 사진의 사용에 대해 흔쾌히 허락받았다. 여러분이 주신 조언과 사진 덕에 이 책이 훨씬 쉬운 내용으로 거듭날 수 있었다. 그래도 어려운 부분이나 잘못된 점이 있다면 그건 모두 내 책임이다. 부디 상냥하게 지적해주면 좋겠다.

마지막으로 이끼를 채취하러 산에 데려가 주셨던 부모님과 이 책 집필을 위한 시간을 내는 데 협조해준 아내와 아이들에게 감사한다. 그들이 읽고 고개를 끄덕일 수 있는 책이 되면 좋겠다.

눈이 쏟아지는 미야기의 어느 숲에서

후카사와 유(X: @Fukasawayu)

참고문헌

1장

1 Costa J-L, Paulsrud P, Rikkinen J, Lindblad P (2001) Genetic diversity of Nostocsymbionts endophytically associated with two bryophyte species. Applied and Environmental Microbiology 67 : 4393-4396.

2 Rousk K (2022) Biotic and abiotic controls of nitrogen fixation in cyanobacteria-mossassociation. New Phytologist 235 : 1330-1335.

3 Zackrisson O, DeLuca TH, Gentili F, et al. (2009) Nitrogen fixation in mixed Hylocomium splendens moss communities. Oecologia 160 : 309-319.

4 Rousk K, Jones DL, DeLuca TH (2013) Moss-cyanobacteria associations as biogenic sources of nitrogen in boreal forest ecosystems. Frontiers in Microbiology 4 : Article150.

5 Bunnell FL, Houde I (2010) Down wood and biodiversity-implications to forest practice. Environmental Review 18 : 397-421.

6 Wiklund K, Rydine H (2004) Ecophysiological constraints on spore establishment in bryophytes. Func Ecol 18 : 907-913.

7 Jurgensen MF, Larsen MJ, Wolosiewicz M, Harvey AE (1989) A comparison of dinitrogen fixation rates in wood litter decayed by white-rot and brown-rot fungi. Plant and Soil 115 : 117-122.

8 Fukasawa Y, Komagata Y, Kawakami S (2017) Nutrient mobilization by plasmodium of myxomycete Physarum ridigum in deadwood. Fungal Ecology 29 : 42-4.

9 오이시 요시타카大石善隆,《이끼 삼매―복슬복슬·촉촉한 사찰 순례》, 이와나미서점, 2015년(국내 미출간).

10 Fukasawa Y (2021) Ecological impacts of fungal wood decay types : A review of current knowledge and future research directions. Ecological Research 36 : 910-931.

11 Steijlen I, Nilsson M-C, Zackrisson O (1995) Seed regeneration of Scots pine in boreal forest stands dominated by lichen and feather moss. Can J For Res 25 : 713-723.

2장

1 모리구치 미쓰루盛口満,《노래하는 버섯―보이지 않는 공생의 다양한 세계》, 야사카쇼보, 2021년(국내 미출간).

2 모리구치 미쓰루,《우리가 사체를 줍는 이유―자연을 줍는 사람들의 유쾌한 이야

기》, 도부쓰샤, 1994년(국내 미출간).

3 후타이 가즈요시二#一禎,《소나무재선충병은 숲의 전염병—삼림 미생물 상호관계론 노트》, 분이치 종합출판, 2003년(국내 미출간).

4 Sugiura S, Fukasawa Y, Ogawa R, Kawakami S, Yamazaki K (2019) Cross-kingdom interactions between slime molds and arthropods : a spore dispersal hypothesis. Ecology 100 : e02702.

5 Takahashi K, Hada Y (2009) Distribution of myxomycetes on coarse woody debris of Pinus densiflora at different decay stages in secondary forests of western Japan. Mycoscience 50 : 253-260.

6 Fukasawa Y, Takahashi K, Arikawa T, Hattori T, Maekawa N (2015) Fungal wood decomposer activities influence community structures of myxomycetes and bryophytes on coarse woody debris. Fungal Ecology, 14 : 44-52.

7 Schnittler M, Novozhilov Y (1996) The myxomycetes of boreal woodland in Russian northern Karelia : a preliminary report. Karstenia 36 : 19-40.

8 Schnittler M, Stephenson SL, Novozhilov Y (2000) Ecology and world distribution of Barbeyella minutissima (Myxomycetes). Mycological Research 104 : 1518-1523.

3장

1 Arnold AE, Mejí LC, Kyllo D, et al. (2003) Fungal endophytes limit pathogen damage in a tropical tree. PNAS 100 : 15649-15654.

2 Christian N, Herre EA, Clay K (2019) Foliar endophytic fungi alter patterns of nitrogen uptake and distribution in Theobroma cacao. New Phytol 222 : 1573-1583.

3 Konno M, Iwamoto S, Seiwa K (2011) Specialization of a fungal pathogen on host tree species in a cross-inoculation experiment. J Ecol 99 : 1394-1401.

4 Osono T, Hobara S, Koba K, Kameda K, Takeda H (2006) Immobilization of avian excreta-derived nutrients and reduced lignin decomposition in needle and twiglitter in a temperate coniferous forest. Soil Biol Biochem 38 : 517-525.

5 Osono T, Hobara S, Fujiwara S, Koba K, Kameda K (2002) Abundance, diversity, and species composition of fungal communities in a temperate forest affected by excreta of the Great Cormorant. Soil Biol Biochem 34 : 1537-1547.

6 Osono T, Hobara S, Koba K, Kameda K (2006) Reduction of fungal growth and lignin decomposition in needle litter by avian excreta. Soil Biol Biochem 38 : 1623-1630.

7 Osono T, Ono Y, Takeda H (2003) Fungal ingrowth on forest floor and decomposition needle litter of Chamaecyparis obtusa in relation to resource availability. Soil Biology and

Biochemistry 35 : 1423-1431.

8 Ferguson BA, Dreisbach TA, Parks CG, et al. (2003) Coarse-scale population structure of pathogenic Armillaria species in a mixed-conifer forest in the Blue Mountains of northeast Oregon. Canadian Journal of Forest Research 33 : 612-623.

9 Smith ML, Bruhn JN, Anderson JB (1992) The fungus Armillaria bulbosa is among the largest and oldest living organisms. Nature 356 : 428-431.

10 Bendel M, Kienast F, Rigling D (2006) Genetic population structure of three Armillaria species at the landscape scale: a case study from Swiss Pinus mugo forests. Mycological Research 110: 705-712.

11 Wells J, Boddy L (1995) Phosphorus translocation by saprotrophic basidiomycete mycelial cord systems on the floor of a mixed deciduous woodland. Mycol Res 99 : 977-980.

12 Wells J, Boddy L, Evans R (1995) Carbon translocation in mycelial cord systems of Phanerochaete velutina (DC. : Pers.) Parmasto. New Phytol 129 : 467-476.

13 Wells J, Boddy L (1990) Wood decay, and phosphorus and fungal biomass allocation, in mycelial cord systems. New Phytologist 116 : 285-295.

14 Hughes CL, Boddy L (1996) Sequential encounter of wood resources by mycelial cord of Phanerochaete velutina : effect on growth patterns and phosphorus allocation. New Phytologist 133 : 713-726.

15 Kiers ET, Duhamel M, Beesetty Y, et al. (2011) Reciprocal rewards stabilize cooperation in the mycorrhizal symbiosis. Science 333 : 880-882.

16 요시하라 가즈노리吉原一詞 · 나카가키 도시유키中垣俊之(2016) 점균의 용불용 적응 능을 본뜬 형상 최적화 설계법의 검토. 토목학회 논문집 A2(응용 역학)72 : I_3-I_11.

17 Nakagaki T, Yamada H, Tóh Á (2000) Maze-solving by an amoeboid organism. Nature 407 : 470.

18 Tero A, Takagi S, Saigusa T, et al. (2010) Rules for biologically inspired adaptive network design. Science 327 : 439-442.

19 Boussard A, Delescluse J, Péez-Escudero A, Dussutour A (2019) Memory inception and preservation in slime moulds : the quest for a common mechanism. Phil Trans R Soc B 374 : 20180368.

20 Reid CR, Latty T, Dussutour A, Beekman M (2012) Slime mold uses an externalized spatial "memory" to navigate in complex environments. PNAS 109 : 17490-17494.

21 Kramar M, Alim Karen (2021) Encoding memory in tube diameter hierarchy of living flow network. PNAS 118 : e2007815118.

22 Vogel D, Dussutour A (2016) Direct transfer of learned behaviour via cell fusion in non-

neural organisms. Proc R Soc B 283 : 20162382.

23 Donnelly D, Boddy L (1998) Repeated damage results in polarised development of foraging mycelial systems of Phanerochaete velutina. FEMS Microbiology Ecology 26 : 101-108.

24 Held M, Kaspar O, Edwards C, Nicolau DV (2019) Intracellular mechanisms of fungal space searching in microenvironments. PNAS 116 : 13543-13552.

25 Gagliano M, Renton M, Depczynski M, Mancuso S (2014) Experience teaches plants to learn faster and forget slower in environments where it matters. Oecologia 175 : 63-72.

26 Yamawo A, Mukai H (2017) Seeds integrate biological information about conspecific and allospecific neighbours. Proceedings of the Royal Society B Biological Sciences 284 : 20170800.

27 Trewavas A (2015) Plant behaviour & intelligence. Oxford University Press, Oxford, UK.

28 마르첼로 마시미니Marcello Massimini · 줄리오 토노니Giulio Tononi, 《의식은 언제 탄생하는가—뇌의 신비를 밝혀가는 정보통합 이론》, 아키쇼보, 2015년(국내 미출간).

29 SoléR, Moses M, Forrest S (2019) Liquid brains, solid brains. Philosophical Transactions of the Royal Society B 374 : 20190040.

30 Held M, Edwards C, Nicolau DV (2011) Probing the growth dynamics of Neurospora crassa with microfluidic structures. Fungal Biology 115 : 493-505.

4장

1 Johnson D, Gilbert L (2015) Interplant signalling through hyphal networks. New Phytologist 205 : 1448-1453.

2 Karst J, Jones MD, Hoeksema JD (2023) Positive citation bias and overinterpreted results lead to misinformation on common mycorrhizal networks in forests. Nature ecology & evolution 7: in press.

3 Seiwa K, Negishi Y, Eto Y, Hishita M, Masaka K, Fukasawa Y, Matsukura K, Suzuki M (2020) Successful seedling establishment of arbuscular mycorrhizal-compared to ectomycorrhizal-associated hardwoods in arbuscular cedar plantations. For Ecol Manage 468 : 118155.

4 후카사와 유 · 구이시 다이키九石太樹 · 세이와 겐지清和研二(2013) 경계의 지하는 어떤 모습인가—균근균 군집과 실생 갱신의 관계-. 일본생태학회지 63 : 239-249.

5 Dickie IA, Koide RT, Steiner KC (2002) Influences of established trees on mycorrhizas, nutrition, and growth of Quercus rubra seedlings. Ecological Monographs 72 : 505-521.

6 McGuire KL (2007) Common ectomycorrhizal networks may maintain monodominance in a tropical rain forest. Ecology 88 : 567-574.

7 Simard SW, Perry DA, Jones MD, et al. (1997) Net transfer of carbon between ectomycorrhizal tree species in the field. Nature 388 : 579-582.

8 Lerat S, Gauci R, Catford JG, Vierheilig H, PichéY, Lapointe L (2002) 14C transfer between the spring ephemeral Erythronium americanum and sugar maple saplings via arbuscular mycorrhizal fungi in natural stands. Oecologia 132 : 181-187.

9 Matsuda Y, Shimizu S, Mori M, Ito S, Selosse M-A (2012) Seasonal and environmental changes of mycorrhizal associations and heterotrophy levels in mixotrophic Pyrola japonica (Ericaceae) growing under different light environments. Americal Journal of Botany 99 : 1177-1188.

10 Hynson NA, Preiss K, Gebauer G, Bruns TD (2009) Isotopic evidence of full and partial myco-heterotrophy in the plant tribe Pyroleae (Ericaceae) . New Phytol 182 : 719-726.

11 Lallemand F, Puttsepp Ü Lang M, Luud A, Courty P-E, Palancade C, Selosse M-A (2017) Mixotrophy in Pyroleae (Ericaceae) from Estonian boreal forests does not vary with light or tissue age. Ann Bot 120 : 361-371.

12 Teixeira-Costa L&Suetsugu K (2022) Neglected plant parasites Mitrastemonaceae. Plants People Planet 2022 : 1-9.

13 Suetsugu K, Hashiwaki H (2023) A non-photosynthetic plant provides the endangered Amami rabbit with vegetative tissues as a reward for seed dispersal. Ecology in press : e3972.

14 유카와 도모히사遊川知久(2014) 균종속영양 식물의 계통과 진화. 식물과학 최전선5 : 85-92.

15 쓰카야 히로카즈塚谷裕一,《숲을 먹는 식물—부생식물의 알려지지 않은 세계》, 이와나미서점, 2016년(국내 미출간).

16 Christenhusz MJ, Byng JW (2016) The number of known plants species in the world and its annual increase. Phytotaxa 261 : 201-217.

17 Ogura-Tsujita Y, Yukawa T, Kinoshita A (2021) Evolutionary history and mycorrhizal associations of mycoheterotrophic plants dependent on saprotrophic fungi. J Plant Res 134 : 19-41.

18 Suetsugu K, Matsubayashi J, Tayasu I (2020) Some mycoheterotrophic orchids depend on carbon from dead wood : novel evidence from a radiocarbon approach. New Phytologist 227 : 1519-1529.

19 Ogura-Tsujita Y, Yukawa T (2008) High mycorrhizal specificity in a widespread mycoheterotrophic plant, Eulophia zollingeri (Orchidaceae) . American Journal of Botany 95 : 93-97.

20 Yamato M, Iwase K, Yagame T, Suzuki A (2005) Isolation and identification of mycorrhizal fungi associated with an achlorophyllous plant, Epipogium roseum. Mycoscience 46 : 73-77.

21 Yagame T, Yamato M, Mii M, Suzuki A, Iwase K (2007) Developmental processes of achlorophyllous orchid, Epipogium roseum : from seed germination to flowering under symbiotic cultivation with mycorrhizal fungus. Journal of Plant Research 120 : 229-236.

22 하마다 미노루浜田稔 〈박테리아 도둑들의 전쟁―생물학적 사고〉,《지知의 고고학》, 사회사상사, 1975년 5·6월호.

23 Yuan Y, Jin X, Liu J, et al. (2018) The Gastrodia elata genome provides insights into plant adaptation to heterotrophy. Nature Communications 9 : 1615.

24 가메오카 히로무亀岡啓·교즈카 준코経塚淳子(2015) 스트리고락톤 연구의 진전과 환경 응답에서의 역할. 화학과 생물 53 : 860-865.

25 Li M-H. Liu K-W, Li Z, Lu H-C, Ye Q-L, Zhang D, Wang J-Y, Li Y-F, Zhong Z-M, Liu X, Yu X, Liu D-K, Tu X-D, Liu B, Hao Y, Liao X-Y, Jiang Y-T, Sun W-H, Chen J, et al. (2022) Genomes of leafy and leafless Platanthera orchids illuminate the evolution of mycoheterotrophy. Nature Plants 8 : 373-388.

26 Wang D-L, Yang X-Q, Shi W-Z, Cen R-H, Yang Y-B, Ding Z-T (2021) The selective anti-fungal metabolites from Irpex lacteus and applications in the chemical interaction of Gastrodia eleata, Armillaria sp., and endophytes. Fitoterapia 155 : 105035.

27 Ogura-Tsujita Y, Gebauer G, Xu H, et al. (2018) The giant mycoheterotrophic orchid Erythrorchis altissima is associated mainly with a divergent set of wooddecaying fungi. Molecular Ecology 27 : 1324-1337.

28 Cameron DD, Leake JR, Read DJ (2006) Mutualistic mycorrhiza in orchids:evidence from plant-fungus carbon and nitrogen transfers in the green-leaved terrestrial orchid Goodyera repens. New Phytologist 171 : 405-416.

29 Ogura-Tsujita et al. (2012) Shifts in mycorrhizal fungi during the evolution of autotrophy to mycoheterotrophy in Cymbidium (Orchidaceae) . American Journal of Botany 99 : 1158-1176.

5장

1 Nikolai Sladkov,《아기 다람쥐의 일》,《숲에서 온 편지 3》, 복음관서점, 2002년.

2 McKeever S (1964) The biology of the Golden-mantled ground squirrel, Citellus lateralis. Ecological Monographs 34 : 383-401.

3 Stadler M (2011) Importance of secondary metabolites in the Xylariaceae as parameters for

assessment of their taxonomy, phylogeny, and functional biodiversity. Curr Res Environ Appl Mycol 1 ∶ 75-133.

4 Robin Wall Kimmerer, 《이끼의 자연지》, 쓰키지서관, 2012년.

5 Fukasawa Y (2021b) Invertebrate assemblages on Biscogniauxia sporocarps on oak dead wood ∶ an observation aided by squirrels. Forests 12 ∶ 1124.

6 Ulyshen MD (2016) Wood decomposition as influenced by invertebrates. Bological Reviews 91 ∶ 70-85.

7 Ghahari H, Hayat T, Ostovan H, Lavigne R (2007) Robber flies (Diptera ∶ Asilide) of Iranian rice fields and surrounding grasslands. Linzer biol Beitr 39 ∶ 919-928.

8 Bunnell FL, Houde I (2010) Down wood and biodiversity-implications to forest practice. Environmental Review 18 ∶ 397-421.

9 아라야 구니오荒谷邦雄(2006) 줄기를 먹는 노고—부후재와 사슴벌레 유충—. 시바타 에이치柴田叡弌·도가시 가쓰미富樫一日 編 나무 속 벌레의 신기한 생활, 213-236. 도카이대학교 출판회.

10 Wood GA, Hasenpusch J, Storey RI (1996) The life history of Phalacrognathus muelleri (Macleay) (Coleoptera ∶ Lucanidae). Australian Entomologist 23 ∶ 37-48.

11 Tanahashi M, Kubota K, Mutsushita N, Togashi K (2010) Discovery of mycangia and the associated xylose-fermenting yeasts in stag beetles (Coleoptera ∶ Lucanidae). Naturwissenschaften 97 ∶ 311-317.

12 Tanahashi M, Matsushita N, Togashi K (2009) Are stag beetle fungivorous? Journal of Insect Physiology 55 ∶ 983-988.

13 오무라 와카코大村和香子(2006) 나무를 이용하는 흰개미의 생활. 시바타 에이치·도가시 가쓰미 편, 나무 속 벌레의 신기한 생활, 237-257. 도카이대학교 출판회.

14 Amburgey TL (1979) Review and checklist of the literature on interaction between wood-inhabiting fungi and subterranean termites ∶ 1960-1978. Sociobiology 4 ∶ 279-296.

15 Matsumura F, Coppel HC, Tai A (1968) Isolation and identification of termite trail-following pheromone. Nature 219 ∶ 963-964.

16 Amburgey TL, Beal RH (1977) White rot inhibits termite attack. Sociobiology 3 ∶ 35-38.

17 Kirker GT, Wagner TL, Diehl SV (2012) Relationship between wood-inhabiting fungi and Reticulitermes spp. In four forest habitat of northeastern Mississippi. International Biodeterioration & Biodegradation 72 ∶ 18-25.

18 French JRJ, Robinson PJ, Thornton JD, Saunders IW (1981) Termite-fungi interactions. II. Response of Coptotermes acinaciformis to fungus-decayed softwood blocks. Material und Organismen, 16 ∶ 1-14.

19 Waller DA, Fage JPL, Gilbertson RL, Blackwell M (1987) Wood-decay fungi associated with subterranean termites (Rhinotermitidae) in Louisiana. Proceedings of Entomological Society Washington, 89 : 417-424.

20 Cornelius ML, Daigle DJ, Connick WJ, Parker A, Wunch K (2002) Responses of Coptotermes formosanus and Reticulitermes flavipes (Isoptera : Rhinotermitidae) to three types of wood rot fungi cultured on different substrates. Journal of Economic Entomology, 95 : 121-128.

21 Kamaluddin NN, Nakagawa-Izumi A, Nishizawa S, Fukunaga A, Doi S, Yoshimura T, Horisawa S (2016) Evidence of subterranean termite feeding deterrent produced by brown rot fungus Fibroporia raduculosa (Peck) Parmasto 1968 (Polyporales, Fomitopsidaceae). Insects 7 : 41.

22 Kamaluddin NN, Matsuyama S, Nakagawa-Izumi A (2017) Feeding deterrence to Reticulitermes speratus (Kolbe) by Fibroporia raduculosa (Peck) Parmasto 1968. Insects 8 : 29.

23 Matsuura K, Tanaka C, Nishida T (2000) Symbiosis of a termite and a sclerotiumforming fungus : sclerotia mimic termite eggs. Ecological Research 15 : 405-414.

24 Matsuura K, Yashiro T, Shimizu K, Tatsumi S, Tamura T (2009) Cuckoo fungus mimics termite eggs by producing the cellulose-digesting enzyme ßglucosidase. Current Biology 19 : 30-36.

25 마쓰우라 겐지松浦健二, 《흰개미 여왕님, 그런 방법이 있었습니까》, 이와나미서점, 2013년(국내 미출간).

26 Komagata Y, Fukasawa Y, Matsuura K (2022) Low temperature enhances the ability of the termite-egg-mimicking fungus Athelia termitophila to compete against wood-decaying fungi. Fungal Ecology 60 : 101178.

27 사가라 나오히코, 《버섯과 동물―숲의 생명 연쇄와 배설물·사체의 행방》, 쓰키지 서관, 2021년(국내 미출간).

28 모리구치 미쓰루, 《노래하는 버섯―보이지 않는 공생의 다양한 세계》, 야사카쇼 보, 2021년(국내 미출간).

6장

1 니시카와 요헤이西川洋平·호소카와 마사히토細川正人·고가와 마사토小川雅人·다케야 마 하루코竹山春子(2020) 환경 세균의 싱글 셀 게놈 해석―미소 액체 방울을 이용한 게놈 해석 방법과 그 응용 사례-. Japanese Journal of Lactic Acid Bacteria 31 : 17-24.

2 Sakata MK, Watanabe T, Maki N, Ikeda K, Kosuge T, Okada H, Yamanaka H, Sado

T, Miya M, Minamoto T (2020) Determining an effective sampling method for eDNA metabarcoding : a case study for fish biodiversity monitoring in a small, natural river. Limnology 22 : 221-235.

3 Lynggaard C, Bertelsen MF, Jensen CV, Johnson MS, Frølev TG, Olsen MT, Bohmann K (2022) Airborne environmental DNA for terrestrial vertebrate community monitoring. Current Biology 32 : 701-707.

4 Hoppe B, Kahl T, Karasch P, Wubet T, Bauhus J, Buscot F, Krüer D (2014) Network analysis reveals ecological links between N-fixing bacteria and wooddecaying fungi. PLOS ONE 9 : e88141.

5 Jurgensen MF, Larsen MJ, Wolosiewicz M, Harvey AE (1989) A comparison of dinitrogen fixation rates in wood litter decayed by white-rot and brown-rot fungi. Plant and Soil 115 : 117-122.

6 Kielak AM, Scheublin TR, Mendes LW, van Veen JA, Kuramae EE (2016) Bacterial community succession in pine-wood decomposition. Frontiers in Microbiology 7 : 231.

7 Tlákal V, BrabcováV, VěrovskýT, et al. (2021). Complementary roles of wood -inhabiting fungi and bacteria facilitate deadwood decomposition. mSystems, 6, e01078.

8 Christofides SR, Bettridge A, Farewell D, Weightman AJ, Boddy L (2020) The influence of migratory Paraburkholderia on growth and competition of wood-decay fungi. Fungal Ecology 45 : 100937.

9 Abeysinghe G, Kuchira M, Kudo G, Masuo S, Ninomiya A, Takahashi K, Utaeda AS, Hagiwara D, Nomura N, Takaya N, Obana N, Takeshita N (2020) Fungal mycelia and bacterial thiamine establish a mutualistic growth mechanism. Life Science Alliance 3 : e202000878.

10 다카시마 유스케高島勇介·오타 히로유키太田寛行·나리사와 가즈히코成澤才彦(2015) 사상균, 특히 내생균의 여러 형질은 내생 세균이 조절하는가? 흙과 미생물 69 : 16-24.

11 Partida-Martinez LP, Hertweck C (2005) Pathogenic fungus harbours endosymbiotic bacteria for toxin production. Nature 437 : 884-888.

12 Zhao Y, Shirouzu T, Chiba Y, et al. (2023) Identification of novel RNA mycoviruses from wild mushroom isolated in Japan. Virus Research 325 : 199045.

13 지바 소타로千葉壯太郎·곤도 히데키近藤秀樹·가네마쓰 사토코兼松聡子·스즈키 노부히로鈴木信弘(2010) 마이코바이러스와 바이오컨트롤. 바이러스 60 : 163-176.

14 Ninomiya A, Urayama S, Suo R, Itoi S, Fuji S, Moriyama H, Hagiwara D (2020) Mycovirus-induced tenuazonic acid production in a Rice blast fungus Magnapor theory zae.

Front Microbiol 11 : 1641.

15 Zhang H, Xie J, Fu Y, et al. (2020) A 2-kb mycovirus converts a pathogenic fungus into a beneficial endophyte for Brassica protection and yield enhancement. Molecular Plant 13 : 1420-1433.

7장

1 QuééC, Andrew RM, Friedlingstein P, et al. (2018) Global Carbon Budget 2018. Earth System Science Data Discussions.

2 Pan Y, Birdsey RA, Fang J, et al. (2011) A large and persistent carbon sink in the world's forests. Science 333 : 988-993.

3 Hawksworth D (2009) Mycology : A neglected megascience. In : M. Rai & PD Bridge (eds) Applied Mycology. CABI, Oxford.

4 Kurz WA, Stinson G, Rampley GJ, Dymond CC, Meilson ET (2009) Risk of natural disturbances makes future contribution of Canada's forests to the global carbon cycle highly uncertain. PNAS 105 : 1551-1555.

5 William Pruitt, 《북쪽의 동물들》, 신초샤, 2002년(국내 미출간).

6 시마다 다쿠야島田卓哉, 《들쥐와 도토리―탄닌이라는 독과 함께 사는 법》, 도쿄대학교 출판회, 2022년.

7 Henry David Thoreau, 《월든, 숲속의 생활》, 이와나미서점, 1995년(국내 미출간).

8 오소노 다카시大園亨司, 《생물은 어떻게 흙으로 돌아가는가―동식물의 사체를 둘러싼 분해의 생물학》, 베레출판, 2018년(국내 미출간).

9 Nelsen MP, DiMichele WA, Peters SE, Boyce CK (2016) Delayed fungal evolution did not cause the Paleozoic peak in coal production. PNAS 113 : 2442-2447.

10 요시다 마코토吉田誠(2018) 부후 메커니즘의 개요와 연구 전망. 목재 보존 44 : 172-175.

11 Zhang J, Presley GN, Hammel KE, et al. (2016) Localizing gene regulation reveals a staggered wood decay mechanism for the brown rot fungus Postia placenta. PNAS 113 : 10968-10973.

12 Gilbertson RL (1980) Wood-rotting fungi of North America. Mycologia 72 : 1-49.

13 Floudas D, Binder M, Riley R, et al. (2012) The Paleozoic origin of enzymatic lignin decomposition reconstructed from 31 fungal genomes. Science 336 : 1715-1719.

14 Ayuso-Fernádez I, Ruiz-Dueñs FJ, Martíez AT (2018) Evolutionary convergence in lignin-degrading enzymes. PNAS 115 : 6428-6433.

15 Bonner MTL, Castro D, Schneider AN, Sundströ G, Hurry V, Street NR, Näholm T

(2019) Why does nitrogen addition to forest soils inhibit decomposition? Soil Biology and Biochemistry 137 : 107570.

16 Mosier SL, Kane ES, Richter DL, Lilleskov EA, Jurgensen MF, Burton AJ, Resh SC (2017) Interactive effects of climate change and fungal communities on wood-derived carbon in forest soils. Soil Biology and Biochemistry 115 : 297-309.

17 후카사와 유(2022) 다양한 균류의 공존이 분해를 늦춘다? 균류의 다양성과 분해 기능. 화학과 생물 60 : 319-326.

18 Tilman D, Naeem S, Knops J, et al. (2001) Biodiversity and ecosystem properties. Science 278 : 1866-1867.

19 Fukasawa Y, Kaga K (2022) Surface area of wood influences the effects of fungal interspecific interaction on wood decomposition-a case study based on Pinus densiflora and selected white rot fungi. Journal of Fungi 8 : 517.

20 O'Leary J, Hiscox J, Eastwood DC, et al. (2019) The whiff of decay : Linking volatile production and extracellular enzymes to outcomes of fungal interactions at different temperatures. Fungal Ecology 39 : 336-348.

21 Maynard DS, Crowther TW, Bradford MA (2017) Competitive network determines the direction of the diversity-function relationships. PNAS 114 : 11464-11469.

22 Potapov AM, Guerra CA, van der Hoogen J, et al. (2023) Globally invariant metabolism but density-diversity mismatch in springtails. Nature communications 14 : 674.

23 Crowther TW, Boddy L, Jones TH (2012) Functional and ecological consequences of saprotrophic fungus-grazer interactions. ISME J 6 : 1992-2001.

24 Sawahata T, Soma K, Ohmasa M (2000) Number and food habit of springtails on wild mushrooms of three species of Agaricales. Edaphologia 66 : 21-33.

25 A'Bear AD, Jones TH, Boddy L (2014) Potential impacts of climate change on interactions among saprotrophic cord-forming fungal mycelia and grazing soil invertebrates. Fungal Ecology 10 : 34-43.

8장

1 가가야 에쓰코加賀谷悅子 · 우에다 아키라上田明良 · 마스야 하야토升屋勇人 · 간자키 나쓰미神崎菜摘(2016) 소나무좀(갑충목 나무좀과)의 생태와 수반 생물 : 일본 침투 리스크를 고찰하기 위해. 일본 응용 동물곤충학회지 60 : 77-86.

2 Kurz W.A, Dymond C.C, Stinson G, Rampley G.J, Neilson E.T, Carroll A.L, Ebata T, Safranyik L (2008) Mountain pine beetle and forest carbon feedback to climate change. Nature 452 : 987-990.

3 Kurz WA, Stinson G, Rampley GJ, Dymond CC, Meilson ET (2009) Risk of natural disturbances makes future contribution of Canada's forests to the global carbon cycle highly uncertain. PNAS 105 : 1551-1555.

4 Giles-Hansen K, Wei X (2022) Cumulative disturbance converts regional forests into a substantial carbon source. Environmental Research Letters 17 : 044049.

5 Čda V, Morrissey RC, MichalováZ, Bace R, Janda P, Svoboda M (2016) Frequent severe natural disturbances and non-equilibrium landscape dynamics shaped the mountain spruce forest in central Europe. Forest Ecology and Management 363 : 169-178.

6 Netherer S, Kandasamy D, JirosováA, KalinováB, Schebeck M, Schlyter F (2021) Interactions among Norway spruce, the bark beetle Ips typographus and its fungal symbionts in times of drought. J Pest Sci 94 : 591-614.

7 Son E, Kim JJ, Lim YW, Au-Yeung TT, Yang CYH, Breuil C (2011) Diversity and decay ability of basidiomycetes isolated from lodgepole pines killed by the mountain pine beetle. Can J Microbiol 57 : 33-41.

8 Fukasawa Y (2018a) Temperature effects on hyphal growth of wood-decay basidiomycetes isolated from Pinus densiflora deadwood. Mycoscience 59 : 259-262.

9 Renval P (1995) Community structure and dynamics of wood-rotting basidiomycetes on decomposing conifer trunks in northern Finland. Karstenia 35 : 1-51.

10 마스야 하야토·야마오카 유이치山岡裕一(2009) 균류와 나무좀의 관계. 일림지 91 : 433-445.

11 오가와 마코토小川真, 《숲과 균근에 의해 되살아나는 소나무》, 쓰키지 서관, 2007년(국내 미출간).

12 Suominen M, Junninen K, Heikkala O, Kouki J (2015) Combined effects of retention forestry and prescribed burning on polypore fungi. Journal of Applied Ecology 52 : 1001-1008.

13 Olsson J, Jonsson BG (2010) Restoration fire and wood-inhabiting fungi in a Swedish Pinus sylvestris forest. Forest Ecology and Management 259 : 1971-1980.

14 오가와 마코토(2020) 산불로 만들어지는 숲의 자연계 내 역할. Green Age 9 : 9-12.

9장

1 Charles S. Elton, 《동물 군집의 양식》, 사색사, 1990년(국내 미출간).

2 Jogeir N.Stokland·Juha Siitonen, Bengt Gunnar Jonsson, 《고사목 속 생물다양성》, 교토대학교 학술출판회, 2014년(국내 미출간).

3 Tilman D, May RM, Lehman CL, Nowak MA (1994) Habitat destruction and the

extinction debt. Nature 371 : 65-66.

4 He F, Hubbell SP (2011) Species-area relationships always overestimate extinction rates from habitat loss. Nature 473 : 368-371.

5 Nieto A, Alexander KNA (2010) European Red List of Saproxylic Beetles. Luxembourg : Publication Office of European Union.

6 Burner RC, Birkemoe T, Stephan J, Drag L, Muller J, Ovaskainen O, Potterf M, Skarpaas O, Snall T, Sverdrup-Thygeson A (2021) Choosy beetles : How host trees and southern boreal forest naturalness may determine dead wood beetle communities. Forest Ecology and Management 487 : 119023.

7 Purhonen J, Abrego N, Komonen A, Huhtinen S, Kotiranta H, Læsø T, Halme P (2021) Wood-inhabiting fungal responses to forest naturalness vary among morphogroups. Scientific Reports 11 : 14585.

8 Norros V, PenttiläR, Suominen M, Ovaskainen O (2012) Dispersal may limit the occurrence of specialist wood decay fungi already at small spatial scales. Oikos 121 : 961-974.

9 Norros V, Karhu E, Nordé J, Vääalo AV, Ovaskainen O (2015) Spore sensitivity to sunlight and freezing can restrict dispersal in wood-decay fungi. Ecology and Evolution 5 : 3312-3326.

10 Hattori T, Ota Y, Sotome K (2022) Two new species of Fulvifomes (Basidiomycota, Hymenochaetaceae) on threatened or near threatened tree species in Japan. Mycoscience 63 : 131-141.

11 Ojeda VS, Suarez ML, Kitzberger T (2007) Crown dieback events as key processes creating cavity habitat for magellanic woodpeckers. Austral Ecology 32 : 436-445.

12 Morimoto J, Morimoto M, Nakamura F (2011) Initial vegetation recovery following a blowdown of a conifer plantation in monsoon East Asia : Impacts of legacy retention, salvagin, site preparation, and weeding. Forest Ecology and Management 261 : 1353-1361.

13 Ohsawa M (2007) The role of isolated old oak trees in maintaining beetle diversity within larch plantations in the central mountainous region of Japan. Forest Ecology and Management 250 : 215-226.

14 Wild J, KopeckýM, Svoboda M, ZenálíováJ, Edwards-JonášváM, Herben T (2014) Spatial patterns with memory : tree regeneration after stand-replacing disturbance in Picea abies mountain forest. Journal of Vegetation Science 25 : 1327-1340.

15 Hotta W, Morimoto J, Haga C, Suzuki SN, Inoue T, Matsui T, Owari T, Shibata H, Nakamura F (2021) Long-term cumulative impacts of windthrow and subsequent management on tree species competition and aboveground biomass : A simulation study

considering regeneration on downed logs. Forest Ecology and Management 502 : 119728.

16 Mayer M, Rosinger C, Gorfer M, Berger H, Deltedesco E, Bäsler C, Müler J, Seifert L, Rewald B, Godbold DL (2022) Surviving trees and deadwood moderate changes in soil fungal communities and associated functioning after natural forest disturbance and salvage logging. Soil Biology and Biochemistry 166 : 108558.

17 Birch JD, Lutz JA, Struckman S, Miesel JR, Karst J (2023) Large-diameter trees and deadwood correspond with belowground ectomycorrhizal fungal richness. Ecological Processes 12 : 3.

18 Suzuki SN, Tsunoda T, Nishimura N, Morimoto J, Suzuki J (2019) Dead wood offsets the reduced live wood carbon stock in forests over 50 years after a standreplacing wind disturbance. Forest Ecology and Management 432 : 94-101.

19 Svoboda M, Janda P, Nagel TA, Fraver S, Rejzek J, Bač R (2011) Disturbance history of an old-growth sub-alpine Picea abies stand in the Bohemian Forest, Czech Republic. Journal of Vegetation Science 23 : 86-97.

20 Leverkus AB, Banayas JMR, Castro J, et al. (2018) Salvage logging effects on regulating and supporting ecosystem services-a systematic map. Canadian Journal of Forest Research 48 : 983-1000.

21 모리 아키라森章, 《에코시스템 매니지먼트—포괄적인 생태계 보전과 관리로》, 교리쓰출판, 2012년.

22 Lewandowski P, Przepióa F, Ciach M (2021) Single dead trees matter : Small- scale canopy gaps increase the species richness, diversity and abundance of birds breeding in a temperate deciduous forest. Forest Ecology and Management 481 : 118693.

23 가키자와 히로아키柿澤宏昭・야마우라 유이치山浦悠一・구리야마 고이치栗山浩一 編, 《유지 임업—나무를 베어내면서도 생물을 지킨다》, 쓰키지서관, 2018년(국내 미출간).

24 오자키 겐이치尾崎研一・아카시 노부히로明石信廣・운노 아키라雲野明・사토 시게호佐藤重穂・사야마 가쓰히코佐山勝彦・나가사카 아키코長坂晶子・나가사카 유長坂有・야마다 겐지山田健四・야마우라 유이치(2018) 목재 생산과 생물다양성 보전을 배려한 보잔 벌채를 통한 삼림 관리-보잔 벌채의 개요와 일본 내 적용-. 일본생태학회잡지 68 : 101-123.

25 Yamanaka S, Yamaura Y, Sayama K, Sato S, Ozaki K (2021) Effects of dispersed broadleaved and aggregated conifer tree retention on ground beetles in conifer plantations. Forest Ecology and Management 489 : 119073.

26 Ueda A, ItôH, Sato S (2022) Effects of dispersed and aggregated retention- cuttings and

differently sized clear-cuttings in conifer plantations on necrophagous silphid and dung beetle assemblages. Journal of Insect Conservation 26 : 283-298.

27 Teshima N, Kawamura K, Akasaka T, Yamanaka S, Nakamura F (2022) The response of bats to dispersed retention of broad-leaved trees in harvested conifer plantations in Hokkaido, northern Japan. Forest Ecology and Management 519 : 120300.

28 Obase K, Yamanaka S, Yamanaka T, Ozaki K (2022) Short-term effects of retention forestry on the diversity of root-associated ectomycorrhizal fungi in Sakhalin fir plantations, Hokkaido, Japan. Forest Ecology and Management 523 : 120501.

29 고타카 노부히코小高信彦(2013) 목재 부후 프로세스와 수동을 둘러싼 생물 간 상호 작용 : 수동 영소망營巢網 구축을 위해. 일본생태학회잡지 63 : 349-360.

30 Bunnell FL, Houde I (2010) Down wood and biodiversity-implications to forest practice. Environmental Review 18 : 397-421.

31 데가와 요스케出川洋介(2009) 균류를 테마로 한 2006년도 특별전 개최 기록. Bull. Kanagawa prefect. Mus.(Nat. Sci.) 38 : 31-44.

10장

1 시노하라 마코토篠原信, 《그때, 일본은 몇 명이나 부양할 수 있을까?—식량 안보로 생각하는 사회 구조》, 이에노히카리협회, 2022년(국내 미출간).

2 Mori AS, Isbell F, Fujii S, Makoto K, Matsuoka S, Osono T (2015) Low multifunctional redundancy of soil fungal diversity at multiple scales. Ecology Letters 19 : 249-259.

3 Pan Y, Birdsey RA, Fang J, et al. (2011) A large and persistent carbon sink in the world's forests. Science 333 : 988-993.

4 Martin AR, Domke GM, Doraisami M, Thomas SC (2021) Carbon fractions in the world's dead wood. Nature Communications 12 : 889.

5 Krah F-S, Bäsler C, Heibl C, Soghigian J, Schaefer H, Hibbett DS (2018)   Evolutionary dynamics of host specialization in wood-decay fungi. BMC Evolutionary Biology 18 : 119.

6 Ugawa S, Takahashi M, Morisada K, et al. (2012) Carbon stocks of dead wood, litter, and soil in the forest sector of Japan : general description of the National Forest Soil Carbon Inventory. Bulletin of FFPRI 11 : 207-221.

7 Zann AE, Flores-Moreno H, Powell JR, et al. (2022) Termite sensitivity to temperature affects global wood decay rates. Science 377 : 1440-1444.

8 Peplau T, Schroeder J, Gregorich E, Poeplau C (2022) Subarctic soil carbon losses after deforestation for agriculture depend on permafrost abundance. Global Change Biology 28 : 5227-5242.

9 Adachi M, Ito A, Ishida A, Kadir WR, Ladpala P, Yamagata Y (2011) Carbon budget of tropical forests in Southeast Asia and the effects of deforestation : an approach using a process-based model and field measurements. Biogeosciences 8 : 2635-2647.

10 Arai H, Tokuchi N (2010) Factors contributing to greater soil organic carbon accumulation after afforestation in a Japanese coniferous plantation as determined by stable and radioactive isotopes. Geoderma 157 : 243-251.

11 Zeng N, Hausmann H (2022) Wood vault : remove atmospheric $CO2$ with trees, store wood for carbon sequestration for now and as biomass, bioenergy and carbon researve fore the future. Carbon Balance and Management 17 : 2.

12 Rooney N, McCann K (2012) Integrating food web diversity, structure and stability. Trends in Ecology and Evolution 27 : 40-46.

13 Ushio M, Miki T, Balser TC (2013) A coexisting fungal-bacterial community stabilizes soil decomposition activity in a microcosm experiment. PLOS ONE 8 : e80320.

14 Richard Bardgett · David Wardle, 《지상과 지하의 연결 생태학—생물 간 상호작용에서 환경 변동까지》, 도카이대학교 출판부, 2016년(국내 미출간).

11장

1 Fukasawa Y (2012) Effects of wood decomposer fungi on tree seedling establishment on coarse woody debris. Forest Ecology and Management 266 : 232-338.

2 Fukasawa Y (2018) Pine stumps act as hotspots for seedling regeneration after pine dieback in a mixed natural forest dominated by Chamaecyparis obtusa. Ecological Research 33 : 1169-1179.

3 Fukasawa Y (2016) Seedling regeneration on decayed pine logs after the deforestation events caused by pine wilt disease. Annals of Forest Research 59 : 191-198.

4 아이자와 미네아키逢沢峰昭 · 가지 미키오梶幹男(2003) 중부 일본의 아고산성 침엽수 분포 양식. 도쿄대학교 농학부 연습림 보고 110 : 27-70.

5 이노우에 다이키井上太樹 · 이지마 하야토飯島勇人(2013) 선태류 군집이 도목 위 수목 갱신에 미치는 영향. 일본생태학회잡지 63 : 341-348.

6 Ando Y, Fukasawa Y, Oishi Y 2017) Interactive effects of wood decomposer fungal activities and bryophytes on spruce seedling regeneration on coarse woody debris. Ecological Research 32 : 173-182.

7 Fukasawa Y, Ando Y (2018) Species effects of bryophyte colonies on tree seedling regeneration on coarse woody debris. Ecological Research 33 : 191-197.

8 Fukasawa Y, Ando Y, Song Z (2017) Comparison of fungal communities associated with

spruce seelding roots and bryophyte carpets on logs in an old-growth subalpine coniferous forest in Japan. Fungal Ecology 30：122-131.

9 Tedersoo L, Suvi T, Jairus T, Kõjalg U (2008) Forest microsite effects on community composition of ectomycorrhizal fungi on seedlings of Picea abies and Betula pendula. Environmental Microbiology 10：1189-1201.

10 간노 와타루菅野亘(2009) 가문비나무 도목갱신 초기의 균근과 관련된 공생미생물상. 홋카이도대학교 대학원 농학원 환경자원학 전공 석사 논문.

11 Chen DM, Taylor AFS, Burke RM, Cairney WG (2001) Identification of genes for lignin peroxidases and manganese peroxidases in ectomycorrhizal fungi. New Phytologist 152：151-158.

12 Wagg C, Pautler M, Massicotte HB, Peterson RL (2008) The co-occurrence of ectomycorrhizal, arbuscular mycorrhizal, and dark septate fungi in seedlings of four members of the Pinaceae. Mycorrhiza 18：103-110.

13 기타가와 마나부北川学(2009) 사문암 토양의 글레니가문비나무 갱신 초기의 균근상. 홋카이도대학교 대학원 농학원 환경자원학 전공 석사논문.

14 Yamamoto K, Shimamura M, Degawa Y, Yamada A (2019) Dual colonization of Mucoromycotina and Glomeromycotina fungi in the basal liverwort, Haplomitrium mnioides (Haplomitriopsida) . Journal of Plant Research 132：777-778.

15 Fukasawa Y, Ando Y, Oishi Y, Matsukura K, Okano K, Song Z, Sakuma, D (2019) Effects of forest dieback on wood decay, saproxylic communities, and spruce seedling regeneration on coarse woody debris. Fungal Ecology, 41：198-208.

16 Fukasawa Y, Ando Y, Oishi Y, Suzuki S.N, Matsukura K, Okano K, Song Z (2019) Does typhoon disturbance in subalpine forest have long-lasting impacts on saproxylic fungi, bryophytes, and seedling regeneration on coarse woody debris? Forest Ecology and Management 432：309-318.

17 Lockwood JD, Aleksic JM, Zou J, Wang J, Liu J, Renner SS (2013) A new phylogeny for the genus Picea from plastid, mitochondrial, and nuclear sequences. Molecular Phylogenetics and Evolution 69：717-727.

18 Ota T, Masaki T, Sugita H, Kanazashi T, Abe H (2012) Properties of stumps that promote the growth and survival of Japanese cedar saplings in a natural old-growth forest. Can J For Res 42：1976-1982.

19 Fukasawa, Y., Komagata, Y (2017) Regeneration of Cryptomeria japonica seedlings on pine logs in a forest damaged by pine wilt disease：effects of wood decomposer fungi on seedling survival and growth. Journal of Forest Research 22：375-379.

20 Fukasawa Y, Komagata Y, Ushijima S (2017) Fungal wood decomposer activity induces niche separation between two dominant tree species seedlings regenerating on coarse woody debris. Canadian Journal of Forest Research 47：106-112.

21 우치야마 겐타로內山憲太郎·마쓰모토 아사코松本麻子(2018) 삼나무의 유전적 지역성 식별을 위한 SNP 패널의 개발 및 이용. 삼림종합연구소 연구 보고 17：141-148.

22 Kimura MK, Kabeya D, Saito T et al. (2013) Effects of genetic and environmental factors on clonal reproduction in old-growth natural populations of Cryptomeria japonica. For Ecol Manage 304：10-19.

23 Fukasawa Y (2021) Ecological impacts of fungal wood decay types： A review of current knowledge and future research directions. Ecological Research 36：910-931.

24 Hui Z, ChunSheng W, Jie Z (2018) Growth and photosynthetic physiology response of Betula alnoides seedlings to inoculation of arbuscular mycorrhizal fungi. Journal of Tropical and Subtropical Forestry 26：383-390.

부록-책에 나오는 생물 이름과 학명

Chapter	구분	학명	한국명
프롤로그	곤충	*Platypus quercivorus*	참나무긴나무좀
프롤로그	곰팡이	*Omphalotus guepiniiformis*	화경솔밭버섯
프롤로그	곰팡이	*Trichoderma cornu-damae*	붉은사슴뿔버섯
1	곰팡이	*Lobaria*	투구지의속
1	관속식물 (양치)	*Crepidomanes minutum*	부채괴불이끼
1	세균	*Cyanobacteria*	남세균, 시아노박테리아
1	세균	*Nostoc*	구슬말속
1	세균	*Stigonema*	가죽실말속
1	이끼	*Bartramia pomiformis*	구슬이끼
1	이끼	*Chiloscyphus polyanthos*	물비늘이끼
1	이끼	*Conocephalum conicum*	패랭이우산이끼
1	이끼	*Fissidentales*	봉황이끼목
1	이끼	*Hypnum tristo-viride*	실털깃털이끼
1	이끼	*Hypopterygium flavolimbatum*	공작이끼
1	이끼	*Pleurozium schreberi*	겉창발이끼
1	이끼	*Polytrichaceae*	솔이끼과
1	이끼	*Pylaisiadelpha enuirostris*	낫털거울이끼
1	이끼	*Scapania curta*	엄마이끼
1	이끼	*Scapania bolanderi*	볼란데리엄마이끼
1	이끼	*Sphagnum*	물이끼속
1	이끼	*Sphagnum* sp.	물이끼종
2	곤충	*Aspidiphorus japonicus*	둥근아기벌레
2	곤충	*Baeocera nakanei*	나카네애호랑밑빠진버섯벌레
2	곤충	*Cucujus coccinatus*	주홍머리대장
2	곤충	*Scaphidiinae*	밑빠진버섯벌레아과
2	곤충	*Scaphobaeocera smetanai*	스메타나이꼬마밑빠진버섯벌레
2	곤충	*Sphindidae*	둥근아기벌레과
2	곤충	*Sphindus castaneipennis*	갈색점균둥근아기벌레
2	곤충	*Staphylinidae*	반날개과

2	곤충	Sphindus	점균둥근아기벌레혹
2	곤충	Scaphobaeocera japonica	일본꼬마밑빠진버섯벌레
2	곰팡이	Hypholoma fasciculare	노란개암버섯
2	식물	Rhododendron macrosepalum	거미철쭉
2	이끼	Brothera leana	사자이끼
2	이끼	Cephalozia	게발이끼
2	이끼	Nowellia curvifolia	주머니게발이끼
2	이끼	Sematophyllum subhumile	무성아실이끼
2	점균	Amaurochaete tubulina	관검은털점균
2	점균	Arcyria	부들점균속
2	점균	Arcyria denudata	부들점균
2	점균	Barbeyella minutissima	발베이점균
2	점균	Ceratiomyxa	산호점균속
2	점균	Ceratiomyxa ruticulosa	산호점균
2	점균	Ceratiomyxa fruticulosa var. descendens	처진산호점균
2	점균	Colloderma Oculatum	눈알점균
2	점균	Colloderma robustum	큰눈알점균
2	점균	Cribraria	가로등점균속
2	점균	Cribraria cribrarioides	체가로등점균
2	점균	Cribraria intricata Schrad.	타래(덩굴)가로등점균
2	점균	Cribraria tenella	가는가로등점균
2	점균	Diderma tigrinum	범두갈래점균
2	점균	Enerthenema papillatum	돌기풍선점균
2	점균	Fuligo aurea	노랑검댕이점균
2	점균	Fuligo candida	흰검댕이점균
2	점균	Fuligo septica	격벽검댕이점균
2	점균	Fuligo septica f. flava	노랑격벽검댕이점균
2	점균	Lindbladia	덩이점균속
2	점균	Lycogala	분홍콩전균속
2	점균	Metatrichia vesparium	벌집털점균
2	점균	Physaraceae	자루점균과
2	점균	Physarella oblonga	초롱점균

2	점균	Physarum globuliferum	과립자루점균/공자루점균
2	점균	Physarum polycephalum	황색망사자루점균
2	점균	Physarum rigidum	거센자루점균
2	점균	Stemonitaceae	자주솔점균과
2	점균	Stemonitis	자주솔점균속
2	점균	Stemonitis axifera	갈색자주솔점균
2	점균	Stemonitis fusca	검은자주솔점균
2	점균	Tubifera	산딸기점균속
2	점균	Lycogala epidendrum	분홍콩점균
3	곤충	Collembola	톡토기강
3	곰팡이	Armillaria ostoyae	잣뽕나무버섯
3	곰팡이	Flammulina velutipes	팽나무버섯
3	곰팡이	Fusarium	푸사리움
3	곰팡이	Glomeromycota	글로메로균문
3	곰팡이	Morchella esculenta var. esculenta	곰보버섯
3	곰팡이	Phytophthora ramorum	라모룸역병
3	동물	Apodemus speciosus	흰배숲쥐
3	식물	Brassicaceae	십자화과
3	식물	Mimosa pudica	미모사
3	식물	Pinus mugo	무고소나무
3	식물	Polygonaceae	마디풀과
4	곰팡이	Amanita	광대버섯속
4	곰팡이	Amanita pantherina	마귀광대버섯
4	곰팡이	Armillaria mellea subsp. nipponica	일본뽕나무버섯
4	곰팡이	Armillaria-Physalacriaceae	뽕나무버섯-뽕나무버섯과
4	곰팡이	Ceratobasidium	케라토바시디움
4	곰팡이	Coprinellus disseminatus	고깔갈색먹물버섯
4	곰팡이	Coprinellus domesticus	받침대갈색먹물버섯
4	곰팡이	Coprinellus micaceus	갈색먹물버섯
4	곰팡이	Inocybe	땀버섯속
4	곰팡이	Psathyrella	눈물버섯속
4	곰팡이	Russula	무당버섯속

4	곰팡이	*Sebacinales*	곤약버섯목
4	곰팡이	*Tulasnella*	혹버섯속
4	동물	*Balaenoptera musculus*	흰긴수염고래
4	식물	*Acer rufinerve*	일본홍시닥나무
4	식물	*Acer saccharum*	설탕단풍
4	식물	*Aeginetia indica*	야고
4	식물	*Aeginetia sinensis*	중국야고
4	식물	*Balanophora japonica*	일본사고
4	식물	*Betula papyrifera*	종이자작나무
4	식물	*Caesalpinioideae*	실거리나무아과
4	식물	*Cymbidium*	보춘화
4	식물	*Cymbidium dayanum*	다야눔보춘화
4	식물	*Cymbidium macrorhizon*	대흥란
4	식물	*Cymbidium macrorhizon f. aberrans*	아베란스대흥란
4	식물	*Cymbidium nagifolium*	죽백란
4	식물	*Cyrtosia septentrionalis*	으름난초
4	식물	*Dicymbe corymbosa*	디킴베 코림보사
4	식물	*Epipogium roseum*	로세움유령란
4	식물	*Erythronium americanum*	아메리카얼레지
4	식물	*Erythrorchis altissima*	알티씨마적란
4	식물	*Eulophia zollingeri*	무엽미관란
4	식물	*Fagaceae*	참나무과
4	식물	*Gastrodia elata*	천마
4	식물	*Goodyera schlechtendaliana*	사철란
4	식물	*Goodyera pubescens*	방울뱀질경이사철란
4	식물	*Mitrastemonaceae*	미트라스테몬과
4	식물	*Orobanche minor*	미노르초종용
4	식물	*Parnassia palustris var. multiseta*	물매화
4	식물	*Pinaceae*	소나무과
4	식물	*Pseudotsuga menziesii*	더글러스전나무
4	식물	*Pyrola japonica*	노루발
4	식물	*Pyrola aphylla*	아필라노루발
4	식물	*Quercus glauca*	종가시나무

4	식물	*Rafflesia*	라플레시아
4	식물	*Thuja plicata*	웨스턴측백나무
5	곤충	*Aesalus asiaticus*	아시아티쿠스사슴벌레
5	곤충	*Agathidium (Sphaeroliodes) rufescens*	왕우리알버섯벌레
5	곤충	*Aradidae*	넓적노린재과
5	곤충	*Aradus orientalis*	동양넓적노린재
5	곤충	*Asilidae*	파리매과
5	곤충	*Carpophilus*	넓적밑빠진벌레속
5	곤충	*Ceruchusligunarius*	나무뿔사슴벌레
5	곤충	*Chalcophora japonica*	소나무비단벌레
5	곤충	*Coleoptera*	딱정벌레목
5	곤충	*Cryptalaus berus*	맵시방아벌레
5	곤충	*Cryptolestes ferrugineus*	갈색머리대장
5	곤충	*Cucujidae*	머리대장과
5	곤충	*Glischrochilus (Librodor) ipsoides*	네무늬밑빠진벌레
5	곤충	*Glischrochilus (Librodor) japonicus*	네눈박이밑빠진벌레
5	곤충	*Hodotermopsis sjostedti*	슈스테트길흰개미
5	곤충	*Kalotermitidae*	마른나무흰개미과
5	곤충	*Laemophloeidae*	허리머리대장과
5	곤충	*Laemophloeus submonilis*	넓적머리대장
5	곤충	*Laphria mitsukurii*	뒤영벌파리매
5	곤충	*Mesosa longipennis*	긴깨다시하늘소
5	곤충	*Neuroctenus castaneus*	큰넓적노린재
5	곤충	*Niponius impressicollis*	큰두뿔풍뎅이붙이
5	곤충	*Phalacrognathus muelleri*	뮤엘러리사슴벌레
5	곤충	*Platystomos sellatus*	우리흰별소바구미
5	곤충	*Pseudocanthotermes militaris*	버섯흰개미(병정의 가시흰개미)
5	곤충	*Reticulitermes speratus*	흰개미
5	곤충	*Tabanus trigonus*	소등에
5	곰팡이	*Athelia termitophila*	흰개미부후고약버섯
5	곰팡이	*Biscogniauxia*	쌍쟁반방석버섯속
5	곰팡이	*Biscogniauxia maritima*	마리티마쌍쟁반방석버섯

5	곰팡이	*Biscogniauxia plana*	플라나쌍쟁반방석버섯
5	곰팡이	*Cryptoporus volvatus*	한입버섯
5	곰팡이	*Fomitopsis pinicola*	소나무잔나비버섯
5	곰팡이	*Ganoderma applanatum*	잔나비불로초
5	곰팡이	*Neolentinus lepideus*	새잣버섯
5	곰팡이	*Sarcomyxa serotina*	참부채버섯
5	곰팡이	*Termitomyces*	흰개미버섯속
5	곰팡이	*Trametes versicolor*	구름송편버섯
5	곰팡이	*Xylariales*	콩꼬투리버섯목
5	식물	*Carpinus laxiflora*	서어나무
5	식물	*Ilex macropoda*	대팻집나무
5	식물	*Prunus leveilleana*	개벚나무
5	식물	*Styrax japonicus*	때죽나무
5	이끼	*Dicranum flagellare*	잎눈꼬리이끼
5	이끼	*Tetraphis pellucida*	네삭치이끼
6	곰팡이	*Cryphonectria parasitica*	밤나무줄기마름병균
6	곰팡이	*Phanerochaete*	유색고약버섯속
6	곰팡이	*Phanerochaete velutina*	갈색유색고약버섯
6	곰팡이	*Resinicium bicolor*	수지고약버섯
6	곰팡이	*Stereum hirsutum*	꽃구름버섯
6	세균	*Bradyrhizobium*	브라디리조비움
6	세균	*Burkholderia*	블콜데리아
6	세균	*Rhizobium*	리조비움
6	식물	*Fagus sylvatica*	유럽너도밤나무
6	식물	*Picea abies*	독일가문비나무
7	곰팡이	*Lactifluus volemus*	배털젖버섯
7	곰팡이	*Phallus impudicus*	말뚝버섯
7	곰팡이	*Xeromphalina campanella*	이끼살이버섯
7	곰팡이	*Xylaria polymorpha*	다형콩꼬투리버섯
8	곤충	*Ips typographus*	여섯가시큰나무좀
8	곤충	*Monochamus alternatus*	솔수염하늘소
8	곰팡이	*Calocera cornea*	황소아교뿔버섯
8	곰팡이	*Dacrymycetaceae*	붉은목이과

8	곰팡이	*Raffaelea quercivora*	일본참나무시들음병균
8	동물	*Cervus nippon hortulorum*	대륙사슴
8	식물	*Abies mariesii*	마리에스전나무
8	식물	*Liriodendron tulipifera*	튜울립나무
8	식물	*Pinus strobus*	스트로브잣나무
8	식물	*Pinus sylvestris*	구주소나무
8	식물	*Quercus*	참나무속
8	식물	*Quercuscrispula var.crispula*	물참나무
8	식물	*Quercus serrata*	졸참나무
8	식물	*Sasa nipponica*	일본조릿대
9	곤충	*Anisodactylus signatus*	먼지벌레
9	곤충	*Osmoderma eremita*	은둔자색호랑꽃무지
9	곤충	*Osmoderma opicum*	자색호랑꽃무지
9	곰팡이	*Amanita muscaria*	광대버섯
9	곰팡이	*Ganoderma colossum*	콜로쏨불로초
9	곰팡이	*Hericium abietis*	아비에티스산호침버섯
9	곰팡이	*Hericium cirrhatum*	덩굴산호침버섯
9	곰팡이	*Inonotus cuticularis*	시루뻔버섯
9	곰팡이	*Inonotus patouillardii*	파토윌랄디시루뻔버섯
9	곰팡이	*Ionomidotis irregularis*	다변흑자변색버섯
9	곰팡이	*Mycena lux-coeli*	반디애주름버섯
9	곰팡이	*Phellinus linteus*	목질진흙버섯
9	곰팡이	*Phellinus rimosus*	리모수스진흙버섯
9	곰팡이	*Phlebia centrifuga*	원심아교고약버섯속
9	곰팡이	*Polyporus pseudobetulinus*	거짓자작구멍장이버섯
9	곰팡이	*Polyporus umbellatus*	저령
9	곰팡이	*Pseudomerulius curtisii*	꽃잎우단버섯
9	식물	*Berchemia berchemiifolia*	망개나무
9	식물	*Betula pubescens*	백자작나무
9	식물	*Castanopsissieboldii* subsp. *luchuensis*	구실잣밤나무
9	식물	*Morus alba*	뽕나무
9	식물	*Morus australis*	중국뽕나무

9	식물	*Picea glehnii*	글레니가문비나무
9	식물	*Pinus luchuensis*	류큐소나무
9	식물	*Populus davidiana*	사시나무
9	식물	*Quercus rubra*	유럽참나무
9	식물	*Castanopsis*	모밀잣밤나무류
10	곰팡이	*Pholiota microspora*	나도팽나무버섯
10	식물	*Cunninghamia lanceolata*	넓은잎삼나무
10	식물	*Eleutherococcus sciadophylloides*	스키아도필로이데스 오갈피나무
11	곰팡이	*Gymnopilus picreus*	쓴맛미치광이버섯
11	식물	*Abies veitchii*	베이트크전나무
11	식물	*Ilex pedunculosa*	동청목
11	곤충	*Lucanus maculifemoratus*	사슴벌레
11	식물	*Picea jezoensis*	가문비나무
11	식물	*Rhododendron reticulatum*	레티큐라툼진달래
11	이끼	*Hylocomium splendens*	수풀이끼

고목 원더랜드

말라 죽은 나무와 그곳에 모여든 생물들의 다채로운 생태계

1판 1쇄 인쇄 | 2024년 11월 19일
1판 1쇄 발행 | 2024년 11월 26일

지은이 | 후카사와 유
옮긴이 | 정문주
감수자 | 홍승범

펴낸이 | 박남주
편집자 | 박지연
디자인 | 남희정
펴낸곳 | 플루토

출판등록 | 2014년 9월 11일 제2014-61호
주소 | 07803 서울특별시 강서구 마곡동 797 에이스타워마곡 1204호
전화 | 070-4234-5134
팩스 | 0303-3441-5134
전자우편 | theplutobooker@gmail.com

ISBN 979-11-88569-75-5 03480

• 책값은 뒤표지에 있습니다.
• 잘못된 책은 구입하신 곳에서 교환해드립니다.